DIE FUNDAMENTALEN PHYSIKALISCHEN EIGENSCHAFTEN DER KRYSTALLE

IN ELEMENTARER DARSTELLUNG

VON

DR. WOLDEMAR VOIGT

O. Ö. PROFESSOR DER PHYSIK AN DER UNIVERSITÄT GÖTTINGEN

MIT 52 FIGUREN IM TEXT

LEIPZIG
VERLAG VON VEIT & COMP.
1898

Vorwort.

Die erste Veranlassung zu der in den folgenden Blättern niedergelegten systematischen Darstellung eines Gebietes der Krystallphysik bot der um Ostern 1897 in Göttingen abgehaltene Feriencursus für Oberlehrer der westlichen Provinzen der preussischen Monarchie, in dem neben den übrigen Naturwissenschaften die Physik ausgiebig vertreten war. Ich stellte mir hierbei die Aufgabe, den Theilnehmern an dem Cursus durch Vorträge und Demonstrationen einen Ueberblick über die neueren Resultate der Krystallphysik zu geben, und begrenzte dieselbe, der verfügbaren mässigen Zeit entsprechend, durch die Beschränkung auf die fundamentalen physikalischen Eigenschaften der Krystalle, d. h. auf solche, welche bei homogenen Veränderungen des Krystalles, resp. eines aus ihm hergestellten Präparates, zur Geltung kommen. Da inhomogene Veränderungen als in den Volumenelementen homogen angesehen werden können, so bilden die geschilderten Eigenschaften in der That das Fundament jeder allgemeineren Untersuchung.

Direct ausgeschlossen von der Betrachtung wurde auf diese Weise das ganze Gebiet der Krystalloptik, da sich fortpflanzende Schwingungen zu ihrem Zustandekommen örtlich variable Zustände ganz nothwendig voraussetzen. Dies entsprach einmal der Tendenz des ganzen Vortrages, über neuere Untersuchungen zu referiren; denn die Krystalloptik ist der zuerst nachhaltig angebaute Zweig der Krystallphysik und hat sich in neuster Zeit in wesentlichen Punkten kaum fortentwickelt. Sodann aber sind die wichtigsten Lehren der Krystalloptik längst in die Handbücher über Experimentalphysik und in die Vorlesungen über theoretische

Optik übergegangen, also bereits Gemeingut geworden, während selbst die einfachsten Erscheinungen aus den übrigen Gebieten der Krystallphysik merkwürdig selten dargestellt werden.

Ein Grund dieser auffallend verschiedenen Bewerthung der verschiedenen Gebiete unserer Wissenschaft ist leicht erkennbar. Er liegt in dem grossen praktischen Interesse, welches die Krystalloptik für den Mineralogen hat. Dieses Interesse ist die stärkste Veranlassung sowohl zu der theoretischen Durcharbeitung, als zu der Ausbildung und Verfeinerung der Beobachtungsmethoden gewesen, welche die Krystalloptik vor anderen Gebieten der gesammten Physik auszeichnet. Aber es ist vielleicht angezeigt, einmal darauf hinzuweisen, dass das rein wissenschaftliche Interesse an der Krystalloptik kein so ausnahmsweises ist, wie es nach manchen Darstellungen zu sein scheint, und dass andere Gebiete der Krystallphysik ihr an Bedeutung sicher nahe kommen. Auf jene die Aufmerksamkeit zu lenken schien mir deshalb eine dankbare Aufgabe.

Als dann die Anregung zur Veröffentlichung jener Vorträge an mich herantrat, folgte ich ihr gern, weil ich eine Darstellung mit jenen speciellen Zielen auch weiteren Kreisen gegenüber für nützlich hielt. Die vortrefflichen Bücher meines verehrten Collegen Th. Liebisch (Physikalische Krystallographie, Leipzig 1891, und Grundriss der physikalischen Krystallographie, Leipzig 1896) enthalten zwar einen nahezu vollständigen Ueberblick über das vorliegende Beobachtungsmaterial und einen Abriss der Theorie, besitzen aber durch die breite Darstellung des rein Krystallographischen einen ganz eigenartigen Charakter, der vielleicht manchem Physiker das Eindringen erschwert. Im Gegensatz zu jenen Werken beschränkt sich die Darstellung in diesem Büchlein, ebenso wie in meinem Compendium der theoretischen Physik (Leipzig 1895 und 1896), nach der Seite der Krystallographie auf das zum Verständniss der physikalischen Eigenschaften der

Krystalle wirklich Nothwendige, und da dies überaus wenig ist, so glaube ich dadurch den Zugang zu dem reichen und schönen Gebiet der Krystallphysik nach Möglichkeit erleichtert zu haben.

Im Uebrigen war es mein Ziel, innerhalb der gezogenen Grenzen alles Wesentliche in elementarster Form, meist mit Hilfe einfacher geometrischer Ueberlegungen, jedenfalls aber ganz ohne höhere Rechnungsarten darzustellen, und ich glaube gezeigt zu haben, dass dieses Ziel in der That erreichbar ist. —

Der eigentliche Inhalt meiner Vorträge findet sich — allerdings in durchgehends erweiterter Form — in acht Paragraphen vertheilt; ihnen ist eine Reihe von Zusätzen, theils krystallographischen, theils mathematisch-physikalischen Inhaltes angefügt, bestimmt, einzelne Punkte, die in den Vorträgen ohne Unterbrechung des Zusammenhanges nicht wohl zu erörtern waren, klar zu stellen. Unter diesen finden sich insbesondere die Nachweise jener merkwürdigen Reciprocitäten, die bei den physikalischen Erscheinungen an Krystallen stattfinden, mit Hilfe der zuvor entwickelten beiden Hauptsätze der Thermodynamik; auch sie sind, obwohl völlig streng, mit elementarsten Mitteln durchgeführt. —

Die Gruppirung der in dem Haupttheil des Buches dargestellten physikalischen Eigenschaften der Krystalle ist nach den Zuständen der Materie vorgenommen, deren Wechselbeziehung die betreffende Eigenschaft bedingt. Jene Zustände selbst sind als scalare, vectorielle und tensorielle unterschieden, wobei letztere die bei Spannung und Deformation eintretenden umfassen.

Die Einführung eines neuen Namens, an sich immer bedenklich, war hier nicht zu umgehen, wenn nicht die Kürze des Ausdrucks oder die Klarheit Schaden leiden sollte.

Eine einfache Spannung oder eine einfache Dehnung ist, wie ein Vector, durch eine Zahlgrösse und eine Richtung charakterisirt; aber bei den Vectoren sind die beiden Seiten jener Richtung ungleichwerthig, bei der Spannung und der Dehnung sind sie gleichwerthig; auch sind die Vectoren im allgemeinen durch ihre Projectionen oder Componenten nach drei, etwa zu einander normalen Axen ersetzbar, Spannungen und Dehnungen aber nicht. Eine deutliche Unterscheidung der letzteren Grössenarten von den Vectoren schien deshalb durchaus geboten, und es konnte sich schliesslich nur darum handeln, einen möglichst bezeichnenden Namen zu finden.

Der Name „zweiseitiger Vector" oder „Bivector" — auch aus äusseren Gründen nicht glücklich — hätte zwar den in der ersten oben genannten Hinsicht bestehenden Unterschied angedeutet, aber die zweite, nicht minder wesentliche Verschiedenheit nicht zum Ausdruck gebracht. Ich habe deshalb, ebenso wie es die Bezeichnung „Vector" thut, an einen speciellen und charakteristischen Vorgang angeknüpft und für jene zweiseitigen gerichteten Grössen den Namen „Tensoren" in Vorschlag gebracht.

Die zunächst vielleicht zu fürchtende Collision mit der gleichen Bezeichnung in der Quaternionentheorie ist in Wirklichkeit nicht vorhanden; jener Name bezieht sich dort nur, statt auf den allgemeinen Fall, wo drei beliebige, zu einander normale Tensoren (hier Dehnungen) auftreten, auf den speciellen, wo diese drei gleiche Grösse haben und wo demgemäss das Tensortripel in einen Scalar übergeht. Die Einführung des Namens „Tensor" in dem oben auseinandergesetzten Sinne stellt somit nur eine Erweiterung der älteren Bedeutung desselben dar, und ein Bedenken dürfte aus der Uebereinstimmung der Bezeichnungen nicht herzuleiten sein. —

Die Herren Proff. Pockels und Wiechert haben mir bei der Redaction und Correctur des vorliegenden Werkchens treue Hilfe geleistet, und ich spreche ihnen hierfür auch an dieser Stelle meinen herzlichen Dank aus.

Göttingen, September 1897.

W. Voigt.

Inhalt.

Zusätze krystallographischen und mathematisch-physikalischen Inhaltes.

Einleitung.

Das eigenartige Interesse der Krystallphysik beruht in erster Linie auf der grossen Mannigfaltigkeit der an den Krystallen — verglichen mit amorphen festen Körpern — auftretenden physikalischen Erscheinungen. Einerseits gestalten sich die, welche der Art nach auch bei anderen Körpern beobachtbar sind, bei Krystallen reicher und wechselvoller; andererseits finden sich hier durchaus neue Wirkungen, die an amorphen Körpern fehlen und, wie man zeigen kann, der Natur der Sache nach fehlen müssen.

Zur Erläuterung des ersten Punktes genügt es, auf den bei weitem am meisten angebauten Theil der Krystallphysik, die Krystalloptik, hinzuweisen. Während das Wesentliche der Fortpflanzung ebener Lichtwellen in unkrystallinischen Medien in einem einzigen Gesetz enthalten ist, tritt bei Krystallen mit Erscheinungen höchster Schönheit eine ganze Schaar der merkwürdigsten und elegantesten Gesetze auf, scheiden sich die verschiedenen Körper nach ihrem Verhalten in zahlreiche Gruppen, deren Verwandtschaften ebenso interessant sind, wie ihre Unterschiede.

Für den zweiten Punkt kommen besonders die Erscheinungen der Pyro- und der Piëzoelectricität in Betracht. Amorphe isolirende Körper werden durch blosse Temperaturänderung oder blosse Deformation electrisch nicht erregt, aber unter den 32 krystallographischen Gruppen haben nicht weniger als 20 die Fähigkeit solcher Erregungen; diese ordnen sich wiederum in 16 Gruppen von verschiedenem Verhalten, welche unter sich in den merkwürdigsten Beziehungen stehen.

Neben dem imponirenden Reichthum der Erscheinungen fällt noch ein theoretischer Gesichtspunkt ins Gewicht, um der Krystallphysik einen besonderen Reiz zu geben. Der krystallisirte Zustand ist der Normalzustand der festen Materie, die amorphen sind gestörte Zustände, und demgemäss zeigt die Materie im ersteren ihre physikalischen Eigenschaften am reinsten und am vollständigsten, in den letzteren dagegen getrübt und verschleiert.

In der That, da wir im allgemeinen keine Ursache haben, die kleinsten Theilchen der amorphen Körper als verschieden von denen der Krystalle gleicher Zusammensetzung zu betrachten, vielmehr ihre Gleichartigkeit durch die mehr oder weniger deutliche krystallinische Textur vieler amorpher oder dichter Körper höchst wahrscheinlich gemacht wird, so können wir den Unterschied zwischen dem krystallinischen und dem unkrystallinischen Vorkommen derselben Substanz nur darin sehen, dass in ersterem ihre Elementartheile regelmässig und in gleicher Orientirung, in letzterem regellos und in allen möglichen Orientirungen angeordnet sind. In Folge dessen bleibt bei den Krystallen die Verschiedenwerthigkeit verschiedener Richtungen, die etwa den Elementartheilchen zu eigen war, erhalten, bei den amorphen Körpern geht sie verloren, und dies bedingt auch das Fehlen gewisser physikalischer Erscheinungen an unkrystallinischen Körpern, die an den Krystallen wahrnehmbar sind.

Hiernach ist ersichtlich, dass, wenn überhaupt die Untersuchung der Eigenschaften fester Körper uns über deren Aufbau aus Elementartheilen und über die zwischen denselben wirkenden Kräfte Aufschluss zu geben vermag, die Krystalle in erster Linie Erfolg verheissen. Und dies Problem ist ein noch interessanteres, als das analoge der Flüssigkeiten und Dampfe, da auch in jenen die Elementartheilchen in allen möglichen Orientirungen bunt durcheinander liegen, und von ihren Eigenschaften alle die mit der Richtung variirenden in den Erscheinungen, die jene Körper zeigen, nicht zum Ausdruck kommen können.

Diesen Punkten, auf denen das Interesse der Krystallphysik beruht, stehen allerdings andere gegenüber, die deren Pflege erschweren. So zuerst die Seltenheit des zur Beobachtung wirklich geeigneten Materiales. Metalle, Glasarten — die für Untersuchungen über amorphe Körper in erster Linie in Betracht kommen — stehen in fast beliebiger Menge und in fast beliebig grossen Stücken zur Verfügung; dagegen bietet uns die Natur Krystalle der verschiedenen Substanzen meist von nur wenigen Millimetern Ausdehnung. Aber wir haben uns zu entsinnen, dass auch jene Metalle und Gläser keine directen Geschenke der Natur sind, sondern Producte mühsamer menschlicher Arbeit: so dürfen wir denn hoffen, dass die künstliche Züchtung von Krystallen, wie sie schon begonnen hat, uns allmählich auch mit für die physikalische Forschung immer brauchbarerem Material versorgen wird.

Ferner scheint die Complicirtheit der krystallographischen Verhältnisse den Zugang zur Krystallphysik ausserordentlich zu erschweren; und wirklich, wenn eine Bewältigung aller Geheimnisse der Krystallographie die Vorbedingung für ihre Erfassung wäre, so hätte der Suchende eine ganz unverhältnissmässige Vorarbeit zu leisten.

Dem ist aber keineswegs so. Alle die zahlreichen und an sich so reizvollen Begrenzungselemente der Krystalle, deren Gesetze die Krystallographie erforscht, spielen bei der physikalischen Untersuchung direct gar keine Rolle, wie denn der Physiker im directen

Gegensatz zum Krystallographen seine Arbeit zumeist damit beginnt, dass er den Krystall seiner natürlichen Form beraubt und ihn zu Praparaten verarbeitet. In der That kommt es ihm ja nur auf die Substanz des Krystalles an, — auf seine, bis zu einem gewissen Grade zufallige Form nur insoweit, als sie der Ausdruck gewisser Eigenschaften der Substanz ist, und hierfür ist keineswegs das ganze complicirte System von Begrenzungselementen, sondern nur die ihnen gemeinsame, stets sehr einfache Symmetrie massgebend. Auf diesen Punkt haben wir nun zuerst unsere Aufmerksamkeit zu richten.

§ 1. Die physikalische Symmetrie homogener krystallinischer Materie.

Ein unkrystallinischer Körper heisst homogen, wenn je zwei gleiche an beliebigen Stellen ausgeschnittene Bereiche einander in physikalischer Hinsicht identisch sind. Dabei können übrigens Körper, welche, wie gewisse Gesteinsarten, körnige Aggregate verschiedener Bestandtheile sind, für alle diejenigen Untersuchungen als homogen gelten, bei denen die in Betracht kommenden Bereiche gross sind gegen die in ihnen enthaltenen homogenen Körner.

Um auf Krystalle anwendbar zu sein, erfordert die vorstehende Definition eine kleine Modification. Entweder muss das zu vergleichende Bereich speciell kugelförmig oder aber an jeder Stelle gleich orientirt gewählt werden. Denn da die unterscheidende Eigenschaft der Krystalle gegenüber den unkrystallinischen Körpern nach dem oben Erörterten die Ungleichwerthigkeit der verschiedenen von einem Punkt ausgehenden Richtungen ist, so sind jedenfalls gleichgestaltete, aber verschieden orientirte Bereiche an einer und derselben Stelle im allgemeinen verschiedenwerthig. Es muss demnach entweder die Form des Bereiches selbst lauter gleichwerthige Richtungen besitzen, d. h. eine Kugel sein, oder es müssen die zu vergleichenden Bereiche gleiche Orientirung haben. Die letztere Festsetzung ist vorzuziehen, weil sie von vornherein an den charakteristischen Unterschied zwischen Krystallen und unkrystallinischen Körpern, die Ungleichwerthigkeit verschiedener Richtungen oder Anisotropie dort, die Gleichwerthigkeit aller Richtungen oder Isotropie hier, erinnert, auch darauf hinweist, dass im homogenen Krystall nicht nur alle Punkte, sondern auch alle durch sie gelegten parallelen Richtungen einander gleichwerthig sind.

Die directeste Anschauung von der Verschiedenwerthigkeit der verschiedenen Richtungen in einem Krystall geben die Vorgänge seines Wachsthums. Ein in seiner verdunstenden Lösung frei schwebend erhaltenes — etwa ursprünglich kugelförmiges — Fragment eines homogenen Krystalles müsste bei Gleichwerthigkeit aller Richtungen während seines Wachsens Kugelform bewahren. Dass sich hierbei allmählich mehr oder weniger genau die für den Krystall charakteristische polyedrische Form herstellt und erhält, weist darauf hin, dass die Theilchen des Krystalles auf die in Lösung befindlichen Richtkräfte ausüben, vermöge deren letztere sich, soweit äussere Störungen dem nicht entgegenwirken, denen des Krystalles parallel anlagern, sodass jede neu gebildete Schicht genau die Natur der vorhergehenden besitzt. Da aber alle physikalischen Erscheinungen auf Kräfte innerhalb der Materie zurückgeführt werden, so macht die krystallographische Verschiedenwerthigkeit verschiedener Richtungen die physikalische Anisotropie von vornherein wahrscheinlich.

Die verschiedenen einer und derselben Substanz entsprechenden Krystallpolyeder unterscheiden sich nicht nur durch ihre absolute Grösse, sie sind auch zumeist in verschiedenen Richtungen verschieden stark entwickelt, sodass entsprechende Flächen verschiedene relative Grösse haben. Von gleichem Betrag sind, soweit nicht Beimengungen oder veränderte chemische Constitution Abweichungen bedingen, allein die Flächenwinkel der Polyeder[1], und man wird sie somit als für die Substanz charakteristisch betrachten. Dementsprechend beurtheilt man die krystallographischen Symmetrieverhältnisse nur nach den Polyederwinkeln und wählt für die theoretische Betrachtung die relativen Dimensionen nach Bequemlichkeit, etwa so, dass man alle Flächen in dem gleichen normalen Abstand von einem festen Punkte anbringt. Krystallographisch gleichwerthig sind dann zwei durch jenen Punkt gehende Richtungen, falls sich bei zwei identischen Polyedern alle Flächen zur Coincidenz bringen lassen, während die eine Richtung in dem ersten mit der anderen in dem zweiten Polyeder zusammenfällt, ungleichwerthig, wenn dies nicht möglich ist.

Auf Grund rein geometrischer Ueberlegungen lassen sich folgende vier Arten von Beziehungen zwischen gleichwerthigen Richtungen aufstellen, durch deren Combination alle überhaupt möglichen erhalten werden.[2])

Ein Symmetriecentrum C ist vorhanden, wenn mit jeder Richtung im Krystallpolyeder die entgegengesetzte gleichwerthig ist.

Eine Symmetrieebene E ist da, wenn mit jeder Richtung ihr Spiegelbild in Bezug auf jene Ebene gleichartig ist.

Von einer Symmetrieaxe A spricht man, wenn durch Drehung um jene Axe um einen und denselben Winkel φ jede Richtung mit einer gleichwerthigen zur Deckung kommt.

Endlich ist eine Spiegeldrehaxe S vorhanden, wenn jede Richtung durch die eben beschriebene Operation und eine darauf folgende Spiegelung in einer zu S normalen Ebene mit einer gleichwerthigen Richtung zur Deckung gebracht wird.

Die beiden ersten Symmetrieelemente ordnen jeder Richtung nur eine gleichwerthige zu, während dies bei den beiden letzten nicht nothwendig ebenso gilt.

In der That: fasst man, wie dies die nebenstehende Figur (Fig. 1) veranschaulicht, eine beliebige Richtung r_1 ins Auge, welche nur nicht mit der Symmetrieaxe A zusammenfallen darf, und führt man die Drehung um den Winkel φ aus, die sie an die ursprüngliche Stelle einer Richtung r_2 bringt, so ist gleichzeitig r_2 in eine um den Drehungswinkel φ entfernte Position r_3 gekommen, und da jede Richtung bei der Drehung um φ in eine gleichwerthige ($\backsim$) Position kommen soll, so ist mit $r_1 \backsim r_2$ gleichzeitig gültig $r_2 \backsim r_3$.

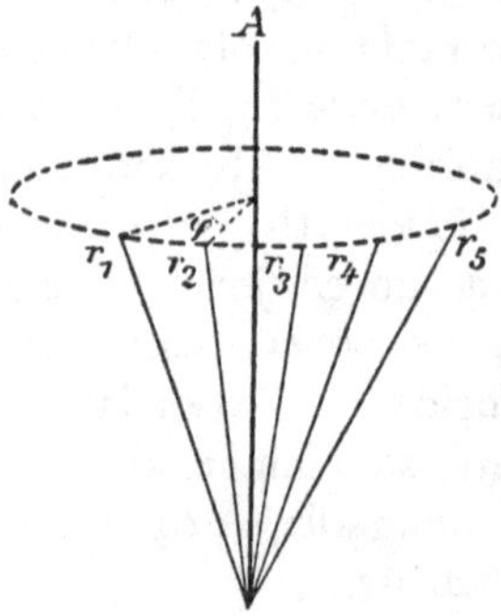

Fig. 1.

Weiter hat r_3 eine Position r_4, r_4 eine Position r_5 erreicht, und die Wiederholung der obigen Ueberlegung ergiebt $r_1 \backsim r_2 \backsim r_3 \backsim r_4 \ldots$ — eine Beziehung, die nur dadurch zum Abschluss gebracht werden kann, dass irgend ein r_n bei der Drehung mit r_1 zur Deckung gelangt, also $\varphi = 2\pi/n$ ist. In diesem Falle entsprechen sich dann je n auf einem Kegel um die Symmetrieaxe A äquidistant gelegene Richtungen, und die Symmetrieaxe heisst n-zählig.

Diese Ueberlegung lässt sich mit kleinen selbstverständlichen Aenderungen von den Symmetrieaxen auf die Spiegeldrehaxen übertragen.

Wie schon oben gesagt, ist es möglich, jede krystallographische Symmetrie durch Superposition dieser Elemente, von denen mehrere gleichzeitig oder wiederholt auftreten können, aufzubauen. Dabei ist indessen zu bemerken, dass in diesen Verbindungen häufig einige der constituirenden Elemente nicht wesentlich oder charakteristisch sind, weil sie als Folge anderer sich von selbst einstellen. Um ein Beispiel zu geben, wollen wir annehmen, es bestände eine n-zählige Symmetrieaxe A und eine hindurchgehende Symmetrieebene E. Nach dem Begriff der n-Zähligkeit der Axe müssen dann noch $n - 1$ Symmetrieebenen vorhanden sein, die mit einander die Winkel $2\pi/n$ einschliessen; sie sind mit A und E von selbst gegeben, sind von ihnen abhängig und somit nicht wesentlich. —

Es bietet sich nunmehr die Frage: Aus welchen Merkmalen können wir die Gesetze der physikalischen Symmetrie der Krystalle erschliessen. Ihre Beantwortung giebt der im Laufe der Zeit allmählich immer klarer hervorgetretene Erfahrungssatz, dass in Bezug auf keine physikalische Erscheinung die Krystalle niedrigere Symmetrien besitzen, als in Bezug auf die Wachsthums- und Auflösungserscheinungen, dass also keine physikalische Erscheinung mit der Symmetrie dieser Vorgänge im Widerspruch steht.[3]) Insbesondere lässt sich in den bei weitem meisten Fällen die Symmetrie der Krystallform direct derjenigen des physikalischen Verhaltens gleichsetzen, sodass also krystallographisch gleichwerthige Richtungen auch physikalisch gleichwerthig sind; nur in verhältnissmässig seltenen Fällen muss man noch die Erscheinungen, die bei der oberflächlichen Auflösung der Krystalle auftreten, die sogenannten Aetzfiguren, ergänzend heranziehen und auf ihre Symmetrie untersuchen.[4])

Somit ist also eine Bezugnahme auf die Resultate der Krystallographie doch nicht völlig zu umgehen. Indessen handelt es sich dabei, wie schon oben bemerkt, keineswegs um die ganze Fülle der verschiedenen bei demselben Krystall möglichen Flächencombinationen; eine einzige einfache Form, welche die niedrigste vorkommende Symmetrie enthält, repräsentirt für den Physiker einen jeden Krystall in erschöpfender Weise, wobei es überdies vollständig gleichgültig ist, ob dieselbe wirklich bei der betrachteten Substanz vorkommt, oder nicht.

Einige Beispiele, die uns auch weiterhin von Nutzen sein werden, werden dies Verhältniss völlig klarstellen.

Der für den Physiker so überaus wichtige Kalkspath ist ihm, trotz der gegen 200 an dieser Substanz beobachteten verschiedenen Flächensysteme, für seine Zwecke erschöpfend charakterisirt durch die einfache Form des Rhomboeders. An ihr vergegenwärtigt er sich leicht die dem Kalkspath zugehörigen Symmetrieelemente: ein Centrum der Symmetrie, eine dreizählige Symmetrieaxe A_3, die mit der krystallographischen Hauptaxe zusammenfallt, drei zu ihr normale zweizählige Symmetrieaxen A_2, die um 120° gegen einander geneigt sind, dazwischen drei durch die Hauptaxe gehende Symmetrieebenen E, die je auf einer zweizähligen Axe senkrecht stehen. In Figur 2 ist, um die Darstellung nicht undeutlich zu machen, nur eine zweizählige Axe und eine Symmetrieebene eingetragen.

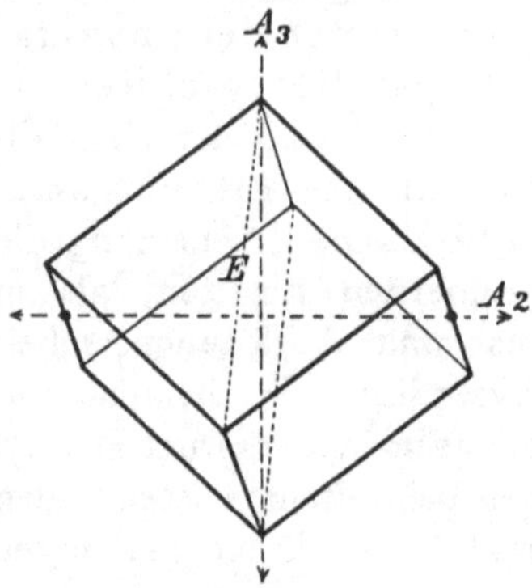

Fig. 2.

Aber diese acht Symmetrieelemente sind nicht von einander unabhängig; nach dem S. 8 Gesagten bedingt bei dem Vorhandensein einer dreizähligen Axe eine zu ihr normale zweizählige Axe die beiden anderen, ebenso eine zu ihr parallele Symmetrieebene die beiden anderen, und dass die Symmetrieebenen bei Anwesenheit eines Symmetriecentrums durch die zweizähligen Axen bedingt sind, ergiebt die folgende einfache Ueberlegung.

Sei in nachstehender Figur 3 die X-Axe eine zweizählige Symmetrieaxe, so ist jede Richtung r_1 der Richtung r_2 gleichwerthig, in welche sie eine Drehung um 180⁰ überführt. Wegen des Vorhandenseins eines Symmetriecentrums sind aber r_1 und r_2 auch den entgegengesetzten Richtungen r_3 und r_4 gleichwerthig, die ihrerseits r_2 und r_1 spiegelbildlich entsprechen; somit ordnet sich jeder beliebigen Richtung ihr Spiegelbild in Bezug auf die *YZ*-Ebene als gleichwerthig zu: die zur zweizähligen Axe normale Ebene ist also bei centrischer Symmetrie nothwendig eine Symmetrieebene. Beiläufig werde bemerkt, dass, da jede Symmetrieaxe von gerader Zähligkeit zugleich zweizählig ist, dieser Satz auch für geradzählige Axen überhaupt gilt.

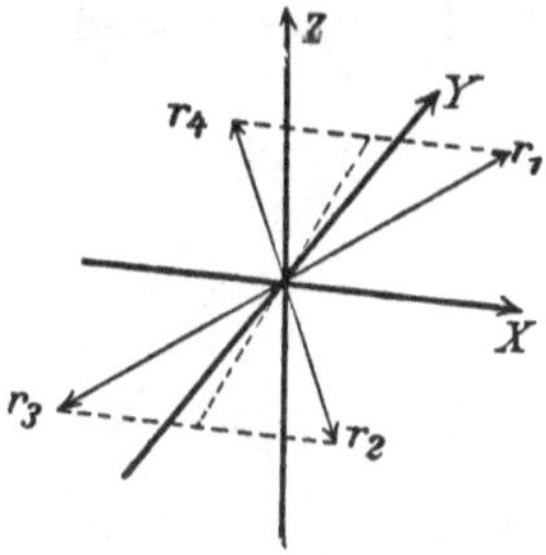

Fig. 3.

Nach Vorstehendem ist nun die physikalische Symmetrie des Kalkspathes erschöpfend ausgedrückt durch eines der beiden Symbole

$$C,\ A_3 \perp A_2 \text{ oder } C,\ A_3 \parallel E.$$

Aus dem für Kalkspath charakteristischen Rhomboeder kann man die, zwei anderen hervorragend wichtigen Körpern ähnlich zugehörigen Krystallformen in folgender Weise ableiten.

Ersetzt man in Figur 2 das eine, z. B. das obere Halbrhomboeder durch ein gleichgelegenes von anderer Neigung, so entsteht das in Figur 4 dargestellte Gebilde. Die dreizählige Axe und die Symmetrieebenen sind erhalten, das Symmetriecentrum und die zweizähligen Axen aber sind verschwunden. Die Symmetrie dieser Form wird somit durch das Symbol

$$A_3 \parallel E$$

wiedergegeben; sie ist u. a. charakteristisch für Turmalin.

Dreht man dagegen das eine, z. B. das obere Halbrhomboeder ohne sonstige Veränderung um einen Winkel, der 60^0 nicht erreicht, gegen das untere, so resultirt die in Figur 5 wiedergegebene Form. Verschwunden

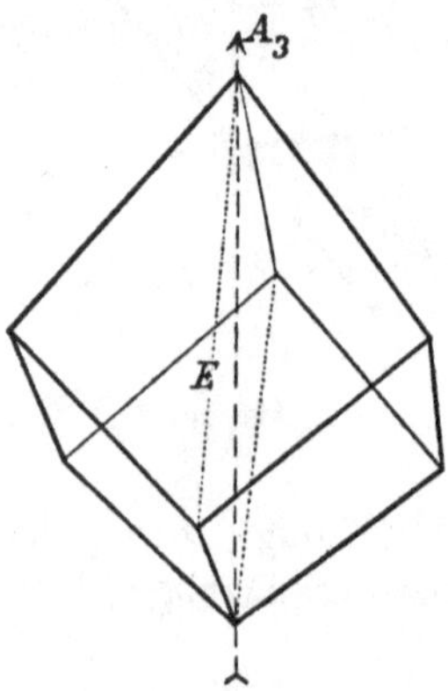

Fig. 4.

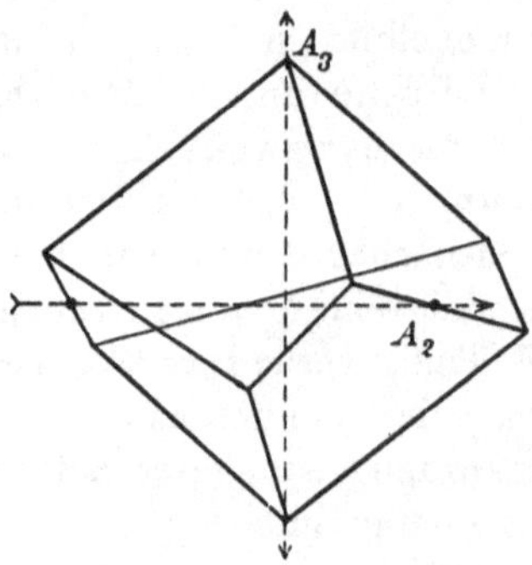

Fig. 5

sind das Symmetriecentrum und die Symmetrieebenen, erhalten sind die dreizählige und die dazu normalen zweizähligen Symmetrieaxen. Die Symmetrie der neuen Form ist charakterisirt durch das Symbol

$$A_3 \perp A_2;$$

sie eignet u. a. dem Quarz. —

Die Aufsuchung der jeder Substanz zugehörigen unabhängigen Symmetrieelemente ist eine Aufgabe der Krystallographie, auf deren Behandlung somit hier nicht eingegangen zu werden braucht. Doch mögen einige der von ihr hierbei erhaltenen allgemeinen Resultate, als für unsere Zwecke nützlich, Erwähnung finden [5]).

Das erste geht dahin, dass nur 32 verschiedene Combinationen der oben genannten Symmetrieelemente in der Natur vorkommen [6]); dass sonach, wenn man die Krystalle nach ihren unabhängigen Symmetrieelementen zusammenfasst, sich für sie 32 verschiedenartige Gruppen ergeben.

Das zweite ist dieses, dass mit einer einzigen Ausnahme keine dieser Gruppen mehr wie drei Symmetrieelemente zu ihrer Definition erfordert, dass also die oben besprochenen drei Typen keineswegs ausgesucht einfache Formen darstellen. Im ersten Zusatz am Ende dieses Werkchens ist eine Zusammenstellung aller 32 Krystallgruppen mit ihren charakteristischen, d. h. von einander unabhängigen Symmetrieelementen mitgetheilt; die Gruppen sind dort nach gewissen gemeinsamen Merkmalen in 7 Klassen geordnet, deren Bestandtheile sich mehrfach gesetzmässig entsprechen. Da das Ziel dieser Darstellung nur die Klarlegung der allgemeinen Gesetzmässigkeiten ist, nicht aber die Aufzählung aller möglichen Formen ihrer Aeusserung, so werden wir uns bei den speciellen Anwendungen der allgemeinen Gesetze jederzeit auf die oben ausführlicher besprochenen drei Krystalltypen (Kalkspath, Turmalin, Quarz) beschränken.

Die Auswahl und Nebeneinanderstellung gerade dieser Typen ist nicht nur deswegen geschehen, weil sie Krystallen entsprechen, die in besonders zur Beobachtung geeigneten Individuen vorkommen und deshalb bereits nach verhältnissmässig vielen Richtungen erforscht sind, sondern auch weil sie für uns höchst wesentliche Verschiedenheiten zeigen. Der erste Typ sondert sich von den folgenden als allein centrisch symmetrisch von vornherein ab; aber auch die beiden acentrischen differiren in einer wichtigen Hinsicht. Beim ersten sind die beiden Seiten der dreizähligen Hauptaxe A_3 nach der auf S. 7 gegebenen Definition ungleichwerthig, beim letzten sind sie gleichwerthig. Denn fügt man zwei identische Polyeder jener Arten mit entgegengesetzten Axenrichtungen A_3 in einander, so vermag man zwar das in Figur 5 dargestellte Polyeder (Quarz) mit sich zur Deckung zu bringen, nicht aber das in Figur 4 gegebene (Turmalin). Dagegen besitzen offenbar die drei zweizähligen Nebenaxen des letzten Typus (Quarz) zwei verschiedenwerthige Seiten.

Wir nennen diese Axen einseitig, und wenn speciell die beiden Seiten sich auch nicht einmal spiegelbildlich entsprechen, d. h. auch das in einer Ebene gespiegelte Polyeder sich mit dem ursprünglichen bei verkehrter Axenrichtung nicht zur Deckung bringen lässt, polar. Der Typus II (Turmalin) ist also mit einer, der Typus III (Quarz) mit drei, u. zw. untereinander gleichwerthigen polaren Axen begabt. Wir werden sehen, dass hiermit ganz bestimmte Verschiedenheiten des physikalischen Verhaltens zusammenhängen.

Eine ähnliche Rolle, wie einseitig-polare Symmetrieaxen, spielen in den Fällen acentrischer Krystalle, wo Symmetrieaxen fehlen, auch andere Richtungen, um deren beide Seiten sich verschiedene Flächen oder aber gleiche Flächen in nicht deckbarer Anordnung gruppiren. Wir kommen auf diese Punkte weiter unten zurück.

In den Figuren 2, 4 und 5 sind die zweiseitigen und die einseitig-polaren Symmetrieaxen durch zwei- und einseitige Pfeile bezeichnet, und ähnlich soll unten in geeigneten Fällen verfahren werden.

§ 2. Die physikalischen Eigenschaften als Wechselbeziehungen zwischen zwei Zuständen der Materie.

Scalare, vectorielle und tensorielle Zustände. Centrische und acentrische Eigenschaften.

Damit die physikalischen Eigenschaften der Krystalle zur Geltung gelangen, ist es erforderlich, jene äusseren Einwirkungen auszusetzen; der Zusammenhang zwischen den geubten Einwirkungen und dem erzielten Effecte, gesetzmässig ausgesprochen, stellt dann jene Eigenschaften dar. Die Effecte selbst sind Zustände der Substanz des Krystalles, die sich, wie z. B. die Deformation innerhalb eines gebogenen oder gedrillten Stabes, von Ort zu Ort ändern können, die aber in den einzelnen Volumenelementen als homogen betrachtet werden dürfen.

Die homogenen Veränderungen sind somit die Elemente, aus denen sich die inhomogenen aufbauen lassen, und die Beschränkung unserer Betrachtung auf erstere, die wir uns hier auferlegen werden, schliesst zwar naturgemäss eine grosse Zahl von Erscheinungen von der Behandlung aus, liefert aber doch das Fundament auch für deren Erklärung. Eben deshalb haben wir im Titel dieser Vorträge die zu besprechenden Eigenschaften der Krystalle einschränkend als die fundamentalen charakterisirt.

Um für das Weitere die Vorstellung zu fixiren, denken wir uns aus dem wirklich gegebenen Krystallpräparat ein kleines rechteckiges Prisma von den Kanten l_1, l_2, l_3 herausgeschnitten, das bei allen Veränderungen homogen bleibt, und suchen die darauf ausgeubten Einflüsse und die durch sie entstehenden Wirkungen anschaulich darzustellen.

Hierzu ist es nützlich, wie die hervorgebrachten Veränderungen, so auch die sie bewirkenden Einflüsse als Zustände des betrachteten Volumen aufzufassen; dass eine solche Betrachtungsweise zulässig ist, kann leicht gezeigt werden. Wirken wir auf einen Körper mechanisch ein, so entstehen in seinem Innern mechanische oder elastische Spannungen, wirken wir magnetisch oder electrisch ein, z. B. indem wir ihn in die Nähe eines Magneten oder eines geladenen Conductors bringen, so entsteht in seinem Innern ein magnetisches oder electrisches Feld; wirken wir calorisch ein, so verändern wir die Temperatur, und die mechanischen Spannungen, die electrischen oder magnetischen Felder repräsentiren genau, wie die Temperatur, einen primären, ursprünglichen Zustand, der einen zweiten, bedingten Zustand zur Folge hat. Alle fundamentalen physikalischen Eigenschaften wollen wir im Folgenden als Beziehungen zwischen mehreren solchen Zuständen auffassen; und diese Auffassung dient zur übersichtlichen Gruppirung der Vorgänge und dadurch zur Erleichterung des Eindringens um so mehr, als einige der zu betrachtenden Vorgänge derartig reciprok sind, dass man beliebig den einen oder den anderen der correspondirenden Zustände als primären herstellen kann und dabei immer den zweiten als secundären erhält. —

Die Zustände gruppiren wir nach einem Princip, das neuerdings in der Physik die allergrösste Rolle spielt und demnach an sich schon eine Besprechung verdient.

Wir stellen in erste Linie Zustände, die durch eine einzige Zahlgrösse erschöpfend charakterisirt werden; solche Zustände heissen scalare, die sie messende Zahlgrösse wird als Scalar bezeichnet.[7]) Die wichtigste scalare Grösse, mit der wir zu thun haben, ist die Temperatur, die wir in Celsius-Graden rechnen und von einem beliebigen Anfangspunkt — z. B. dem Schmelzpunkt des Eises aus — gezählt mit τ, dagegen von -273^0 der Celsius-Scala gezählt mit T bezeichnen. T heisst dann bekanntlich die τ entsprechende absolute Temperatur.

Wir stellen in zweite Linie Zustände, die durch eine Zahlgrösse und eine einseitige Richtung erschöpfend charakterisirt werden; dabei deuten wir durch den Zusatz „einseitig" an, dass die beiden Seiten der betreffenden Richtung verschiedenartig sind und dass nur die eine Seite den darzustellenden Verhältnissen entspricht. Ein solcher Zustand, z. B. ein Kraftfeld, lässt sich durch eine von einem festen Punkte, etwa dem Coordinatenanfang, aus in der ausgezeichneten Richtung construirte Strecke von mit der charakteristischen Zahlgrösse proportionaler Länge anschaulich darstellen. Wir nennen Zustände der beschriebenen Art vectorielle, die sie charakterisirenden physikalischen Grössen Vectoren[8]), und werden für letztere weiterhin die Buchstaben K und R anwenden.

Ein Vector erfordert zur vollständigen Bestimmung drei Angaben: einen Zahlwerth zur Festsetzung seiner Grösse und zwei Winkel gegen zwei festgelegte Axen zur Festsetzung seiner Richtung. Eine symmetrische Bestimmung geben seine Componenten oder Projectionen in Bezug auf drei zueinander normale Axen, z. B. die Coordinatenaxen X, Y, Z, die wir etwa den Kanten unseres Elementarprismas parallel annehmen können; diese Componenten mögen mit K_1, K_2, K_3, resp. R_1, R_2, R_3 — kurz auch mit K_h und R_h — bezeichnet werden.

Es bestehen dann gemäss der Definition der Componenten für jeden Vector die Formeln:

$$K_1 = K\cos(K,X), K_2 = K\cos(K,Y), K_2 = K\cos(K,Z), \quad 1$$

welche die K_h durch Grösse und Richtung von K ausdrücken, während die daraus folgenden Beziehungen:

$$K^2 = K_1{}^2 + K_2{}^2 + K_3{}^2, \quad 2$$

$$\cos(K,X) = \frac{K_1}{K}, \cos(K,Y) = \frac{K_2}{K}, \cos(K,Z) = \frac{K_3}{K} \quad 3$$

umgekehrt Grösse und Richtung von K durch die Componenten K_h angeben. Dabei bleibt das Vorzeichen von K willkürlich.

Es ist üblich, dasselbe positiv zu wählen, die resultirenden Vectoren also als absolute Grössen zu behandeln. Wählt man das negative Zeichen, so bestimmen die Formeln (3) die entgegengesetzte Richtung als K zugehörig; dies zeigt, dass die beiden Seiten eines Vectors derartig ungleichwerthig oder entgegengesetzt sind, dass eine Vertauschung derselben mit einer Umkehrung des Vorzeichens an der Zahlgrösse des Vectors äquivalent ist. —

Es ist bekannt, dass die Componenten von Geschwindigkeiten und Kräften wieder als Geschwindigkeiten und Kräfte aufgefasst werden können, und dass sie den gegebenen, in diesem Sinne als Resultanten bezeichneten, Vectoren gleichwerthig sind, sie nämlich in ihrer Wirkung zu ersetzen vermögen. Diese Eigenschaft folgt aus der obigen Definition der Vectorgrössen keineswegs mit Nothwendigkeit; da aber die sonst in der Physik benutzten Vectoren sie gleichfalls zeigen, so wollen wir sie weiterhin zu den charakteristischen Merkmalen der Vectoren zählen. —

Für jeden Vector stellt seine Richtung eine unendlich-zählige Symmetrieaxe dar; dagegen giebt es Vectoren, welche eine zu jener Axe normale Symmetrieebene besitzen, andere, durch deren Richtung sich unendlich viele Symmetrieebenen legen lassen [9]); das gleichzeitige Auftreten dieser beiden Eigenschaften würde mit der Einseitigkeit der Vectorrichtung unvereinbar sein.

Typisch für die erstere, „axiale" Art von Vectoren ist eine Rotation, die durch einen Vector von der Grösse des Drehungswinkels, aufgetragen auf der Rotationsaxe, repräsentirt werden kann. Die beiden Seiten dieses Vectors sind ungleichwerthig, weil von der einen aus betrachtet der Rotationssinn sich entgegengesetzt darstellt, wie von der anderen. Typisch für die zweite, „polare" Art von Vectoren ist eine Verschiebung. Die electrische Kraft und das electrische Moment sind der zweiten, die magnetische Kraft und das magnetische Moment sind der ersteren Gattung zuzurechnen; letzteres geht aus der Ersetzbarkeit eines Magneten durch ein System von Kreisströmen unmittelbar hervor.

Beiläufig mag darauf aufmerksam gemacht werden, dass bei der Vertauschung aller Coordinatenrichtungen mit den entgegengesetzten zwar die Componenten eines polaren Vectors ihr Vorzeichen umkehren, nicht aber die eines axialen.

Rechnet man nämlich diejenige Rotationsrichtung positiv, bei welcher der Vector ebenso umkreist wird, wie dies mit der $+X$-Axe dann geschieht, wenn man die $+Y$-Axe nach der $+Z$-Axe hinbewegt, so wird bei dem inversen Coordinatensystem zwar die entgegengesetzte Verschiebungsrichtung, aber die gleiche Rotationsrichtung positiv genannt, wie bei dem

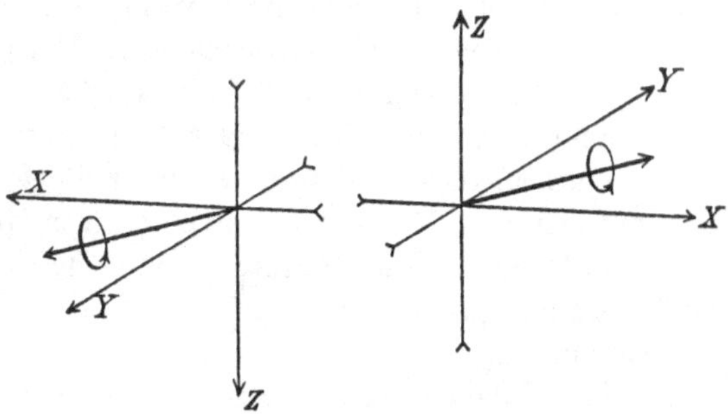

Fig. 6.

directen die vorstehenden, leicht verständlichen Figuren erläutern dies Verhältniss. Bezeichnet man also diejenige Seite des axialen Vectors K als positiv, um welche die Rotation in positivem Sinne stattfindet, so kehrt sich mit den Coordinatenrichtungen auch die Richtung von K um, woraus in Verbindung mit den Formeln (1) auch die Richtigkeit des Gesagten erhellt. Natürlich ist der letzte Grund dieses Verhaltens die getroffene Verfügung über die positiv zu rechnende Rotationsrichtung.

Dieser analytische Unterschied zwischen den beiden Gattungen einseitiger Vectoren kommt übrigens im Folgenden nicht wesentlich zur Geltung; er ist aber erwähnt, da er in anderen Gebieten grosse Wichtigkeit besitzt. —

Wir stellen endlich in dritte Linie Zustände, die durch eine Zahlgrösse und eine zweiseitige Richtung charakterisirt sind; dabei deuten wir durch den Zusatz „zweiseitig" an, dass die beiden Seiten jener Richtung einander gleichwerthig sind. Ein solcher Zustand lässt sich durch eine Strecke veranschaulichen, die von einem festen Punkte, z. B. dem Coordinatenanfang, aus gleichweit nach beiden Seiten reicht. Man könnte ihn demgemäss als bivectoriell, die für ihn charakteristische Grösse als Bivector bezeichnen, indessen würde dadurch eine Verwandtschaft mit den Vectoren ausgedrückt werden, die in Wahrheit nicht vorhanden ist. Wir wollen uns deshalb nur darauf stützen, dass Zustände der geschilderten Art bei Spannungen und Dehnungen nicht starrer Körper auftreten, und sie deshalb tensorielle, die für sie charakteristischen physikalischen Grössen aber Tensoren nennen.

Dass eine einfache elastische Spannung jene Natur hat, ist unmittelbar einleuchtend, wenn man bedenkt, dass sie in einem Elementarprisma durch zwei, über gegenüber liegende Flächen gleichmässig vertheilte Zug- oder Druckkräfte hervorgerufen werden kann. Ein beliebiger Körper ist aber dann als einfach gespannt zu bezeichnen, wenn er sich in lauter Elementarprismen der genannten Art zerlegen lässt; sein Zustand ist dabei in der That durch eine Zahlgrösse, nämlich den Betrag der auf die Flächeneinheit wirkenden Kraft, die Spannung, und durch eine zweiseitige Richtung, nämlich die Richtung der Spannung, die (wie die Erzeugung durch zwei entgegengesetzt-gleiche Kräfte zeigt) zwei gleichwerthige Seiten hat, vollständig bestimmt. Gleiches lässt sich für eine einfache Dehnung zeigen, bei der alle parallel einer gegebenen Richtung gelegenen Strecken in dem gleichen Verhältniss verlängert, dazu normale aber unverändert gelassen sind.

Man erkennt leicht, dass die Tensoren eine wesentlich andere Behandlung verlangen, als die Vectoren. Da ihre beiden Seiten gleichwerthig sind, kann man bei ihnen einen Vorzeichenwechsel nicht als einen Richtungswechsel auffassen; die Tensoren sind also bald positiv, bald negativ, und wir wollen festsetzen, dass eine Zugspannung und eine Verlängerung als positiv, eine Druckspannung und eine Verkürzung als negativ gerechnet werden sollen. —

Da ein Tensor durch eine Zahlgrösse und eine Richtung charakterisirt ist, so kann man versuchen, ihn ebenso, wie einen Vector, durch seine Componenten nach den Coordinatenaxen zu bestimmen, somit die Gleichungen (1) bis (3) auf ihn anzuwenden. Indessen trifft man hierbei auf Schwierigkeiten, welche die verschiedene Natur jener beiden Grössenarten recht deutlich machen.

Wegen der Gleichwerthigkeit beider Seiten geben nämlich, auf Tensoren angewandt, jene Formeln keine eindeutigen Bestimmungen; beispielsweise kann man für denselben Tensor je nach der Richtung, die man an ihm willkürlich bevorzugt, ebensowohl positive, als negative Componenten erhalten. Hiermit hängt auch zusammen, dass die durch die Formeln (1) definirten Componenten gar nicht im Stande sind, den resultirenden Tensor zu vertreten.

Die Bestimmung eines Tensors durch seine Projectionen auf die Coordinatenaxen führt also zu lauter schiefen Verhältnissen, und wir werden nach einer leistungsfähigeren Darstellung suchen müssen. Indessen wollen wir dabei gleich, an Stelle des bisher vorausgesetzten speciellen, den zumeist in der Natur vorkommenden allgemeinen Fall in Betracht ziehen, dass der Zustand nicht durch einen, sondern durch drei zu einander normale Tensoren, durch ein Tensortripel charakterisirt ist. Dass dem wirklich so ist, dass der allgemeinste Spannungszustand sich auf drei zu einander normale und von einander unabhängige Tensoren, die sogenannten Hauptspannungen S_1, S_2, S_3 zurückführen lässt, und dass der allgemeinste Deformationszustand analog durch drei auf einander normale und von einander unabhängige Hauptdilatationen D_1, D_2, D_3 gegeben ist, kann hier nicht bewiesen werden, findet sich aber in den Zusätzen II und III dargethan.

Was die Anzahl der Bestimmungsstücke für ein solches Tensortripel angeht, so giebt es ersichtlich deren sechs, nämlich drei Zahlgrössen für die Grösse der Vectoren und drei Winkel zur Festlegung ihrer Lage gegen irgend welche feste Richtungen, z. B. gegen die Axen X, Y, Z oder die Kanten unseres Elementarprismas, in Bezug auf welche ihre Lage im Allgemeinen völlig beliebig bleibt.

Man kann statt dieser, einigermassen unsymmetrischen Bestimmung eines Tensortripels eine symmetrischere aufsuchen; sieht aber von vornherein, dass die Componenten oder Projectionen der drei Tensoren des Tripels hier ebensowenig brauchbar sind, wie in dem soeben gegebenen Falle nur eines Tensors. Indessen lassen sich — wie wiederum hier nicht gezeigt werden kann — in der That sechs von einander unabhängige symmetrische Bestimmungsstücke eines Tensortripels angeben; bei den Spannungen S_1, S_2, S_3 sind es, wie in Zusatz II ausgeführt wird, die drei normalen und die sechs paarweise gleichen tangentialen oder scheerenden Spannungen N_1, N_2, N_3 und T_1, T_2, T_3 gegen die Coordinatenebenen; bei den Dilatationen D_1, D_2, D_3 sind es nach Zusatz III die Längsdehnungen V_1, V_2, V_3 parallel den Coordinatenaxen und die halben Aenderungen W_1, W_2, W_3 der im ersten Octanten liegenden Winkel zwischen den Coordinatenebenen. Die Bezeichnungen N_h, T_h resp. V_h, W_h sind so gewählt, dass der hierbei hervortretenden Verschiedenheit der beiden Tripel von Componenten Ausdruck gegeben und zugleich angedeutet wird, dass von jedem Tripel je eine eder Coordinatenaxe zugeordnet, etwa direct durch eine jener parallele Strecke repräsentirt werden könne. —

Eine einfache Bestimmung der drei resultirenden Vectoren des Tripels nach Grösse und Richtung durch diese Componenten ist nicht möglich, und auch die Ausdrücke für die letzteren in den Bestimmungsstücken der ersteren sind ziemlich umständlich, sodass wir, soweit angängig, vermeiden werden, von ihnen Gebrauch zu machen. Indessen sind sie doch nicht vollständig zu umgehen und sollen daher hier mitgetheilt werden, während bezüglich ihrer Ableitung auf die Zusätze II und III verwiesen werden kann.

Die Beziehungen zwischen den Tensoren S_1, S_2, S_3 des Tripels und ihren sechs Componenten N_h und T_h nach den Coordinatenaxen X, Y, Z — und ebenso zwischen D_1, D_2, D_3 und den V_h und W_h — lauten folgendermassen:

$$\begin{aligned}
N_1 &= S_1 \cos^2(S_1, X) + S_2 \cos^2(S_2, X) + S_3 \cos^2(S_3, X),\\
N_2 &= S_1 \cos^2(S_1, Y) + S_2 \cos^2(S_2, Y) + S_3 \cos^2(S_3, Y),\\
N_3 &= S_1 \cos^2(S_1, Z) + S_2 \cos^2(S_2, Z) + S_3 \cos^2(S_3, Z),\\
T_1 &= S_1 \cos(S_1, Y)\cos(S_1, Z) + S_2 \cos(S_2, Y)\cos(S_2, Z)\\
&\quad + S_3 \cos(S_3, Y)\cos(S_3, Z),\\
T_2 &= S_1 \cos(S_1, Z)\cos(S_1, X) + S_2 \cos(S_2, Z)\cos(S_2, X)\\
&\quad + S_3 \cos(S_3, Z)\cos(S_3, X),\\
T_3 &= S_1 \cos(S_1, X)\cos(S_1, Y) + S_2 \cos(S_2, X)\cos(S_2, Y)\\
&\quad + S_3 \cos(S_3, X)\cos(S_3, Y).
\end{aligned} \tag{4}$$

Dabei können nach der Form dieser Gleichungen die S_h nach der einen oder der anderen Seite gerichtet angenommen werden, und ebenso können die Richtungen aller drei Coordinatenaxen umgekehrt werden, ohne dass dadurch eine Aenderung eintritt; es ist klar, dass dies der zweiseitigen Natur der Tensoren S_h entspricht.

Die Componenten ändern ihr Vorzeichen, wenn alle S_h das ihre wechseln, d. h. Zug- mit Druckspannung, Dilatation mit Compression vertauscht wird; sie zeigen sonach gleichfalls die zweiseitige Natur der Tensoren. —

Lässt man zwei von den Tensoren S_h des Tripels verschwinden und führt den dritten ohne Index, so gelangt man zu den oben erwähnten speciellen Fällen der einfachen Spannung und der einfachen Dilatation; hier nimmt (4) die Gestalt an:

$$N_1 = S\cos^2(S,X), N_2 = S\cos^2(S,Y), N_3 = S\cos^2(S,Z),$$
$$T_1 = S\cos(S,Y)\cos(S,Z),\ T_2 = S\cos(S,Z)\cos(S,X),$$
5 $$T_3 = S\cos(S,X)\cos(S,Y).$$

Dies sind die Ausdrücke für die Componenten eines einzelnen Tensors, auf welche S. 21 hingewiesen worden ist. In der That werden diese N_h und T_h durch Grösse und Richtung von S eindeutig bestimmt und vermögen S vollkommen zu ersetzen.

Für die Bestimmung der Grösse und der Richtung von S durch die Componenten N_h, T_h gelten die Formeln

6 $$S = N_1 + N_2 + N_3,$$
$$\cos^2(S,X) : \cos^2(S,Y) : \cos^2(S,Z) = N_1 : N_2 : N_3;$$

7 $$S = \frac{T_2 T_3}{T_1} + \frac{T_3 T_1}{T_2} + \frac{T_1 T_2}{T_3},$$
$$\cos(S,X) : \cos(S,Y) : \cos(S,Z) = \frac{1}{T_1} : \frac{1}{T_2} : \frac{1}{T_3}.$$

Um sie richtig zu verstehen, hat man zu beachten, dass die sechs Componenten N_h und T_h im Falle nur eines Tensors nicht sämmtlich willkürlich vorgeschrieben werden können. Letzteres erhellt einmal daraus, dass jeder Tensor durch drei Stücke vollständig bestimmt ist; es folgt aber auch aus den Gleichungen (5), welche zwischen den N_h und T_h die drei Beziehungen ergeben:

8 $$N_1 T_1 = T_2 T_3,\ N_2 T_2 = T_3 T_1,\ N_3 T_3 = T_1 T_2.$$

Fällt S in eine Coordinatenaxe, so wird die jener parallele Componente N mit S identisch, alle übrigen N_h und T_h verschwinden; z. B. folgt aus $S \parallel X$: $N_1 = S$,

$N_2 = N_3 = T_1 = T_2 = T_3 = 0$. Fällt S in eine Coordinatenebene, so sind nur die beiden Componenten N_h nach den Axen in dieser Ebene und die auf der Ebene normale Componente T_h von Null verschieden; z. B. folgt aus $S \perp X$: $N_1 = 0$, $N_2 = S \cos^2(S, Y)$, $N_3 = S \cos^2(S, Z)$, $T_1 = S \cos(S, Y) \cos(S, Z)$, $T_2 = T_3 = 0$. —

Nächst dem Fall, dass nur einer der Tensoren S_h von Null verschieden ist, zeichnet sich noch der, dass alle drei den gleichen Werth besitzen, durch Einfachheit aus; er entspricht, wie sich zeigen wird, den Fällen der allseitig gleichen Spannung und der allseitig gleichen Dilatation.

Berücksichtigt man, dass zwischen den Cosinus der Richtungswinkel der S_h die Beziehungen bestehen

$$\cos(S_i, X) \cos(S_k, X) + \cos(S_i, Y) \cos(S_k, Y) +$$

$$\cos(S_i, Z) \cos(S_k, Z) = \begin{cases} 1 \text{ für } i = k, \\ 0 \text{ für } i \lessgtr k, \end{cases}$$ (unter i und k zwei der Zahlen 1, 2, 3 verstanden) so erhält man aus (4) die Werthe

$$N_1 = N_2 = N_3 = S, \quad T_1 = T_2 = T_3 = 0. \qquad 9$$

Hier ist alles auf die Richtungen der Tensoren des Tripels Bezügliche herausgefallen und jede drei zu einander normalen Richtungen, z. B. die Axen X, Y, Z oder die Kanten unseres Elementarprismas, können ihre Stelle einnehmen. In diesem Falle ist also der Zustand durch eine Zahlgrösse (den Werth von S) vollständig charakterisirt, er ist aus einem tensoriellen zu einem scalaren geworden. —

Wir heben ferner den Fall hervor, dass einer der Tensoren S_h — etwa S_3 — verschwindet und die beiden anderen — also S_1 und S_2 — entgegengesetzt-gleiche Werthe haben. Lässt man dann noch die Z-Axe mit S_3 zusammenfallen, die X- und Y-Axen die Winkel zwischen S_1 und S_2 halbiren, so dass die Y-Axe zwischen die positiv gewählten Seiten der S_h fällt, so erhält man das folgende einfache System der Componenten

$$N_1 = N_2 = N_3 = 0, \quad T_1 = T_2 = 0, \quad T_3 = S_1. \qquad 10$$

Für eine solche Lage der Coordinatenaxen verschwinden also die sämmtlichen Normalcomponenten N_h, und von den tangentialen T_h bleibt nur die nach der Richtung der verschwindenden Hauptspannung S_3 übrig.

Fällt schliesslich der eine Tensor — z. B. S_3 — mit einer Coordinatenaxe — z. B. der Z-Axe — zusammen, und sind die beiden dazu normalen — also S_1 und S_2 — von gleicher Grösse, so ist neben der Beziehung $S_1 = S_2 = S$ noch $\cos(S_3, Z) = 1$, $\cos(S_3, X) = \cos(S_3, Y) = 0$, $\cos(S_1, Z) = \cos(S_2, Z) = 0$ in die obigen Formeln zu setzen. Unter Rücksicht auf die Gestalt, welche dann die den Gleichungen (9) vorangestellten Bedingungen annehmen, erhält man hier aus (4)

11 $N_1 = N_2 = S,\ N_3 = S_3,\ T_1 = T_2 = T_3 = 0.$

Diese Formeln enthalten nichts auf die Richtung von S_1 und S_2 in der XY-Ebene Bezügliches mehr; es sind somit alle zu dem ausgezeichneten Vector S_3 normalen Richtungen gleichwerthig, und der Zustand wird hier durch eine Richtung und zwei Zahlgrössen, resp. durch einen Tensor und einen Scalar vollständig bestimmt.

Dieser Fall entspricht der einseitigen Spannung eines Cylinders nach der Axenrichtung, während in allen dazu normalen Richtungen gleiche Spannungen wirken, ausserdem den parallelgehenden Dilatationen. Die Formeln ergeben im Einklang mit der directen Anschauung, dass diese Zustände sich als eine Superposition des einseitigen und des allseitig gleichen Druckes resp. entsprechender Dilatationen auffassen lassen. —

Wenn wir gemäss dem oben ausgesprochenen Princip die fundamentalen physikalischen Eigenschaften der Krystalle als Wechselwirkungen zwischen scalaren, vectoriellen und tensoriellen Zuständen betrachten und gruppiren, so fällt dabei ein interessanter Unterschied zwischen ihnen ins Auge. Wenden wir nämlich das Kriterium der centrischen Symmetrie, das bei Betrachtung der

Krystallpolyeder eingeführt wurde, auf die physikalischen Eigenschaften der Krystalle an, so können wir sie, wie die Krystalle selbst, in centrische und acentrische sondern.

Ein Centrum der Symmetrie, d. h. die Gleichwertigkeit entgegengesetzter Richtungen ist vorhanden, wenn ein richtungsloser (scalarer) oder centrischer (tensorieller) primärer Zustand einen secundären Zustand einer dieser beiden Arten bewirkt, — wie im Falle der thermischen Deformation — oder wenn zwei acentrische (vectorielle) Zustände derart in Beziehung stehen, dass bei Umkehrung des einen der andere sich ebenfalls umkehrt — wie im Falle der dielectrischen Influenz.

Ein Centrum der Symmetrie fehlt dagegen, wenn ein centrischer mit einem acentrischen Zustand in directer Wechselwirkung steht — wie im Falle der pyroelectrischen Erregung — oder wenn zwei Vectoren derartig verbunden sind, dass die Umkehrung des einen diejenige des andern nicht nothwendig zur Folge hat — wofür ein bekanntes Beispiel nicht vorliegt.

Ist der physikalische Vorgang centrisch - symmetrisch, so kommt eine an sich vorhandene physikalische Ungleichwerthigkeit der entgegengesetzten Richtungen im Krystalle nicht zur Geltung, d. h., es reiht sich dann durch den speciellen Vorgang den dem Krystalle individuellen Symmetrieelementen noch das Centrum der Symmetrie an. In diesen Fällen ist es zur Vereinfachung der Betrachtung gestattet, die Symmetrie der Krystalle von vornherein durch Hinzufügung des Symmetriecentrums zu ergänzen und zu vervollständigen. Der Effect dieses Verfahrens ist der, dass eine grosse Zahl an sich verschiedener Krystallgruppen für jene speciellen Vorgänge einander gleichartig werden. Unsere ausgewählten drei Krystalltypen geben hierfür ein Beispiel. Denn da nach S. 11 u. 12 Kalkspath dem Symbol $C, A_3 \perp A_2$ oder $C, A_3 \parallel E$, Turmalin dem Symbol $A_3 \parallel E$, Quarz dem Symbol $A_3 \perp A_2$ entspricht, so ist klar, dass das Hinzutreten des Centrums *C* alle drei Typen zur Uebereinstimmung bringt. Ebenso geht es in zahlreichen anderen Fällen, und die vollständige Zusammenstellung in Zusatz I zeigt, dass für centrisch-symmetrische Eigenschaften die 32 Krystallgruppen sich in nur 11 verschiedenartige Obergruppen ordnen.

Da jetzt allen Gruppen das Centrum gemeinsam ist, und da bei Existenz eines solchen nach S. 11 die Symmetrieebenen nothwendig mit zu ihnen normalen Symmetrieaxen verbunden sind, so sind für centrisch-symmetrische Vorgänge die Krystalle vollständig durch ihre Symmetrieaxen charakterisirt, — ein Satz, der für manche Anwendungen bemerkt werden möge. —

Auch die physikalischen Vorgänge, die ein Centrum der Symmetrie nicht besitzen, geben zu einer allgemeinen Bemerkung Veranlassung. Sie können in centrisch-symmetrischen Krystallen, und somit auch in isotropen Körpern, nicht auftreten, denn die Vorbedingung für ihr Zustandekommen ist, wie ihre oben gegebene Definition zeigt, eben jene Ungleichwerthigkeit entgegengesetzter Richtungen, die den centrischen Krystallen abgeht. Die acentrischen Eigenschaften sind sonach einerseits specifisch krystallphysikalisch, andererseits finden sie sich nur bei bestimmten Gruppen. Von unseren drei Typen Kalkspath, Turmalin und Quarz scheidet z. B. der erste hier ein für alle Mal aus, und Gleiches gilt allgemein von 11 der insgesammt 32 Krystallgruppen. —

Wir wenden uns nunmehr zu einer systematischen Aufzählung und Beschreibung der wichtigsten physikalischen Eigenschaften der Krystalle. Hier ist zunächst ersichtlich, dass solche Eigenschaften, die eine Beziehung zwischen zwei Scalaren ausdrücken und die somit an sich, als denkbar einfachste, an die Spitze der Reihe zu stellen wären, ohne Schaden übergangen werden dürfen, weil bei ihnen das die Krystalle von den isotropen Körpern unterscheidende Merkmal: die Verschiedenwerthigkeit verschiedener Richtungen, gar nicht zur Geltung kommt. Ueberdies wird die wichtigste der hierhergehörigen Beziehungen — die zwischen Temperatur und Dichte — uns als Theil einer viel allgemeineren später noch entgegentreten. Deshalb gehen wir sogleich zu dem nächsteinfachen Fall über.

§ 3. Beziehungen zwischen einem Scalar und einem Vector.

Hier nimmt die hervorragendste Stelle die electrische Erregung eines Krystalles durch eine Temperaturänderung ein, die wir kurz als die Erregung von

a) Pyroelectricität

bezeichnen.

Es wird zur Klarstellung der hier vorliegenden Verhältnisse dienen, einleitend mit einigen Worten auf die electrische Erregung oder Polarisation von Nichtleitern, oder, wie man jetzt sagt, von Dielectrica, im allgemeinen einzugehen.

Ein Dielectricum wird in einem electrischen Felde, d. h. unter der Wirkung einer electrischen Kraft, ähnlich, wie ein Leiter, durch Influenz electrisch erregt; da aber die so hervorgerufene Electricität sich aus dem Dielectricum nicht durch Ableitung gewinnen lässt, so haben wir anzunehmen, dass die Scheidung des neutralen in positives und negatives electrisches Fluidum — unter welchem Bilde wir die Influenzirung auffassen — hier nur in den kleinsten Theilen, den Molekülen, vor sich geht, und dass die geschiedenen Fluida an letzteren festgehalten werden.

Denken wir uns für die Betrachtung jedes der beiden, einem Molekül zugehörigen Fluida in seinem Schwerpunkt in Gestalt je eines electrischen Poles vereinigt, so werden diese Pole, falls keine Kraft auf sie wirkt, im allgemeinen einander äusserst nahe liegen oder zusammenfallen, sodass eine Wirkung auf äussere Punkte nicht zu Stande kommt. Innerhalb eines elektrischen Feldes aber wird der positive Pol in einer, der negative in der entgegengesetzten Richtung so lange verschoben werden, bis sie neue Gleichgewichtslagen erreicht haben; die Electricitäten in den Elementen sind dann geschieden, und der Körper übt electrische Kräfte aus.

Die Wirkung des einzelnen Moleküles hängt ab von dem molekularen Moment r, d. h. dem Product der geschiedenen — gleichen — Massen oder Pole m in ihren Abstand e, sowie von der Richtung der von dem negativen zum positiven Pol positiv gerechneten Verbindungslinie e, der molekularen electrischen Axe; die Wirkung eines homogen erregten Körpers bestimmt sich durch das Moment der Volumeneinheit oder das specifische Moment R, d. h. durch die Summe aller der molekularen Momente r, welche die Volumeneinheit umschliesst, und der mit e zusammenfallenden localen electrischen Axe. Enthält die Volumeneinheit α Moleküle, so ist bei homogener Erregung $R = \alpha r$; R wie r sind polare Vectoren.

In dem uns zunächst allein beschäftigenden Falle einer homogenen electrischen Erregung kann man sich von der Wirkungsweise des erregten Körpers leicht eine anschauliche Vorstellung bilden.

Hierzu überlege man, dass man die Moleküle innerhalb des einzelnen Volumenelementes, bei dessen verschwindenden Dimensionen, beliebig verlegen kann, ohne ihre Wirkungen merklich zu ändern, wenn man nur die Richtung ihrer Axen nicht verändert. Ordnet man sie nun in Reihen oder Fäden parallel der molekularen electrischen Axe, sodass die entgegengesetzten Pole benachbarter Molecüle zusammenfallen (eine Operation, die man jedenfalls in Gedanken ausführen kann) so zerstören sich deren Wirkungen, und es bleiben nur die freien Pole an den Enden der Fäden wirksam.

Wir denken nun diese Operation für einen homogen und longitudinal erregten Cylinder vom Querschnitt q und von der Axenlänge l ausgeführt, welcher nach dem Gesagten $\alpha l q$ Moleküle enthält; verstehen wir wieder unter e den Polabstand im Molekül, so umfasst jeder Faden l/e Moleküle, es sind somit $\alpha l q/(l/e) = \alpha e q$ Fäden im Cylinder vorhanden, wovon αe auf die Querschnittseinheit kommen. Jeder Faden trägt am Ende die freie Masse m; auf der Fläche Eins am positiven Ende des Cylinders liegt somit die Ladung $\alpha m e$, am negativen $-\alpha m e$. Da aber $m e = r$ das molekulare und $\alpha m e = \alpha r = R$ das specifische elec-

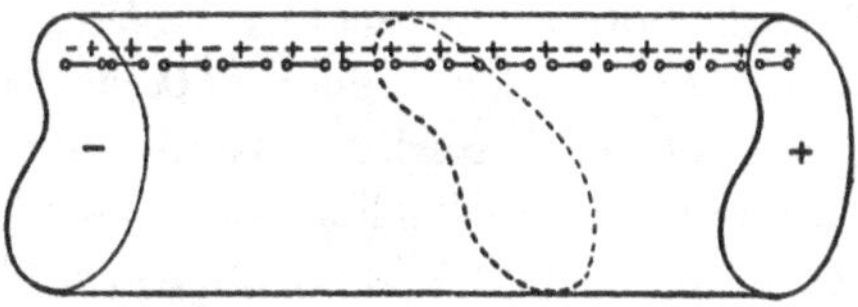

Fig. 7.

trische Moment des Cylinders darstellt, so erhellt, dass seine Wirkung dieselbe ist, wie die zweier flächenhaften Ladungen seiner Grundflächen mit den Dichten $\pm R$. Wir nennen diese, die wirklichen molekularen Ladungen ersetzenden, kurz die äquivalenten.

Schneidet man den Cylinder schief ab, wie dies in der Figur 7 angedeutet ist, so endigen auf der neuen Schnittfläche nur ebensoviel Fäden, wie auf den Grundflächen; die Schnittfläche ist aber im Verhältniss $1 : \cos(n,e)$, worin n die Normale auf der Schnittfläche und e die Axe des molekularen Momentes bezeichnet, — grösser wie jene. Hieraus folgt, dass die auf ihr anzubringende äquivalente Dichte in demselben Verhältniss kleiner, nämlich gleich $\pm R \cos(n, e)$ sein muss.

Da man jeden homogen erregten Körper parallel der localen electrischen Axe in cylindrische Elemente zerlegen kann, so folgt aus dieser Darlegung, dass ein solcher Körper dieselbe Wirkung übt, als wenn alle seine Oberflächenelemente mit der Dichtigkeit $R\cos(n,e)$ geladen wären, wobei die Normale n auf der Oberfläche nach aussen gerichtet angenommen ist. —

Wir gehen nun zu dem eigentlichen Gegenstand dieses Paragraphen, der pyroelectrischen Erregung der Krystalle über.

Wenn die Beobachtung zeigt, dass gewisse Krystalle ohne Anwesenheit eines electrischen Feldes durch blosse Temperaturänderung electrisch erregt werden, so müssen wir nach dem Obigen schliessen, dass die letztere gleichfalls in den Molekülen des Krystalles scheidend wirkt, obgleich wir uns vielleicht von dem Mechanismus des Vorganges eine einfache Vorstellung nicht bilden können. Natürlich entsteht mit dem Moment im Innern des Krystalles von selbst auch ein electrisches Feld, und dies kann ebensowohl, wie das Moment, als die directe Wirkung der Temperaturänderung betrachtet werden; indessen bietet die Wahl des Momentes als des ersten Folgezustandes gewisse Vortheile vor der des Feldes, wie das ohne alle theoretischen Ueberlegungen schon daraus erhellt, dass die Beobachtungsmethoden im allgemeinen die Grösse des erregten Momentes und nicht die ihm entsprechende innere Feldstärke bestimmen.

Da das electrische Moment durch einen (einseitig-polaren) Vector repräsentirt wird, dessen Richtung mit der localen electrischen Axe zusammenfallt, und da die Temperatur richtungslos ist, so können pyroelectrische Erregungen als acentrisch jedenfalls nur bei Krystallen ohne Symmetriecentrum vorkommen. Von den obigen drei Repräsentanten scheidet somit Kalkspath als nicht pyroelectrisch von der Betrachtung aus.

Aber auch die acentrischen Krystalle sind nicht sämmtlich pyroelectrisch erregbar. Hierzu ist vielmehr erforderlich, dass sie eine ausgezeichnete Richtung, z. B. eine einzigartige polare Symmetrieaxe besitzen, d. h. eine, deren beide Seiten in der S. 14 beschriebenen Weise verschiedenwerthig sind. Von den oben genannten Substanzen haben Quarz und Turmalin eine ausgezeichnete Axe, aber nur bei Turmalin ist sie polar; — somit scheidet auch Quarz aus der Reihe der erregbaren Krystalle aus. Aehnliche Ueberlegungen gestatten leicht bei anderen Krystallgruppen die analoge Entscheidung zu treffen. Turmalin ist der wichtigste Vertreter der pyroelectrischen Krystalle, und die bezüglichen Erscheinungen sind an ihm bereits nahe 200 Jahre bekannt.[10])

Die pyroelectrische Erregung eines Turmalins gelangt aber in Wirklichkeit kaum je rein zur Erscheinung. Ganz abgesehen von der unvermeidlichen Complication durch gewisse nothwendige Nebenvorgänge, auf die noch später hinzuweisen sein wird, wirkt sehr störend ein durchaus zufälliger Umstand, nämlich die kaum ganz zu beseitigende electrische Leitfähigkeit der Oberflächenhaut des Krystalles, die wahrscheinlich auf der Anwesenheit condensirter Dämpfe beruht. Die innere Leitfähigkeit der Substanz fällt daneben kaum ins Gewicht. Unter Rücksicht auf die Wirkung der Oberflächenleitfähigkeit kann man sich folgende Vorstellung von den einfachsten Vorgängen pyroelectrischer Erregung bilden.

Nach einer von W. Thomson[11]) geäusserten Ansicht sprechen wir den Volumenelementen des Turmalins, wie denen jedes pyroelectrischen Krystalles, eine dauernde electrische Polarität zu, deren Stärke mit der Temperatur variirt. Bei constanter Temperatur darf diese Polarität im ganzen Innern als constant angesehen werden, und sie ist in diesem Falle äquivalent mit einer Ladung der

Oberfläche, deren Dichte dem oben abgeleiteten Gesetz folgt.

Wenn die Temperatur einige Zeit constant erhalten wird, so entsteht eine electrische Influenzirung der leitenden Oberflächenhaut und schreitet so lange fort, bis die entstandene Vertheilung die Wirkung des inneren Momentes neutralisirt. Hierin ist der vornehmste Grund für die Thatsache zu sehen, dass pyroelectrische Krystalle bei constanter, z. B. bei gewöhnlicher Temperatur ein Moment nicht zeigen; andere Einflüsse von wahrscheinlich geringerer Wirkung, wie z. B. der des in der Luft befindlichen Staubes, mögen übergangen werden.

Durch eine Erwärmung des Krystalles ändert sich das innere Moment, und die influenzirte Ladung compensirt seine Wirkung dann zunächst nicht mehr; indessen pflegt hier — vielleicht durch Condensation von Wasserdampf auf dem in heisserer Umgebung befindlichen Krystall — die Oberflächenhaut derartig an Leitfähigkeit zu gewinnen, dass die Bildung einer neuen compensirenden Belegung ziemlich schnell fortschreitet, und deshalb eine energische Wirkung nach aussen nicht eintritt.

Anders bei der Abkühlung des zuvor erwärmten Krystalles. Hier pflegt die oberflächliche Leitfähigkeit — vielleicht durch Verdunstung von auf der Oberfläche condensirter Flüssigkeit — bedeutend vermindert zu sein, und die influenzirte Oberflächenbelegung hat zur vollständigen Umbildung nicht Zeit; je nachdem also das innere Moment mit fallender Temperatur zu- oder abnimmt, wird die innere äquivalente Ladung oder die aussen influenzirte Belegung überwiegen und sich wirksam geltend machen.

Die Richtigkeit dieser Auffassung ist erwiesen, einmal durch die Beobachtung, dass ein erregter Krystall im luftverdünnten und wohlgetrockneten Raum mehrere Tage lang electrische Wirkungen zeigt[12]), sodann durch den Nachweis starker electrischer (äquivalenter) Ladungen auf frischen Bruchflächen.[13]) In diesen beiden Fällen ist die oberflächliche Leitfahigkeit in der That als wahrscheinlich sehr gering zu betrachten. —

Was die Methoden der Beobachtung pyroelectrischer Erregungen betrifft, so ist in den Fällen, wo es sich nur um die Qualitäten des Vorganges, insbesondere um die Richtung der electrischen Axe handelt, die von Kundt angegebene Bestäubungsmethode [14]) die allein in Betracht kommende. Bei dieser wird der Krystall in dem Moment, wo sein Zustand festgestellt werden soll, mit einem Gemenge von feinem Mennige- und Schwefelpulver bestäubt, welches durch ein engmaschiges Netz hindurchgesiebt wird. Durch die hierbei stattfindende gegenseitige Reibung wird der Schwefel negativ,. die Mennige positiv electrisch; ersteres Pulver wird sich daher bei hinreichend langsamem Operiren auf denjenigen Theilen des Krystalles lagern, wo die positive Kraft von innen nach aussen, letzteres, wo die positive Kraft von aussen nach innen gerichtet ist; denn positiv electrische Theilchen bewegen sich im Sinne der positiven Kraft, negative im entgegengesetzten. Die beobachtete Vertheilung ist somit von den electrischen Ladungsverhältnissen meist auf complicirte Weise abhängig; in dem einfachen Falle eines Cylinders, dessen Axe mit der Axe der electrischen Erregung zusammenfallt, liegen die äquivalenten Ladungen allein auf den Grundflächen; diese sind daher am dichtesten mit Schwefel- resp. Mennigepulver bedeckt; der Ueberzug erstreckt sich aber mit abnehmender Dichte auch auf die benachbarten Theile des Cylindermantels und fehlt ganz nur auf dessen mittlerer Zone.

Für messende Beobachtungen empfiehlt es sich am meisten, den gleichfalls auf Cylinderform gebrachten Krystall an den Grundflächen mit metallischen Belegen zu versehen, in denen dann durch Influenz Ladungen gebunden werden, welche der äquivalenten der betreffenden Grundfläche entgegengesetzt gleich sind, während gleiche Beträge gleichen Vorzeichens frei werden.

Sind dann die beiden Belege — z. B. zwei Staniolblättchen — mit den Quadranten eines Electrometers verbunden, so kann man die freien Dichten in jedem Moment beobachten. Leitet man den einen Beleg direct zur Erde ab, den anderen mittelst eines Entladungselectroskopes, d. h. eines Instrumentes, das sich bei einer freien Ladung von bestimmter Grösse selbstthätig entladet, so kann man durch Beobachtung der Anzahl von Entladungen die ganze innerhalb eines gewissen Zeitraumes entwickelte Electricitätsmenge bestimmen.[15])

Fig. 8.

Ein Entladungselectroskop einfachster Gestalt wird durch ein Goldblattelectroskop dargestellt, dessen Blättchen bei einer bestimmten Divergenz einen zur Erde abgeleiteten metallischen Anschlag erreichen.

Genaue nummerische Bestimmungen bieten wegen der Electricitätsverluste, die insbesondere auf der Oberflächenleitung des Krystalles beruhen, grosse Schwierigkeiten. Nach ihnen scheint beim Turmalin die electrische Erregung der Temperaturänderung nicht proportional zu sein, im allgemeinen vielmehr etwas schneller, als die Temperatur, zuzunehmen. Indessen kann man bei hinreichend kleinen Temperaturänderungen τ jederzeit die Proportionalität annehmen und demgemäss für die Componenten R_1, R_2, R_3 des specifischen electrischen Momentes R nach den Coordinatenaxen den Ansatz machen:

$$R_1 = R_1{}^0 + h_1 \tau, \; R_2 = R_2{}^0 + h_2 \tau, \; R_3 = R_3{}^0 + h_3 \tau, \qquad 12$$

in dem die $R_n{}^0$ die Werthe der R_n für $\tau = 0$, d. h. im ursprünglichen Zustand, bezeichnen, und die h_n Constanten sind.

Fällt die eine Coordinatenaxe in die Richtung der pyroelectrischen Erregung, so sind die zu ihr normalen Componenten von R gleich Null, und vorstehendes System reducirt sich auf die eine Formel

$$R = R^0 + h\tau. —$$

Es möge beiläufig erwähnt werden, dass, wenn an leitenden Krystallen pyroelectrische Wirkungen nicht beobachtbar sind, deshalb die bezüglichen Erregungen doch nicht nothwendig verschwindend zu sein brauchen. Man hat sich vielmehr zu denken, dass die primär erregte inner-moleculare Vertheilung ein electrisches Feld hervorruft, in dem nunmehr, dank der Leitfähigkeit der Substanz. eine Scheidung und somit die Bildung einer Oberflächenladung von Statten geht, die genau ebenso, wie in dem Falle nur oberflächlicher Leitfähigkeit, die Wirkung des inneren electrischen Momentes neutralisirt. Da die Erwärmung und die Abkühlung eines Körpers niemals plötzlich zu bewirken ist, so scheint es unmöglich, die Bildung jener compensirenden Ladung zu verhindern und pyroelectrische Wirkungen an leitenden Krystallen aufzufinden. —

Der pyroelectrischen Erregung gewisser acentrischer Krystalle ordnet sich ein reciproker Vorgang zu:

b) die electrische Temperaturänderung,

d. h. die Erwärmung oder Abkühlung gewisser Krystalle im electrischen Felde bei Veränderung der Feldstärke. Man erkennt, dass bei ihm dieselben Symmetrieverhältnisse ins Spiel kommen, wie bei dem directen Vorgang, und dass er somit nur bei denselben acentrischen Krystallen mit einer ausgezeichneten einseitigen Richtung eintreten kann. Das Vorzeichen und die Stärke der electrischen Temperaturänderung lässt sich nach allgemeinen thermodynamischen Principien aus der als bekannt angenommenen pyroelectrischen Wirkung berechnen[16]; die relativ sehr einfache Ueberlegung, welche in Zusatz VI mitgetheilt ist, ergiebt das folgende Resultat.

Bezeichnen wieder R_1, R_2, R_3 die Componenten des specifischen dielectrischen Momentes nach den Coordinatenaxen und K_1, K_2, K_3 die Componenten der electrischen Feldstärke nach denselben Axen, sind ferner k_1, k_2, k_3 die Zunahmen von K_1, K_2, K_3 bei einer Steigerung der Feldstärke, so ist die ihnen entsprechende Temperaturänderung τ bestimmt durch

13 $$\tau = -\frac{T^0}{\gamma\varepsilon}(h_1 k_1 + h_2 k_2 + h_3 k_3).$$

Dabei ist T^0 die ursprüngliche absolute Temperatur des Krystalles, ε seine Dichte, γ seine mechanisch gemessene specifische Wärme, resp. das Product aus seiner gewöhnlichen specifischen Wärme in das mechanische Wärmeäquivalent.

Fällt die eine Coordinatenaxe mit der Axe der pyroelectrischen Erregung zusammen, und ist die Richtung der electrischen Kraft K der gleichen Axe parallel, so nimmt diese Formel die einfachere Gestalt an

$$\tau = -\frac{T^0 h k}{\gamma\varepsilon},$$

worin k die Zunahme von K bezeichnet.

Das Phanomen der electrischen Erwärmung ist bisher noch nicht mit Sicherheit constatirt, geschweige denn messend verfolgt worden. Darum braucht auch nicht näher darauf eingegangen zu werden. —

Bei dem weitgehenden Parallelismus, der zwischen der dielectrischen und der magnetischen Erregung stattfindet, sollte man erwarten, dass ein Analogon zur Pyroelectricität auf magnetischem Gebiet existire. Man hätte derartigen Pyromagnetismus allerdings nicht bei den pyroelectrischen Krystallen aufzusuchen, da nach dem S. 18 Gesagten das magnetische Feld und das magnetische

Moment eine andere Symmetrie besitzen, als die entsprechenden electrischen Grössen, nämlich nicht durch polare, sondern durch axiale Vectoren repräsentirt werden. Somit wäre eine pyromagnetische Erregung nur bei Krystallen mit einer ausgezeichneten Richtung möglich, um welche die Wachsthumserscheinungen einen Unterschied der beiden Drehungssinne darbieten. Dies würde z. B. überall dort stattfinden, wo eine ausgezeichnete Symmetrieaxe ohne zu ihr parallele Symmetrieebene und ohne zu ihr normale zweizählige Axe auftritt. Die in Zusatz I gegebene Zusammenstellung zeigt, dass diese Symmetrie in mehreren krystallographischen Gruppen factisch vorkommt.

Aber so vielversprechend auch die Erforschung solcher Erregungen erscheint, — um so mehr, als hier störende Wirkungen einer Leitfähigkeit nicht in Frage kommen, — so ist doch von ihnen bisher noch nicht die leiseste Andeutung beobachtet worden. Ein Grund für ihr Fehlen ist bisher gleichfalls nicht erkennbar.

§ 4. Beziehungen zwischen einem Scalar und einem Tensortripel.

Wie schon oben bemerkt, kommt als primärer Scalar für uns ausschliesslich die Temperatur in Betracht; die hier aufzuführenden Beziehungen beschränken sich somit auf die Erregung von Spannungen und von Deformationen durch Temperaturänderungen. Beide Effecte treten in dem allgemeinen Falle einer ungleichförmigen Erwärmung in complicirter gegenseitiger Wechselwirkung gleichzeitig auf; in dem speciellen Falle gleichförmiger Erwärmung kann man sie dagegen von einander sondern. Verhindert man den Körper — z. B. durch Umgebung mit starren Wänden — an einer Gestalt- und Grössenänderung, so bewirkt die Temperatursteigerung ausschliesslich innere Spannungen; erwärmt man ihn bei constantem äusseren Druck, z. B. im freien Luftraum oder im leeren Raum, so erleidet er eine Deformation, ohne dass dadurch elastische Spannungen in ihm entstehen.

Es ist ohne weiteres klar, dass der erste Fall bei Krystallen, wie überhaupt bei festen Körpern, ein praktisches Interesse nicht hat, da wir keine Körper kennen, die jenen gegenüber als starr gelten könnten, somit also nicht im Stande sind, ihre Deformation in der oben angegebenen — wie überhaupt auf keine zur Anwendung geeigneten — Weise aufzuheben; es bleibt somit nur der zweite Fall zu betrachten, den wir im engeren Sinne des Wortes als

a) thermische Deformation

bezeichnen.

Da die Temperatur richtungslos ist, und da ein Tensortripel ein Symmetriecentrum besitzt, so ist die hier vorliegende Beziehung eine centrisch-symmetrische; die durch sie ausgedrückte Eigenschaft kann somit, ungleich der soeben betrachteten, auch bei isotropen Körpern vorkommen und ist mit jeder Art von physikalischer Symmetrie vereinbar, wie sie denn factisch allenthalben beobachtet wird. Bei den Krystallen superponirt sich somit nach S. 27 das Symmetriecentrum den in den Wachsthumserscheinungen ausgedrückten Symmetrieelementen und bedingt eine Erhöhung der physikalischen Symmetrie für das speciell hier vorliegende Erscheinungsgebiet.

Nach dem S. 22 Gesagten ist das für eine homogene Deformation charakteristische Tensortripel dasjenige der Hauptdilatationen, die wir mit D_1, D_2, D_3 bezeichneten. Ein Körper heisst aber dann nach einer Richtung um den Betrag D_h dilatirt, wenn alle dieser Richtung parallelen Strecken s_h in dem Verhältniss D_h vergrössert, also auf eine Länge $s_h\,(1 + D_h)$ gebracht sind. Drei gleichzeitige, zu einander normale Dilatationen D_1, D_2,

D_3 vergrössern also gleichzeitig alle die zu deren Richtungen parallelen Strecken in dem entsprechenden Verhältniss, verwandeln somit ein rechteckiges Prisma von den Kanten l_1, l_2, l_3 parallel jenen Dilatationen in ein anderes von den drei Kanten $l_1' = l_1 (1 + D_1)$, $l_2' = l_2 (1 + D_2)$, $l_3' = l_3 (1 + D_3)$.

Was speciell die thermischen Hauptdilatationen D_h anbetrifft, so hängen ihre Richtungen, da durch die Temperaturänderung allein keine Richtung vor der anderen ausgezeichnet wird, ausschliesslich von der Krystallsubstanz ab und sind mit dieser — wenn Modificationen derselben durch äussere Umstände, z. B. Veränderung von Anfangstemperatur und -druck, ausgeschlossen werden — ein für alle Male gegeben; man bezeichnet ihre Richtungen daher als die thermischen Dilatationsaxen des Krystalles. Ihre Lage lässt sich häufig direct aus der physikalischen Symmetrie des Krystalles folgern, wobei die Bemerkung von S. 28 zur Anwendung kommt, dass für centrische Vorgänge die Krystalle schon durch ihre physikalischen Symmetrieaxen vollständig charakterisirt sind. Ueberall nämlich, wo eine ausgezeichnete Symmetrieaxe vorhanden ist — wozu auch der Fall zählt, dass überhaupt nur eine Axe existirt, — muss eine Hauptdilatationsaxe mit ihr zusammenfallen; wo zwei zu einander normale Symmetrieaxen vorkommen, müssen zwei Dilatationsaxen mit ihnen übereinstimmen, ist also die Lage des ganzen Tripels fest bestimmt. Dabei mag daran erinnert werden, dass, wegen der Gleichwerthigkeit gleicher und gleichorientirter Bereiche in einem homogenen Krystall, die thermischen Dilatationsaxen, wie alle für sein physikalisches Verhalten charakteristischen Richtungen, sich von jedem beliebigen Punkt desselben aus construiren lassen. —

Wir wollen nun in dem Krystall ein Coordinatensystem X, Y, Z mit beliebigem Anfangspunkt O und mit Axen parallel den thermischen Dilatationsaxen anbringen und die Coordinaten eines beliebigen anderen Punktes π in Bezug darauf mit x, y, z bezeichnen. Wir wollen dann den Coordinatenanfang und die Richtungen der Axen festgehalten denken, während wir die Temperatur des Krystalles steigern. Wie alle Strecken parallel den thermischen Dilatationsaxen, werden dann auch die Coordinaten von π im Verhältniss 1 zu $1 + D_h$ verlängert, d. h., der Punkt π wird an eine Stelle π' rücken mit den Coordinaten

14 $$x' = x(1 + D_1), y' = y(1 + D_2), z' = z(1 + D_3).$$

Wir nehmen nun an, dass in dem Krystall bei der Anfangstemperatur eine Kugel vom Radius ϱ um den Punkt o als Centrum markirt, etwa das ganze Präparat nach dieser Fläche abgeschliffen sei; es genügen dann die Coordinaten ihrer Punkte der Gleichung

$$x^2 + y^2 + z^2 = \varrho^2.$$

Denken wir uns jetzt die Temperaturerhöhung τ hervorgebracht, und benutzen wir die Beziehungen (14) zwischen den ursprünglichen und den neuen Coordinaten eines jeden Punktes, so erkennen wir, dass die Punkte, welche ursprünglich auf der Kugel vom Radius ϱ lagen, nunmehr das Ellipsoid erfüllen, dessen Gleichung ist

15 $$\left(\frac{x'}{1 + D_1}\right)^2 + \left(\frac{y'}{1 + D_2}\right)^2 + \left(\frac{z'}{1 + D_3}\right)^2 = \varrho^2,$$

dessen Halbaxen somit den Hauptdilatationsaxen parallel liegen und die Grössen $\varrho(1 + D_1)$, $\varrho(1 + D_2)$, $\varrho(1 + D_3)$ besitzen.

Ueber die Stelle, die bei dieser Umwandlung jeder Punkt der Kugelfläche erhält, geben die Gleichungen (14) gleichfalls Aufschluss. Bezeichnet man den Radiusvector vom Coordinatenanfang nach dem neuen Ort π' eines Punktes durch ϱ', wie ϱ denjenigen nach dem ursprünglichen π bedeutet, so kann man aus jenen Gleichungen folgern:

16 $$\frac{\cos(\varrho', x)}{1 + D_1} : \frac{\cos(\varrho', y)}{1 + D_2} : \frac{\cos(\varrho', z)}{1 + D_3} = \cos(\varrho, x) : \cos(\varrho, y) : \cos(\varrho, z).$$

Nun besteht bekanntlich bei einem Ellipsoid von den Halbaxen a, b, c zwischen der Richtung eines Radiusvector r und derjenigen der Normalen n auf der Tangentenebene in seinem Endpunkt die Beziehung

$$\frac{\cos(r,x)}{a^2} : \frac{\cos(r,y)}{b^2} : \frac{\cos(r,z)}{c^2} = \cos(n,x) : \cos(n,y) : \cos(n,z).$$

Dieselbe ist völlig conform mit der Gleichung (16), und letztere spricht sonach den Satz aus, dass der Radiusvector ϱ' gegen den Radius ϱ ebenso liegt, wie der Radiusvector in dem Ellipsoid von der Gleichung

$$\frac{x^2}{1+D_1} + \frac{y^2}{1+D_2} + \frac{z^2}{1+D_3} = \varrho^2 \qquad 17$$

gegen die Normale auf der Tangentenebene in seinem Endpunkt. Das zweite Ellipsoid ist mit dem ersten gleichgelegen, und seine Halbaxen sind mit den Quadratwurzeln aus denen des ersten proportional.[17])

Diese an sich interessanten Sätze geben noch Veranlassung zu einigen speciellen Folgerungen. Fällt eine thermische Dilatationsaxe in eine mehrzählige physikalische Symmetrieaxe, d. h. eine solche von höherer Zähligkeit, als zwei, so müssen beide obigen Ellipsoide Rotationsellipsoide um diese Axe sein; denn nur in diesem Falle kommen sie bei einer kleineren Drehung, als um 180^0, in gleichwerthige Lagen. Stimmt speciell die Z-Axe mit der mehrzähligen Axe überein, so drückt sich dies durch die Beziehung

$$D_1 = D_2 \qquad 18$$

aus. In diesem Falle liegen ϱ und ϱ' jederzeit in einer Meridianebene, und der Zusammenhang zwischen ihnen lässt sich in einer ebenen Figur darstellen, wie dies umstehend geschehen ist. Die Meridiancurven der beiden Ellipsoide mit den Gleichungen

$$\left(\frac{x}{1+D_1}\right)^2 + \left(\frac{z}{1+D_3}\right)^2 = \varrho^2, \quad \frac{x^2}{1+D_1} + \frac{z^2}{1+D_3} = \varrho^2 \qquad 19$$

sind durch (1) und (2) unterschieden, der Kreis stellt den parallelen Schnitt der Kugel vom Radius ϱ dar, die Dilatationen D_h sind sämmtlich positiv und $D_3 > D_1$ angenommen.

Sind mehrere Symmetrieaxen von höherer Zähligkeit, als zwei, vorhanden, so müssen Kugeln an Stelle der obigen Ellipsoide treten und die bezüglichen Krystalle unterscheiden sich dann in ihrem Verhalten nicht mehr von isotropen Körpern. In den Formeln drückt sich dies aus durch die Beziehung

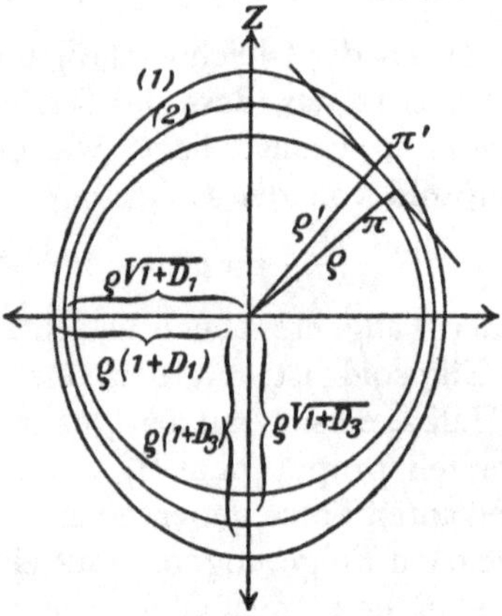

Fig. 9.

20 $$D_1 = D_2 = D_3.$$

Wie sich die verschiedenen Krystallgruppen in Hinsicht auf die Symmetrie der thermischen Deformation verhalten, ist ganz allgemein am Ende des ersten Zusatzes erörtert; bei den drei oben als typisch aufgeführten Krystallen Kalkspath, Quarz und Turmalin ist ersichtlich der erste der oben genannten speciellen Fälle vorhanden, das thermische Dilatationsellipsoid ist also ein Rotationsellipsoid um die dreizählige Hauptaxe. —

Was die nummerischen Gesetze der thermischen Deformation angeht, so kann man innerhalb mässiger Bereiche die Hauptdilatationen D_h der Temperaturänderung τ proportional setzen, d. h. schreiben

21 $$D_1 = a_1 \tau, \ D_2 = a_2 \tau, \ D_3 = a_3 \tau.$$

Den beiden oben erörterten Fällen $D_1 = D_2$, resp. $D_1 = D_2 = D_3$ entsprechen dann die Beziehungen $a_1 = a_2$, resp. $a_1 = a_2 = a_3$. Die Parameter a_h, welche der Substanz des Krystalles individuell sind, können als die Hauptmoduln seiner thermischen Dilatation bezeichnet werden.

Ein Cylinder, einer der Axen parallel, von der Länge l_h, erleidet somit bei der vorausgesetzten Temperaturänderung die Verlängerung

$$\lambda_h = l_h a_h \tau, \qquad 22$$

und deren Messung gestattet die Berechnung von a_h.

Die Beobachtung der λ_h bietet Schwierigkeiten, die daraus fliessen, dass die Dimensionen krystallinischer Präparate durch das Material an sehr enge Grenzen gebunden sind, l_h nämlich in den meisten Fällen einen Centimeter nicht weit überschreitet; da überdies τ nicht sehr gross — häufig nicht einmal gleich 100^0 — gewählt werden kann, und da die a_h etwa zwischen 0,000003 und 0,00006 liegen, so ist die erreichbare Grösse von λ_h nur etwa 0,0003 bis 0,006 cm. Um eine Verlängerung von diesem geringen Betrage genau zu messen, bedient man sich nach dem Vorgang von Fizeau [18]) der Interferenzen, welche zwischen zwei Lichtwellen mit mässigem Gangunterschied eintreten.

Man formt aus dem zu untersuchenden Krystall einen geraden Cylinder c von beliebigem Querschnitt und mit einer polirten Endfläche, stellt ihn mit letzterer nach oben vertikal auf und befestigt in einem kleinen Abstand über ihm (s. Fig. 10) eine planparallele Glasplatte p, etwa durch Auflegen auf einen kleinen Dreifuss d. Schliessen die benachbarten Flächen der Platte und des Krystalles einen sehr kleinen Winkel mit einander ein, so entstehen bei normal auffallendem homogenen Licht Interferenzstreifen in den

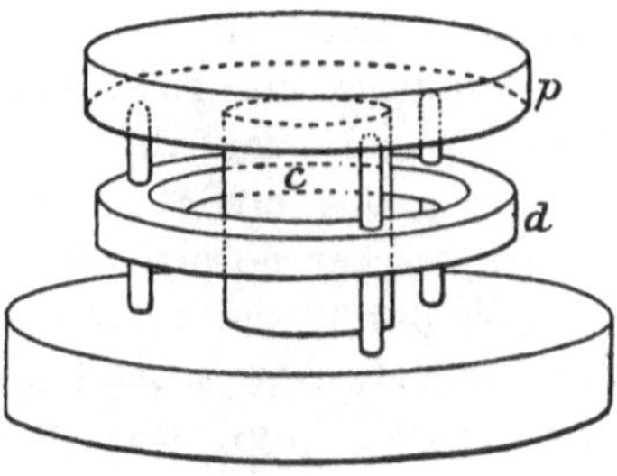

Fig. 10.

reflectirten Wellen, deren Lage mit der Grösse des Abstandes zwischen Platte und Krystall rapid und nach einem leicht aufzustellenden Gesetz variirt.

Bei einer Erwärmung des ganzen Systems hebt sich die obere Fläche des Krystallpräparates infolge von dessen thermischer Dilatation um $\lambda_h = l_h\, a_h\, \tau$, die untere Fläche der Glasplatte um $\lambda = h\, a\, \tau$, worin h die Höhe des Dreifusses, a seinen thermischen Dilatationsmodul bezeichnet. Die Vergrösserung des Zwischenraumes beträgt somit $(h\, a - l_h\, a_h)\, \tau$ und lässt sich aus der wahrgenommenen Verschiebung der Interferenzstreifen berechnen. Ist noch der Modul a für die Substanz des Dreifusses bekannt, ist h, das l_h gleich gesetzt werden darf, und τ gemessen, so kann man hieraus den Werth von a_h ableiten.

Für die oben genannten drei typischen Krystalle erhielt Fizeau[19]) in der Nähe von 40^0 C. folgende Werthe

Kalkspath $a_1 = -\, 0{,}0000054$, $a_3 = +\, 0{,}0000262$,
Turmalin $a_1 = +\, 0{,}0000038$, $a_3 = +\, 0{,}0000091$,
Quarz $a_1 = +\, 0{,}0000142$, $a_3 = +\, 0{,}0000078$.

Sie zeigen einen eigenthümlich verschiedenen Charakter. Kalkspath dehnt sich bei steigender Temperatur parallel der Hauptaxe aus, zieht sich normal dazu zusammen; Turmalin und Quarz dehnen sich in beiden Richtungen aus, aber das erstere Material stärker parallel, das letztere stärker normal zur Hauptaxe. —

Die durch die thermische Deformation bewirkte Volumenänderung schätzt sich sehr leicht ab, wenn man berücksichtigt, dass die Kanten l_1, l_2, l_3 eines nach den Hauptdilatationsaxen orientirten Prismas infolge der Temperaturänderung die Längen $l_h' = l_h\,(1 + a_h\, \tau)$ annehmen. Das Volumen $v = l_1\, l_2\, l_3$ geht somit in

$$v' = l_1' l_2' l_3' = l_1\, l_2\, l_3\, (1 + a_1\, \tau)(1 + a_2\, \tau)(1 + a_3\, \tau)$$

über, was sich bei so kleinen Werthen $a_h\, \tau$, wie sie in Wirklichkeit stets vorkommen, auch schreiben lässt:

23 $$v' = v(1 + (a_1 + a_2 + a_3)\tau).$$

Die Vergrösserung U der Volumeneinheit, d. h. die sogenannte cubische Dilatation ist sonach

$$U = \frac{v' - v}{v} = (a_1 + a_2 + a_3)\tau = \alpha\tau, \tag{24}$$

und $a_1 + a_2 + a_3 = \alpha$ erhält die Bedeutung des Moduls der thermischen räumlichen Dilatation. Da man jedes körperliche Gebilde aus Prismen der vorausgesetzten Art aufbauen kann, so misst der Parameter α die Volumenänderung durch gleichförmige Erwärmung auch für jeden beliebigen aus einem homogenen Krystall hergestellten Körper. Aus den oben mitgetheilten Zahlen folgt α für Kalkspath gleich 0,0000154, für Turmalin gleich 0,0000167, für Quarz gleich 0,0000362. —

Wir wenden uns nunmehr zur Betrachtung der thermischen Deformation eines beliebig orientirten rechtwinkligen Prismas, dessen Kantenrichtungen wir, in beliebigem Sinne positiv gerechnet, wieder mit l_1, l_2, l_3 bezeichnen. Für die sechs Deformationscomponenten, die auf S. 22 definirt sind, und die, wie in Zusatz III, mit V_h und W_h bezeichnet werden mögen, liefert dann, wenn wir die gleichfalls beliebig gezählten Richtungen der thermischen Dilatationsaxen wie zuvor mit X, Y, Z bezeichnen, die Combination der Formeln (4) und (21) die Ausdrücke[20])

$$\begin{aligned}
V_1 &= [a_1 \cos^2(X, l_1) + a_2 \cos^2(Y, l_1) + a_3 \cos^2(Z, l_1)]\,\tau,\\
V_2 &= [a_1 \cos^2(X, l_2) + a_2 \cos^2(Y, l_2) + a_3 \cos^2(Z, l_2)]\,\tau,\\
V_3 &= [a_1 \cos^2(X, l_3) + a_2 \cos^2(Y, l_3) + a_3 \cos^2(Z, l_3)]\,\tau.\\
W_1 &= [a_1 \cos(X, l_2)\cos(X, l_3) + a_2 \cos(Y, l_2)\cos(Y, l_3)\\
&\qquad + a_3 \cos(Z, l_2)\cos(Z, l_3)]\,\tau,\\
W_2 &= [a_1 \cos(X, l_3)\cos(X, l_1) + a_2 \cos(Y, l_3)\cos(Y, l_1)\\
&\qquad + a_3 \cos(Z, l_3)\cos(Z, l_1)]\,\tau,\\
W_3 &= [a_1 \cos(X, l_1)\cos(X, l_2) + a_2 \cos(Y, l_1)\cos(Y, l_2)\\
&\qquad + a_3 \cos(Z, l_1)\cos(Z, l_2)]\,\tau.
\end{aligned} \tag{25}$$

Dabei ist $\cos(X, l_h)\cos(X, l_k) + \cos(Y, l_h)\cos(Y, l_k)$

$$+ \cos(Z, l_h)\cos(Z, l_k) \begin{cases} = 1 \text{ für } h = k, \\ = 0 \text{ für } h \lessgtr k. \end{cases}$$

Schreiben wir die Formeln (25) in der Gestalt

$$26 \qquad V_1 = a_1{}' \tau, \quad V_2 = a_2{}' \tau, \quad V_3 = a_3{}' \tau,$$
$$2 W_1 = a_4{}' \tau, \quad 2 W_2 = a_5{}' \tau, \quad 2 W_3 = a_6{}' \tau,$$

so sind die Parameter a_h' nach ihrer Bedeutung ausser von der Substanz des Krystalles auch noch von der Orientirung des betrachteten Elementarprismas abhängig; wir können sie daher passend als die Moduln der thermischen Deformation eben jenes speciellen Prismas bezeichnen.

Die Componenten V_h stellen die linearen Dilatationen parallel den Prismenkanten dar; eine beliebige von ihnen, als Function der Richtung betrachtet, giebt somit das Gesetz, nach welchem die thermische Dilatation mit der Richtung wechselt, und das sich schreiben lässt

$$27 \qquad V = [a_1 \cos^2(X, l) + a_2 \cos^2(Y, l) + a_3 \cos^2(Z, l)]\, \tau.$$

Diese Gleichung stellt sich als ein specieller Fall der allgemeinen Beziehung (16′) in Zusatz III dar und giebt für den Fall $a_1 = a_2$ unter Rücksicht auf die Beziehung zwischen den drei Richtungscosinus

$$28 \qquad V = [a_1 + (a_3 - a_1) \cos^2(Z, l)]\, \tau,$$

dagegen für den Fall $a_1 = a_2 = a_3$

$$V = a_1\, \tau.$$

Ein besonderes Interesse beanspruchen die in (25) enthaltenen Werthe der drei thermischen Winkeländerungen W_1, W_2, W_3, da sie eine Erscheinung ankündigen, die ganz speciell nur den Krystallen eignet.[21]) In der That: alle drei Werthe W_h verschwinden, wenn, wie dies bei isotropen Körpern der Fall ist, die drei Constanten a_1, a_2, a_3 gleiche Grösse besitzen. Die Winkeländerungen eignen sich somit hervorragend zur Demonstration der Eigenschaften der thermischen Deformation von Krystallen, insofern schon ihr blosses Auftreten einen charakteristischen Unterschied zwischen isotropen und anisotropen Körpern bezeichnet. Halten wir uns wieder an den einfachen Fall, dass der Krystall eine ausgezeichnete mehrzählige Axe besitzt, also $a_1 = a_2$ ist, so wird

$$\begin{aligned} W_1 &= (a_3 - a_1)\,\tau \cos(Z, l_2) \cos(Z, l_3), \\ W_2 &= (a_3 - a_1)\,\tau \cos(Z, l_3) \cos(Z, l_1), \\ W_3 &= (a_3 - a_1)\,\tau \cos(Z, l_1) \cos(Z, l_2). \end{aligned} \qquad 30$$

Liegen speciell die Kanten l_1 und l_3 in demselben Meridian, und schliesst l_3 mit Z den Winkel φ ein, so wird einfacher

$$W_1 = 0, \quad W_2 = (a_3 - a_1)\,\tau \sin\varphi \cos\varphi, \quad W_3 = 0, \qquad 31$$

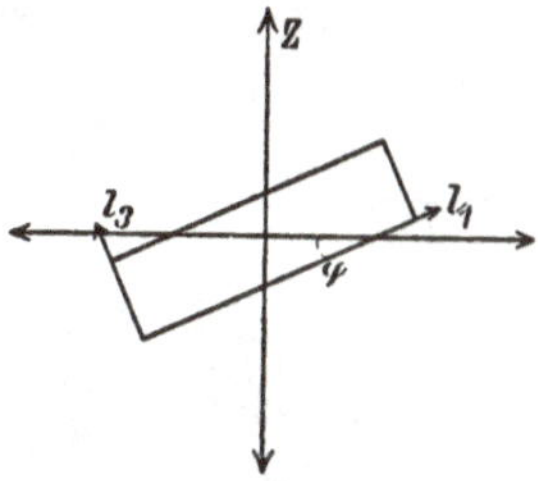

Fig. 11.

d. h., von den Prismenwinkeln erleidet nur derjenige zwischen den Flächen normal zur Meridianebene eine Aenderung, und zwar eine Verkleinerung von dem Betrag

$$\varepsilon = 2\,W_2 = (a_3 - a_1)\,\tau \sin 2\varphi. \qquad 32$$

Dieser Werth ist absolut am grössten für $\varphi = 45^0$ und $\varphi = 135^0$, d. h. in den Fällen, dass die Z-Axe die Winkel zwischen den Richtungen $\pm l_1$ und $\pm l_3$ halbirt; für $a_3 > a_1$ hat er im ersten Falle positives, im zweiten negatives Vorzeichen.

Eine Demonstration dieser Winkeländerung bietet bei Kalkspath, wo a_1 und a_3 nicht nur ziemlich gross, sondern auch von entgegengesetztem Vorzeichen sind, keine Schwierigkeiten. Hierzu benutzt man passend ein plattenförmiges Spaltungsstück dieses Minerals, welches man durch einen normalen Schnitt σ, der parallel der langen Diagonale einer der grossen Flächen verläuft, in zwei Hälften zerlegt. Figur 12 (a. d. f. S.) giebt oben die von der Seite gesehene Platte mit der Angabe des Schnittes σ und der durch Pfeile markirten Richtung a der mehrzähligen Hauptaxe. Die natürliche grosse Spaltfläche und die Schnittebene haben dann angenähert eben die Lage gegen den Krystall, die oben vorausgesetzt ist. Die beiden mit ψ bezeichneten Winkel sind gleichwerthig, und Gleiches gilt von ihren Nebenwinkeln; entspricht ψ nahezu dem Werth $\varphi = 45^0$, so sein Nebenwinkel nahe dem Werth $\varphi = 135^0$; beide ändern sich also bei einer Erwärmung um den gleichen Betrag im entgegengesetzten Sinne.

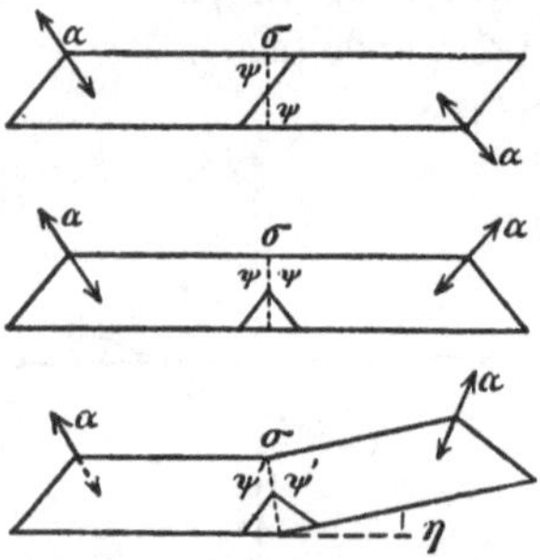

Fig. 12.

Nun möge die rechte Hälfte des Spaltungsstückes umgekehrt und in dieser Lage, wie es die mittlere Figur zeigt, mit Wasserglas an die linke Hälfte gekittet werden, so dass wiederum eine planparallele Platte entsteht; dann liegen die gleichwerthigen Winkel ψ neben einander, und infolge hiervon wird beim Erwärmen die zuvor ebene Platte eine geknickte Form annehmen, wie dies die dritte Figur andeutet. Der Winkel η zwischen den beiden Plattenhälften ist gleich 2ε und berechnet sich bei Kalkspath unter Voraussetzung einer Temperaturänderung von 100^0 auf ca. $20'$. Dieser kleine Winkel lässt sich deutlich sichtbar machen, wenn man die beiden Plattenhälften polirt oder mit kleinen Spiegeln armirt und mittelst derselben den Strahl einer kräftigen Lichtquelle auf einen ca. 3 m entfernten Schirm wirft. Die Bilder der Lichtquelle, die passend durch eine aufgestellte Linse verschärft werden, erleiden dann eine gegenseitige Verschiebung von ca. 4 cm, während das ursprünglich auf etwa 120^0 erwärmte Präparat sich auf Zimmertemperatur abkühlt.

Die vorstehende Betrachtung betrifft den speciellen Fall, dass der thermisch geänderte Winkel ursprünglich gleich 90^0 war. Indessen zeigt die unmittelbare Anschauung, dass Winkel von anderem anfänglichen Betrage an einem Krystallpräparat sich bei einer Temperaturänderung gleichfalls ändern. Den Betrag dieser Aenderung geben die Gleichungen (25) direct nicht an; man findet ihn durch eine geometrische Überlegung[22]), die benutzt, dass die Ursache aller Winkeländerungen in der Verschiedenheit der thermischen Hauptdilatationen D_1, D_2, D_3 liegt.

In der That, construirt man die Anfangslagen der beiden Ebenen, welche den in seiner Aenderung zu untersuchenden Winkel einschliessen, in dem Hauptaxensystem der thermischen Dilatation X, Y, Z, so erhält man ihre neuen Lagen, indem man die durch die Ebenen auf den Axen markirten Abschnitte s_1, s_2, s_3, und σ_1, σ_2, σ_3 in den Verhältnissen D_1, D_2, D_3 vergrössert. Figur 13 verdeutlicht diese Operation. Eine einfache Ueberlegung zeigt, dass dann jeder Punkt der beiden Ebenen eine solche Verschiebung erleidet, wie sie der gleichzeitigen Dilatation nach den drei Richtungen X, Y, Z entspricht.

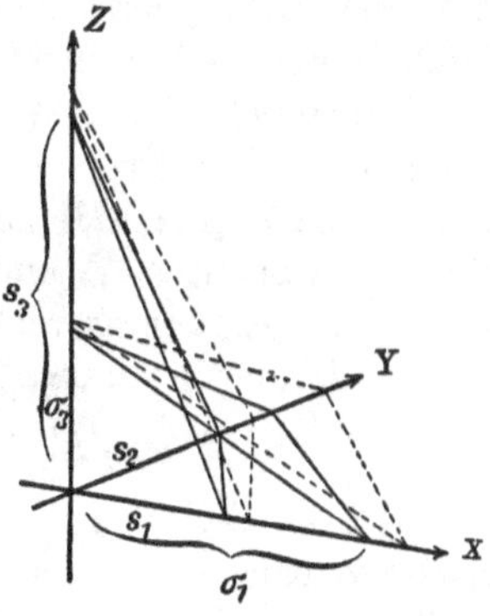

Fig. 13.

Die Berechnung des in der neuen Lage von den beiden Ebenen eingeschlossenen Winkels ist ziemlich umständlich, ebenso das Resultat bezüglich der Winkeländerung. Die erörterte Construction zeigt deutlich, dass die einem bestimmten Winkel entsprechende Aenderung ganz wesentlich davon abhängig ist, wie die ihn bestimmenden Ebenen gegen die thermischen Axen X, Y, Z orientirt sind; Gleiches zeigten in einem speciellen Falle die in (25) enthaltenen Ausdrücke für die W_h. —

Der im Vorstehenden besprochenen Erscheinung

der thermischen Deformation entspricht ein reciproker Vorgang, nämlich die

b) mechanische Temperaturänderung,

welche ein elastischer Körper erfährt, wenn er ohne Wärmezufuhr oder -entnahme Spannungen ausgesetzt wird. Diese Erscheinung lässt sich quantitativ schwer beobachten; sie beruht auf einer Wärmeproduction, die nur so lange andauert, als die Veränderung der ausgeübten Spannungen währt; sind letztere constant geworden, so verschwindet die hervorgebrachte Wärme schnell durch Leitung und Strahlung aus dem Körper, und die anfängliche Temperatur, resp. diejenige der Umgebung, stellt sich wieder her.

Die mechanische Wärmetheorie gestattet, den reciproken mit dem directen Vorgang zu verknüpfen[23]), und liefert, wie Zusatz VIII zeigt, das Resultat, dass ein mit den Componenten N_h und T_h nach den Kanten l_1, l_2, l_3 homogen gespanntes rechteckiges Prisma eine Temperaturänderung τ erfährt, gegeben durch

$$\tau = -\frac{T^0}{\gamma\varepsilon}(a_1'N_1 + a_2'N_2 + a_3'N_3 + a_4'T_1 + a_5'T_2 + a_6'T_3),$$

wobei ε die Dichte, γ die (mechanisch gemessene) specifische Wärme der Substanz des Prismas und T^0 seine anfängliche absolute Temperatur bezeichnet.

Sind die Kanten des Prismas den thermischen Dilatationsaxen parallel, so ist einfacher $a_4' = a_5' = a_6' = 0$; für isotrope Körper ist auch noch $a_1' = a_2' = a_3'$ zu setzen. Handelt es sich um eine einseitige Spannung, z. B. parallel der ersten Dilatationsaxe, so kommt

$$\tau = -\frac{T^0 a_1' N_1}{\gamma\varepsilon};$$

die Temperaturänderung ist also bei positivem N_1, d. h. bei Dehnung, selbst positiv oder negativ, je nachdem der thermische Dilatationscoefficient a_1' nach der Richtung von N_1 kleiner oder grösser ist, wie Null.

Beobachtungen, welche diese Erscheinungen an

Krystallen feststellen könnten, fehlen noch; indessen sind sie bei isotropen Körpern nachgewiesen, und nach der Analogie, welche beide Körperarten in dem vorliegenden Gebiet zeigen, ist an ihrem Zustandekommen bei Krystallen nicht zu zweifeln. —

§ 5. Beziehungen zwischen zwei, insbesondere gleichartigen Vectoren.

Die hierher gehörigen Vorgänge sind relativ zahlreich und durch theoretische und experimentelle Untersuchungen besonders weitgehend aufgeklärt. Wie die thermische Deformation sind sie keineswegs auf Krystalle beschränkt, sondern treten auch bei isotropen Körpern, natürlich in weniger reicher Ausbildung auf. Hier kann man auf Grund der für die Isotropie charakteristischen Unterschiedslosigkeit aller Richtungen ohne Weiteres die drei Fundamentalgesetze aussprechen:

Tritt in einem isotropen Medium als Folge eines zeitlich und räumlich constanten primären Vectors K ein ebensolcher secundärer R auf, so muss er 1) jenem gleichartig sein, 2) ihm parallel liegen, 3) seiner Stärke nach von der Richtung unabhängig sein.

In der That kann hier ein polarer Vector K nicht einen axialen Vector R hervorrufen, ein axialer keinen polaren; auch ist im isotropen Medium bei Einwirkung eines Vectors keine andere Richtung ausgezeichnet, als nur die durch jenen Vector bestimmte. —

Bei Krystallen erscheint das ersterwähnte Gesetz nicht durch die Symmetrieverhältnisse gefordert; indessen mögen Wechselwirkungen zwischen einem polaren und einem axialen Vector von der Betrachtung ausgeschlossen werden, weil sie in der Wirklichkeit bisher noch nicht nachgewiesen sind. Das zweite und das dritte Gesetz dagegen sind bei Krystallen mit Sicherheit nicht erfüllt: hier, wo von vornherein ausgezeichnete Richtungen vorhanden sind, ist kein Grund zum Parallelismus von K und R, kein Grund zur Unabhängigkeit ihrer Beziehung von der Richtung vorhanden.

Die Gesetze der Wechselwirkung zwischen zwei Vectoren K und R werden in dem speciellen und bei weitem wichtigsten Falle sehr einfach, dass zwischen ihren Grössen Proportionalität besteht; denn dann ist der allgemeinste Ausdruck ihrer Abhängigkeit das folgende System von Beziehungen zwischen ihren beiderseitigen Componenten K_1', K_2', K_3' und R_1', R_2', R_3' nach demselben Axenkreuz X', Y', Z':

33 $$\begin{aligned} R_1' &= f_{11}'K_1' + f_{12}'K_2' + f_{13}'K_3', \\ R_2' &= f_{21}'K_1' + f_{22}'K_2' + f_{23}'K_3', \\ R_3' &= f_{31}'K_1' + f_{32}'K_2' + f_{33}'K_3'; \end{aligned}$$

in ihm bezeichnen die $f_{11}\ldots$ Parameter, welche der Substanz individuell sind, aber noch von der Lage des Coordinatensystemes abhängen, insofern bei der Einführung eines anderen Coordinatensystemes zwar dieselbe Gestalt der Formeln entsteht, aber im allgemeinen andere Parameter f_{hk}'' auftreten, die lineäre Functionen der ursprünglichen f_{hk}' sind. Nur für physikalisch gleichwerthige Coordinatensysteme müssen die an gleicher Stelle stehenden Factoren gleiche Werthe annehmen, d. h. muss für beiderseitig gleiche h und gleiche k gelten $f_{hk}' = f_{hk}''$, und hierauf beruht ein Verfahren, um den allgemeinen Ansatz (33) für Krystalle, welche Symmetrien besitzen, zu specialisiren.[24]) Man hat dazu die Formeln auf alle gleichwerthigen Systeme anzuwenden, alle hierbei zwischen ihren Factoren geltenden Gleichungen aufzustellen und die daraus folgenden Beziehungen zwischen den f_{hk}' in (33) einzuführen.

Auf die Resultate, zu welchen diese in Zusatz X etwas ausführlicher dargelegte Operation bei den verschiedenen Krystallgruppen führt, wollen wir hier nicht eingehen; nur Eines mag hervorgehoben werden. Da wir uns auf den Fall gleichartiger Vectoren K und R beschränken, so verhalten sich bei einer Umkehrung aller Coordinatenaxen die Componenten K_h' und R_h' auf den beiden Seiten der Formeln (33) gleich, kehren entweder alle das Vorzeichen um, oder behalten es alle bei. Die Parameter f_{hk}' müssen sonach bei dieser Operation ihre Werthe bewahren, d h. die entgegengesetzten Coordinatensysteme müssen gleichwerthig sein. Die durch (33) dargestellten Vorgänge sind also bei Voraussetzung gleichartiger Vectoren K und R centrisch-symmetrisch, und es tritt der schon wiederholt erörterte Fall ein, dass durch die Eigenart des physikalischen Vorganges sich den Symmetrieelementen der Krystallsubstanz ein Symmetriecentrum superponirt. Hierdurch werden alle Krystallgruppen, die sich nur durch das Vorkommen oder Fehlen jenes Elementes unterscheiden, für jenen Vorgang gleichwerthig. Nach Zusatz I ordnen sich bei einem centrisch symmetrischen Vorgang alle 32 Krystallgruppen in 11 Obergruppen; speciell werden, wie schon S. 28 bemerkt, die drei Gruppen, denen unsere drei typischen Krystalle Kalkspath, Turmalin, Quarz zugehören, untereinander gleichwerthig. —

Die Formeln (33) vereinfachen sich in praxi dadurch, dass, wie bei den einzelnen Anwendungen noch zu erörtern sein wird, zwischen den Parametern f_{hk}' stets, mindestens angenähert, die Beziehungen bestehen

$$f_{23}' = f_{32}', \; f_{31}' = f_{13}', \; f_{12}' = f_{21}',$$

welche die Anzahl der f_{hk} von neun auf sechs reduciren. Dies hat eine wichtige Folge. Denn da bei Einführung eines neuen Coordinatensystemes drei Winkelgrössen, welche seine Lage gegen das ursprüngliche System bestimmen, verfügbar sind, so gelingt es, durch geeignete Wahl derselben eine Form der aus (33) folgenden Gleichungen zu gewinnen, in denen die Factoren f_{23}', f_{31}', f_{12}' gleich Null sind. Dieses System ist dem Krystall individuell, da die f_{hk}' bei gegebenen Coordinatenaxen sich allein durch seine Substanz bestimmen; wir nennen es das Hauptaxensystem X, Y, Z, schreiben die für dasselbe geltenden Beziehungen zwischen den nach X, Y, Z genommenen Componenten R_1, R_2, R_3 und K_1, K_2, K_3 in der Form

34 $$R_1 = f_1 K_1, \quad R_2 = f_2 K_2, \quad R_3 = f_3 K_3$$

und bezeichnen hierin die f_h als die Hauptconstanten des Krystalles für den vorausgesetzten physikalischen Vorgang.

Fasst man die letzten Gleichungen mit den Factoren $\cos(X,X')$, $\cos(Y,X')$, $\cos(Z,X')$; $\cos(X,Y')\cos(Y,Y')$, $\cos(Z,Y')$; $\cos(X,Z')$, $\cos(Y,Z')$, $\cos(Z,Z')$ zusammen und bedenkt, dass

$$K_1 \cos(X,s) + K_2 \cos(Y,s) + K_3 \cos(Z,s)$$
$$R_1 \cos(X,s) + R_2 \cos(Y,s) + R_3 \cos(Z,s)$$

die Componenten von K und R nach der Richtung von s sind, so gelangt man zu den Formeln (33) zurück; nur sind jetzt die Factoren f_{hk} durch die Hauptconstanten f_h ausgedrückt. Beispielweise ist

$$f_{11}' = f_1 \cos^2(X,X') + f_2 \cos^2(Y,X') + f_3 \cos^2(Z,X');$$

35 $$f_{32}' = f_{23}' = f_1 \cos(X,Y') \cos(X,Z')$$
$$+ f_2 \cos(Y,Y') \cos(Y,Z') + f_3 \cos(Z,Y') \cos(Z,Z');$$

hieraus sind die Werthe der übrigen leicht zu bilden. —

Die vereinfachten Formeln (34) gestatten die Ableitung zweier Fundamentalsätze über den Zusammenhang der beiden Vectoren K und R, die den S. 42 u. 43 erörterten höchst verwandt und für das Verständniss der hierhergehörigen Erscheinungen von grossem Nutzen sind. Dividirt man sie durch die rechts stehenden Factoren f_1, f_2, f_3, quadrirt und addirt, so resultirt unter Rücksicht auf (2):

36 $$\left(\frac{R_1}{f_1}\right)^2 + \left(\frac{R_2}{f_2}\right)^2 + \left(\frac{R_3}{f_3}\right)^2 = K^2.$$

Berücksichtigt man, dass, wenn der Vector R durch eine vom Coordinatenanfang aus construirte Strecke repräsentirt wird, die Componenten R_1, R_2, R_3 mit den Coordinaten x, y, z seines Endpunktes in Bezug auf das Hauptaxensystem identisch sind, und nimmt man K von constanter Grösse, am einfachsten gleich Eins, so kann man die obige Formel schreiben

$$\left(\frac{x}{f_1}\right)^2 + \left(\frac{y}{f_2}\right)^2 + \left(\frac{z}{f_3}\right)^2 = 1. \qquad 37$$

Sie spricht in dieser Gestalt den folgenden Satz aus[25]):

Wird die Grösse des primären Vectors K constant gleich Eins erhalten, während seine Richtung sich beliebig ändert, so gewinnt der secundäre Vector R solche Lagen und Grössen, dass bei festgehaltenem einen Endpunkt der andere auf einem Ellipsoid gleitet, dessen Halbaxen die resp. Grössen f_1, f_2, f_3 besitzen und in die Hauptaxen der Substanz fallen.

Berücksichtigt man ferner, dass den Gleichungen (1) für den Vector K sich drei analoge für den Vector R zuordnen, so erhält man aus (34) leicht

$$\frac{\cos(R, X)}{f_1} : \frac{\cos(R, Y)}{f_2} : \frac{\cos(R, Z)}{f_3} \qquad 38$$
$$= \cos(K, X) : \cos(K, Y) : \cos(K, Z).$$

Diese Formel enthält nach dem S. 43 Gesagten den zweiten Satz[26]):

Die relative Lage des Vectors R gegen den Vector K ist dieselbe wie diejenige des Radiusvector nach einem beliebigen Punkt π der Oberfläche von der Gleichung

$$\frac{x^2}{f_1} + \frac{y^2}{f_2} + \frac{z^2}{f_3} = \pm 1 \qquad 39$$

gegen die Normale auf der durch π gelegten Tangentenebene.

In dem wichtigsten und weiter zunächst vorauszusetzenden Falle, dass alle drei Constanten f_h positiv oder alle drei negativ sind (wobei im ersten Falle rechts das positive, im zweiten das negative Zeichen zu nehmen ist), ist die Fläche (39) ein Ellipsoid. Wir nennen demgemäss die beiden Flächen (37) und (39) kurz die für die Substanz charakteristischen Ellipsoide, obgleich natürlich mit dem einen von ihnen das andere von selbst gegeben ist. Die Hauptaxen beider Ellipsoide fallen ja der Richtung nach zusammen, und die Grösse der Axen des zweiten stimmt mit den Quadratwurzeln aus den gleichgerichteten des ersten überein.

Die obigen beiden Ellipsoidsätze erweisen, dass das physikalische Verhalten eines jeden Krystalles, soweit es sich um Vorgänge der hier betrachteten Art handelt, drei zu einander normale zweizählige Symmetrieaxen — nämlich die Axen der Hülfs-Ellipsoide — besitzt. Zählt zu den nach S. 55 durch Zufügung eines Symmetriecentrums ergänzten physikalischen Symmetrieelementen eines Krystalles eine einzelne Symmetrieaxe, so muss dieselbe hiernach mit einer der Ellipsoidaxen zusammenfallen; zählen zwei zu einander normale dazu, so gilt Gleiches von jeder von ihnen. Hat eine der Symmetrieaxen des Krystalles eine höhere Zähligkeit, so werden die Ellipsoide zu Rotationsellipsoiden um jene Axe. Haben zwei der Axen eine höhere Zähligkeit, so müssen die Ellipsoide gar zu Kugeln werden; hier stimmt das Verhalten des Krystalles dann mit dem der isotropen Körper überein. Diese Specialisirungen drücken sich in unseren Formeln dadurch aus, dass im ersten Falle zwei, im letzten alle drei f_h den gleichen Werth erhalten. Lassen wir die ausgezeichnete Symmetrieaxe mit der Z-Axe zusammenfallen, so ist im ersten Falle $f_1 = f_2$.

Die oben erwähnten drei Typen Kalkspath, Quarz, Turmalin haben sämmtlich eine dreizählige Symmetrieaxe; es entsprechen ihnen also Rotationsellipsoide um diese, d. h. um die krystallographische Hauptaxe. Normale und Radiusvector liegen hier jederzeit in der Meridianebene und es genügt somit in allen Fällen die Ueberlegung an einen Meridianschnitt der Ellipsoide anzuknüpfen, wodurch das Verständniss der Erscheinungen erleichtert wird.

Um dies hervortreten zu lassen, wollen wir die in den beiden Ellipsoidsätzen enthaltenen Beziehungen für Krystalle mit einer mehrzähligen Axe durch eine Figur veranschaulichen.

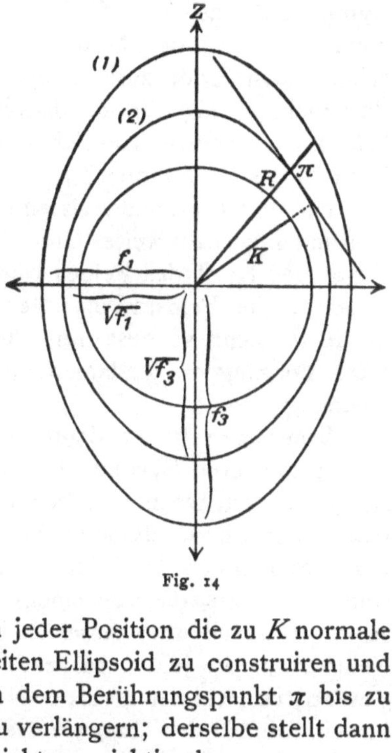

Fig. 14

Zu diesem Zwecke construiren wir um denselben Mittelpunkt einen Kreis vom Radius Eins und die beiden Ellipsen

$$\frac{x^2}{f_1^2} + \frac{z^2}{f_3^2} = 1, \qquad \frac{x^2}{f_1} + \frac{z^2}{f_3} = 1, \tag{40}$$

welche die Meridianschnitte der Ellipsoide (37) und (39) für unseren Fall wiedergeben. Um den Verlauf von R bei wechselnder Richtung des auf constanter Grösse gehaltenen K zu übersehen, hat man nur in jeder Position die zu K normale Tangente an dem zweiten Ellipsoid zu construiren und den Radiusvector nach dem Berührungspunkt π bis zu dem ersten Ellipsoid zu verlängern; derselbe stellt dann R nach Grösse und Richtung richtig dar. —

Wir besprechen nun im Einzelnen die verschiedenen physikalischen Vorgänge, welche durch die oben allgemein erörterten Beziehungen zwischen zwei gleichartigen einseitigen Vectoren charakterisirt sind.

a) Diëlectrische Influenzirung.

Hier handelt es sich um die Erzeugung eines electrischen Momentes in einem Nichtleiter oder Diëlectricum mit Hülfe eines electrostatischen Feldes, ein Vorgang, von dem schon S. 29 beiläufig gesprochen worden ist. Knüpfen wir an das dort benutzte Bild von einer electrischen Scheidung in den Elementartheilchen des Diëlectricum an, so muss bei isotropen Körpern aus Symmetrierücksichten die Richtung der Scheidung und somit die Axe des Momentes mit der Richtung der scheidenden Kraft zusammenfallen; bei Krystallen ist dies nicht nöthig und die Erfahrung zeigt, dass wirklich im allgemeinen Abweichungen zwischen den beiden Richtungen vorkommen.[27])

Halten wir hiermit zusammen, dass nach der Beobachtung innerhalb weiter Grenzen das Moment proportional der Kraft des Feldes wächst, und verstehen wir unter K die Feldstärke, unter R das erregte specifische Moment, so gestatten offenbar auf den betrachteten Vorgang die fundamentalen Gleichungen (33) Anwendung.

Von ihnen findet dann auch der Uebergang zu dem einfacheren System (34) mit nur drei Parametern f_1, f_2, f_3 statt, wenn man benutzt, dass nach den Principien der Thermodynamik bei einer Reihe auf einander folgender verschiedener electrischer Erregungen desselben Körpers, die von einem beliebigen electrischen Anfangszustand über lauter Zwischenzustände gleicher Temperatur zu jenem zurückführen, die ganze aufgewandte Arbeit gleich Null sein muss; dieses Princip führt in der That, wie das in Zusatz V gezeigt ist, zu eben jenen Beziehungen $f_{hk}' = f_{kh}'$, deren Bestehen die Vorbedingung für die Gültigkeit der Gleichungen

$$R_h = f_h K_h$$

ist. Die Axen, auf die diese Formeln sich beziehen, heissen in unserem Falle die Hauptdiëlectricitätsaxen, die Parameter f_h die Hauptelectrisirungszahlen der Substanz. Die f_h stehen mit den „Hauptdiëlectricitätsconstanten“ oder den „electrischen Permeabilitäten“ d_h in der Beziehung

$$f_h = \frac{d_h - 1}{4\pi}; \qquad 41$$

die d_h sind erfahrungsgemäss stets grösser als eins, die f_h also stets positiv, was von Bedeutung ist. —

Die einfachste und directeste Methode, die Hauptkonstanten f_h zu bestimmen, ist die des Condensators.[28])

Sind zwei gegen ihre Entfernung E sehr ausgedehnte parallele Condensatorplatten Π_1 und Π_2 auf die Potentiale Φ_1 und Φ_2 geladen, so ist in dem Zwischenraum das electrische Potential Φ in parallelen Ebenen constant und ändert sich von einer Ebene zur anderen so, dass gleichen Abständen gleiche Potentialdifferenzen entsprechen. Das Potentialgefälle, d. h der auf die Länge Eins bezogene Abfall des Potentiales Φ, in einer beliebigen Richtung s stellt bekanntlich die zu s parallele Componente der Feldstärke, diejenige in der Richtung normal zu den Flächen, längs deren Φ constant ist, die Feldstärke selbst nach Richtung und Grösse dar; dabei ist unter „Feldstärke" die auf eine electrische Ladung $+1$ wirkende Kraft verstanden. In dem vorliegenden Falle ist deshalb zwischen den Condensatorplatten Π_k die Kraft constant und normal zu deren Ebenen, dabei von Π_1 nach Π_2 gerichtet, falls $\Phi_1 > \Phi_2$ ist; das electrische Feld ist, wie man kurz sagt, ein homogenes, und seine Stärke ist gegeben durch

$$K = (\Phi_1 - \Phi_2) / E.$$

Bringen wir in den Zwischenraum zwischen Π_1 und Π_2 eine Scheibe Σ des zu untersuchenden Diëlectricum, die denselben am einfachsten vollständig ausfüllt, so wird sie homogen erregt; es entstehen somit nach S. 31 an den Grundflächen der Scheibe äquivalente Ladungen von den Dichten $\pm R \cos(R, n)$ — unter n die äussere Normale verstanden —, die einen Theil der Electricität auf den Platten Π_k binden und dadurch die Potentialdifferenz $\Phi_1 - \Phi_2$ verkleinern. Um dies genauer zu übersehen, bemerken wir, dass die absolute Flächendichtigkeit σ der den Condensatorplatten mitgeteilten Ladungen durch die Beziehung

$$4\pi\sigma = \frac{\Phi_1 - \Phi_2}{E}$$

bestimmt ist. Befindet sich zwischen den Platten die Krystallscheibe, so wird σ nach dem Gesagten um $R\cos(R, n)$ verkleinert, und wenn die neue Potentialdifferenz $\Phi_1' - \Phi_2'$ genannt wird, so gilt jetzt

$$4\pi(\sigma - R\cos(R, n)) = \frac{\Phi_1' - \Phi_2'}{E}.$$

Nun ist aber der Ausdruck rechts die influenzirende Feldstärke K, und falls die Krystallplatte normal zu einer Hauptdiëlectricitätsaxe geschnitten ist, gilt $\cos(R, n) = 1$, sowie $R = f_i K$, wobei i gleich 1, 2, 3 sein kann; wir haben somit

$$4\pi\sigma = \frac{\Phi_1' - \Phi_2'}{E}(1 + 4\pi f_i),$$

und durch Combination mit der ersten dieser Formeln

$$\frac{\Phi_1 - \Phi_2}{\Phi_1' - \Phi_2'} = 1 + 4\pi f_i = d_i.$$

Das Verhältniss der ursprünglichen und der modificirten Potentialdifferenz ist also direct gleich der Hauptdiëlectricitätsconstanten, die der Plattennormale entspricht.

Verbindet man die beiden Platten Π_k mit einem Electrometer (wodurch sich die Verhältnisse allerdings etwas compliciren), so kann man ihre Potentialdifferenz vor und nach Einfügung der Platte Σ bestimmen; und benutzt man nach einander von einem Krystall drei Platten, die senkrecht zu seinen Hauptdiëlectricitätsaxen geschnitten sind, so lassen sich für ihn die Hauptconstanten f_h durch Messung finden.

Um die Richtigkeit des fundamentalen Ansatzes (33) resp. (34) nachzuweisen, hat man nur Platten in anderer Orientirung der beschriebenen Beobachtungsmethode zu unterwerfen. Bezieht man sie auf ein $X'Y'Z'$-Coordinatensystem, dessen X'-Axe mit der Plattennormalen zusammenfällt, so kommt für die Berechnung der Beobachtung die erste Formel (33) in Betracht, in der einerseits K_2' und K_3' gleich Null und $K_1' = (\Phi_1 - \Phi_2)/E$ zu setzen, andererseits f_{11}' mit dem in (35) gegebenen Ausdruck zu vertauschen ist. Da f_{11}' sich direct beobachten und auch aus beobachteten f_1, f_2, f_3 berechnen lässt, so ist eine Prüfung der Richtigkeit der Theorie ausführbar. —

Die für Krystalle characteristischen Eigenschaften der diëlectrischen Erregung, wie sie in den beiden Ellipsoidsätzen ausgesprochen sind, lassen sich indessen durch eine anschaulichere Methode nachweisen, die bei geeigneter Ausarbeitung auch die Anwendung zu quantitativen Bestimmungen gestattet. Sie benutzt das Verhalten einer Kreisscheibe aus dem diëlectrischen Krystall zwischen den Platten eines Condensators.[29])

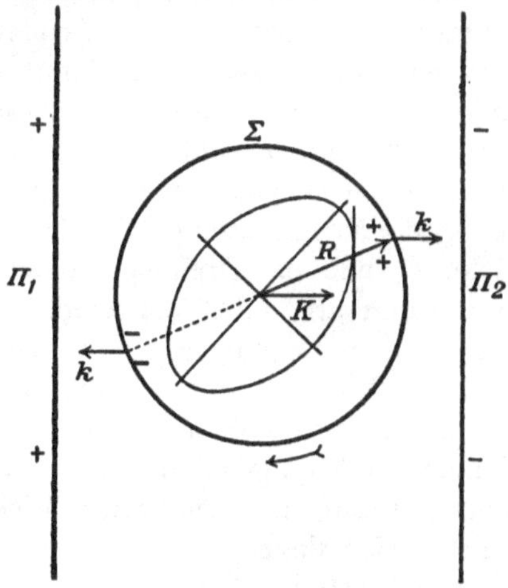

Fig. 15.

Wir setzen der Einfachheit halber eine Platte aus Kalkspath voraus, deren Ebene die dreizählige Hauptaxe enthält, und denken sie um eine Axe A drehbar befestigt, die parallel zu den Condensatorplatten und normal zur Krystallplatte steht. Sind die Platten so, wie in der Figur angedeutet, geladen, so entsteht zwischen ihnen ein electrisches Feld, das auch bei Anwesenheit der Krystallscheibe mit Ausnahme der unmittelbaren Umgebung der Scheibenränder als angenähert homogen gelten kann. Die Kraft K liegt normal zu den Condensatorplatten Π_k und wirkt von links nach rechts.

Wir construiren nunmehr auf der Krystallscheibe Σ den Meridianschnitt des 2. Ellipsoides und daran eine Tangente, welche normal zur Kraftrichtung K steht. Dann giebt nach dem 2. Satz der Radiusvector nach der Berührungsstelle die Richtung des Vectors R, d. h. der durch das Feld entstehenden electrischen Erregung an. Letztere bewirkt eine äquivalente Ladung, die sich im Sinne der beigeschriebenen Zeichen symmetrisch um die Richtung von R gruppirt. Man erkennt, dass diese Ladung in dem electrischen Feld Kräfte k erfährt, die sich zu einem Drehungsmoment um die Axe A zusammensetzen, welches die Tendenz hat, die grosse Axe der Hülfsellipse in die Kraftrichtung zu bringen. Lässt man die Krystallscheibe diesem Moment langsam, d. h. ohne Beschleunigung folgen, so gelangt sie zum stabilen Gleichgewicht, wenn die grosse Ellipsenaxe in die Kraftrichtung fällt; denn dann liegt R parallel zu K, und ein Drehungsmoment kann hier schon nach Symmetrie nicht eintreten. Lässt man aber die Scheibe dem Drehungsmoment frei folgen, so erlangt sie eine Beschleunigung, überschreitet die Gleichgewichtslage, wird sodann von einem entgegenwirkenden Moment erst aufgehalten, dann zurückgetrieben und pendelt somit in periodischer Weise um die stabile Gleichgewichtslage.

Die Einstellung, resp. die Oscillation der Scheibe im homogenen Feld erklärt sich somit aus dem 2. Ellipsoidsatze; eine Beobachtung der Schwingungsdauer kann bei bekannten Constanten f_h auch zu seiner quantitativen Bestätigung dienen. In praxi wird man übrigens umgekehrt die Beobachtung zur Bestimmung der Constanten f_h zu verwerthen suchen; man gelangt durch sie aber nicht zu ihren absoluten Werthen, sondern nur zu denen ihrer Differenzen, was leicht einzusehen, wenn man bedenkt, dass bei gleichen f_h unabhängig von deren Grösse eine Richtkraft schon nach Symmetrie nicht eintreten kann.

Für genaue Bestimmungen hat man selbstverständlich die Veränderung des electrischen Feldes, welche durch die Influenzirung der darin befindlichen Krystallscheibe entsteht, in Rechnung zu ziehen. —

Die Experimente der eben beschriebenen beiden Arten werden ausserordentlich gestört durch die nie ganz fehlende, namentlich oberflächliche Leitfähigkeit der Diëlectrica[30]), auf die weiter unten einzugehen sein wird. Um deren Wirkung herabzusetzen, operirt man mit nur sehr kurz andauernden Ladungen abwechselnd entgegengesetzten Vorzeichens; da die Electricitätsleitung ein viel trägerer Vorgang ist, als die diëlectrische Polarisation, so ist die Elimination um so vollständiger, je häufiger der Vorzeichenwechsel in der Zeiteinheit stattfindet.

Eine Kalkspathscheibe (oder -kugel) stellt sich im Wechselfelde so ein, dass ihre krystallographische Hauptaxe parallel zu den Condensatorplatten, somit normal zu den Kraftlinien steht; nach dem Vorausgeschickten ist hieraus zu schliessen, dass die beiden charakteristischen Ellipsoide bei Kalkspath abgeplattete Rotationsellipsoide sind, dass die Constante f_h für die Richtung der Hauptaxe somit einen kleineren Werth hat, als für die zu ihr normalen Richtungen.

b) Para- und diamagnetische Influenzirung.

Die magnetische Erregung geht der diëlectrischen vollständig parallel[31]); K ist, wie dort, die Stärke des influenzirenden Feldes, R das erregte specifische Moment; der Unterschied zwischen polaren und axialen Vectoren, auf den S. 18 hingewiesen ist, kommt nicht in Betracht, da die einander entsprechenden K und R von gleicher Art sind. In den ähnlich, wie S. 60, zu begründenden Formeln

$$R_h = f_h K_h,$$

welche das specielle Coordinatensystem der sog. **Hauptmagnetisirungsaxen** voraussetzen, heissen die Parameter f_h jetzt die **Hauptmagnetisirungszahlen** des

Krystalles; sie stehen zu den „magnetischen Permeabilitäten“ m_h in den Beziehungen

43 $$f_h = \frac{m_h - 1}{4\pi}.$$

Die einzige wesentliche Verschiedenheit in dem magnetischen und dem diëlectrischen Verhalten der Krystalle beruht darauf, dass im Falle des Magnetismus die Constanten f_h ebensowohl negativ, als positiv sein können, während sie im Falle der Electricität erfahrungsgemäss stets positiv sind.

Zwar der erste Ellipsoidsatz erleidet dadurch eine Aenderung nicht, denn die ihn ausdrückende Formel (36) enthält nur die Quadrate der f_h; dagegen gewinnt der zweite unter Umständen eine veränderte Gestalt. Um das hervortreten zu lassen, genügt es, sich auf den Fall der Krystalle mit einer mehrzähligen Symmetrieaxe zu beschränken, also $f_1 = f_2$ zu setzen, und von den beiden hier allein übrigen f_1 und f_3 einmal eines, einmal beide negativ zu nehmen.

Der letzte Fall ist der einfachere. Hier giebt die Formel

$$\frac{x^2}{f_1} + \frac{z^2}{f_3} = +1$$

keine reellen Coordinatenwerthe, und man hat somit, um die Gleichung (38) geometrisch zu deuten, die Oberfläche mit dem Meridianschnitt

44 $$\frac{x^2}{f_1} + \frac{z^2}{f_3} = -1$$

heranzuziehen. Letzterer stellt wieder eine Ellipse dar, und die Construction des Zusammenhanges zwischen R und K ist in genau derselben Weise auszuführen, wie auf S. 59 gezeigt; nur muss jetzt die Tangente auf der negativen Seite von K an die zweite Ellipse gelegt, und R demgemäss nach der entgegengesetzten Seite von K gezogen werden, damit, wie die Grundformeln (38) jetzt verlangen, die Componenten von K und von R stets entgesetzte Vorzeichen besitzen.

Während bei Krystallen mit lauter positiven f_h die magnetische Vertheilung wesentlich im Sinne der wirkenden Kraft stattfindet, geschieht sie bei den jetzt betrachtetenKrystallen mit lauter negativen f_h wesentlich im entgegengesetzten Sinne; erstere gehen also den para-, letztere den diamagnetischen isotropen Körpern parallel.

Es ist von Interesse, zu überlegen, wie sich das oben im Falle der Electricität besprochene Experiment mit einer Kreisscheibe, welche die mehrzählige Axe in ihrer Ebene enthält, im Falle des Magnetismus einmal bei lauter positiven, sodann bei lauter negativen Werthen f_h gestaltet.[32])

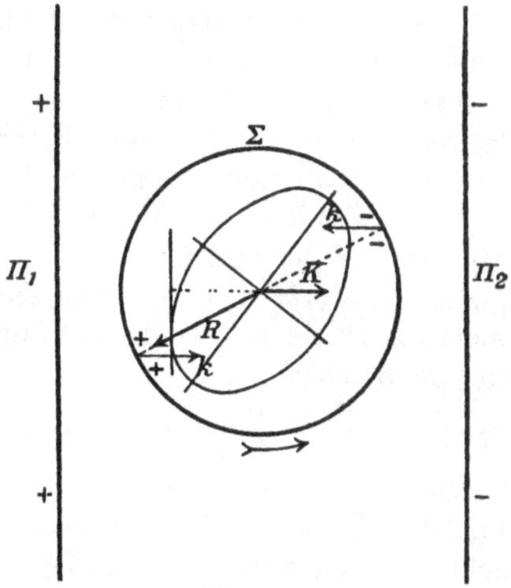

Fig. 16.

Man übersieht sogleich, dass das Resultat bei positiven f_h genau das frühere ist; die, so wie dort beschrieben, jetzt aber zwischen den magnetischen Polplatten Π_1 und Π_2 drehbar befestigte Kreisscheibe stellt sich mit der grossen Axe der Hülfsellipsen parallel den Kraftlinien des Feldes, oder oscillirt um diese Gleichgewichtslage.

Bei negativen f_h führt die Anwendung der Construction von S. 63 zu obenstehender Figur; die um die Richtung von R symmetrisch gruppirten äquivalenten Ladungen erfahren deshalb durch die Wirkung des Feldes Kräfte k, welche die Scheibe in der Richtung des an ihrem Rande angebrachten Pfeiles, d. h. so zu drehen suchen, dass die kürzeren Axen der Constructionsellipsen den Kraftlinien parallel werden. Letztere Lage ist hier ersichtlich die des stabilen Gleichgewichtes; um sie pendelt denn auch gegebenen Falles die Kreisscheibe hin und her.

Eine Scheibe von Kalkspath, der diamagnetisch ist, stellt sich im homogenen Felde mit der mehrzähligen Axe normal zu den Kraftlinien; es muss sonach für diese Substanz f_3 absolut grösser sein, als f_1.

Beiläufig möge bemerkt werden, dass die Beobachtungen über magnetische Influenzirung von Krystallen viel leichter anzustellen sind, als die über diëlectrische, da hier ein Analogon zu der electrischen Leitfähigkeit nicht existirt, die überaus lästige, auf S. 65 erörterte Fehlerquelle somit in Wegfall kommt. —

Wir wenden uns nun zu dem zweiten der oben erwähnten Fälle und nehmen f_1 und f_3 von entgegengesetztem Vorzeichen. Um hier die Gleichung (38) geometrisch zu deuten, sind die **beiden** Oberflächen mit den Meridianschnitten

45 $$\frac{x^2}{f_1} + \frac{z^2}{f_3} = +1, \quad \frac{x^2}{f_1} + \frac{z^2}{f_3} = -1$$

heranzuziehen. Diese beiden Curven sind Hyperbeln mit der *X*- und *Z*-Axe als Hauptaxen und mit denselben Asymptoten; sie geben zusammen, unter Hinzunahme der unendlich fernen Theile, eine geschlossene Curve, welche jetzt an Stelle der früher benutzten zweiten Ellipse zur Construction des Zusammenhanges zwischen *R* und *K* dient. Diese selbst ist durch die folgende Figur genügend verdeutlicht. Um zu entscheiden, nach welcher Seite hin das einem gegebenen *K* zugehörige *R* liegt, hat man die Ausgangsgleichungen (38) heranzuziehen; die Componenten, welche durch die negative Constante verknüpft sind, haben entgegengesetzte, die anderen gleiche Richtung. In der Figur ist die Construction so ausgeführt, wie sie positivem f_3 und negativem f_1 entspricht.

Es möge hervorgehoben werden, wie bei gleichen Vorzeichen der Constanten f_1 und f_3 der Winkel zwischen den zusammengehörigen K und R sich wenig von 0 oder π entfernt, während er bei entgegengesetzten Vorzeichen das ganze Bereich zwischen 0 und π durchläuft. Hiermit hängt zusammen, dass ein Krystall der letzteren Art sich weder para-, noch diamagnetisch verhält, sondern je nach seiner Lage in allen möglichen Richtungen gegen die Kraftlinien erregt werden kann. Beispiele für dieses Verhalten sind bisher nicht bekannt.

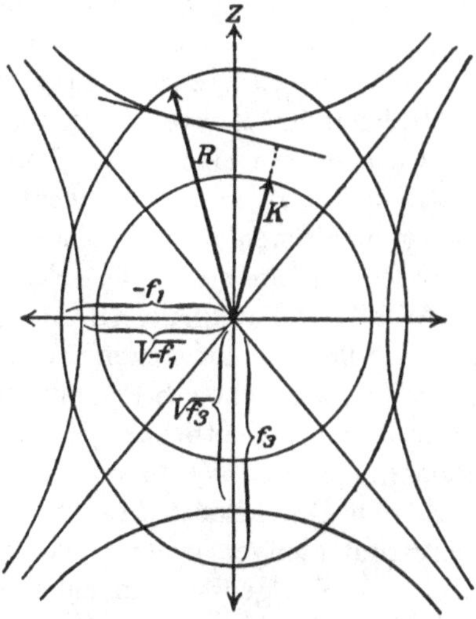

Fig 17.

Zum Schluss mag noch betont werden, dass die beschriebenen Beobachtungen über Einstellung oder Schwingung von Krystallpräparaten im homogenen Felde im Gebiete des Magnetismus eine noch grössere Bedeutung besitzen, als im Gebiete der Electricität. In letzterem ergab sich in der Condensatormethode eine der oben besprochenen sehr nahe gleichwerthige; es ist aber ohne weiteres klar, dass derselben in ersterem ein Analogon nicht entspricht. Wegen der bei Krystallen stets sehr kleinen Werthe der Magnetisirungszahlen f_h ist es übrigens gestattet, die Krystalle der magnetischen Beobachtung in beliebiger Form zu unterziehen und trotzdem das magnetische Feld als durch ihre Anwesenheit nur unwesentlich modificirt zu betrachten. Bei der diëlectrischen Influenz ist wegen der dort stets beträchtlichen Werthe f_h eine solche Annahme nur in dem oben vorausgesetzten Falle einer dünnen Platte, deren Ebene den Kraftlinien parallel liegt, und auch da nicht überall erlaubt. —

c) Electricitätsleitung.

In leitenden Körpern tritt, wenn sie einem mit dem Ort wechselnden electrischen Potential ausgesetzt sind, — wie dies z. B. stattfindet, wenn sie in die Schliessung einer galvanischen Batterie eingeschaltet werden — eine electrische Strömung auf. Das Hauptpotentialgefälle, d. h. der Abfall des Potentialwerthes in der Richtung normal zu den Flächen, auf denen das Potential constant ist, hat dabei, wie schon S. 61 ausgeführt, die Bedeutung der treibenden electrischen Kraft und repräsentirt den primären, polaren Vector K; die Stromdichte, d. h. die durch den Querschnitt Eins in der Zeiteinheit gehende Electricitätsmenge, welche, wie eine Geschwindigkeit, durch eine Zahlgrösse und eine Richtung charakterisirt wird, stellt den secundären, polaren Vector R dar. Da die Beobachtung im weitesten Umfang eine Proportionalität zwischen R und K ergeben hat, so ist für den Zusammenhang zwischen beiden der allgemeine Ansatz (33) zu machen[33]; da ferner durch die Erfahrung eine Andeutung einer Verschiedenheit zwischen den Parametern f_{hk}' und f_{kh}' bisher nicht geliefert ist[34], so darf man mit Hülfe der Annahme $f_{hk}' = f_{kh}'$ auch den Uebergang zu den vereinfachten Formeln

$$R_h = f_h K_h$$

ausführen, ohne ihn freilich allgemein begründen zu können. Die Axen, auf welche diese Gleichungen sich beziehen, heissen die electrischen Leitfähigkeitsaxen, die Parameter f_h die Hauptleitfähigkeitsconstanten des Krystalles für Electricität.

Diese letztere Bedeutung tritt anschaulich hervor, wenn man sich einen aus dem leitenden Krystall parallel der einen Hauptaxe geschnittenen Cylinder beliebigen Querschnittes mit seinen Endflächen zwischen zwei — zu besserer Verbindung amalgamirte — Metallkörper gebracht, und diese mit den Polen einer Batterie verbunden denkt. Es entsteht dann in dem Cylinder ein constantes Potentialgefälle K, und demgemäss eine constante Stromdichte R, gegeben durch

$$R = f_i\, K,$$

wobei $i = 1, 2, 3$ zu setzen ist, je nachdem die Cylinderaxe der 1., 2. oder 3. Hauptaxe parallel liegt.

Multiplicirt man diese Gleichung mit LQ, wobei L die Länge, Q der Querschnitt des Cylinders ist, und bedenkt man, dass $RQ = I$ die Stromstärke, $LK = \Phi_1 - \Phi_2$ die Potentialdifferenz zwischen den beiden Endquerschnitten darstellt, so lässt sich die obige Formel schreiben

$$I = \frac{f_i\, Q}{L}(\Phi_1 - \Phi_2) = \frac{\Phi_1 - \Phi_2}{w} = d(\Phi_1 - \Phi_2). \tag{46}$$

Sie ist in dieser Gestalt der Ausdruck des allgemeinen Ohm'schen Gesetzes, und es trägt

$$w = \frac{L}{f_i\, Q} \tag{47}$$

den Namen des Widerstandes,

$$d = \frac{f_i\, Q}{L} \tag{48}$$

den der Leitfähigkeit des Cylinders.

Die vorstehende Ueberlegung liefert ausser dem Zusammenhang der Constanten f_h mit Leitfähigkeit und Widerstand zugleich die Theorie der praktisch wichtigsten Methode zu ihrer experimentellen Bestimmung. —

Für die Prüfung des allgemeinen Ansatzes $R_h = f_h K_h$ wird man am einfachsten der vorstehenden Beobachtungsmethode einen dünnen Stab unterwerfen, welcher keiner Hauptaxe parallel ist, sondern eine beliebige Orientirung hat.[35]) Legt man dann ein Coordinatensystem $X'Y'Z'$ mit der Z'-Axe in die Stabaxe, so gewinnt das allgemeine Formelsystem (33) mit den in (35) enthaltenen Werthen der Parameter f_{hk}' Anwendung;

dabei ist indessen, da die Strömung der Z'-Axe parallel verläuft, $R_1' = R_2' = 0$, $R_3' Q = I$ zu setzen; K_1' und K_2' sind im allgemeinen von Null verschieden, weil auf den Seitenflächen des Prismas electrische Ladungen liegen können, die ein Potentialgefalle auch normal zur Z'-Axe bedingen. Eliminirt man dann aus den drei Gleichungen (33) K_1' und K_2', und vertauscht K_3', d. h. die Componente von K nach der Stromrichtung, mit $(\Phi_1 - \Phi_2) / L$, so gelangt man zu der Formel

$$I = \frac{fQ}{L} (\Phi_1 - \Phi_2)$$

zurück; nur ist in derselben f jetzt durch eine complicirte Function von f_1, f_2, f_3 gegeben. Da nun f sowohl direct durch Beobachtung, als indirect durch Berechnung aus den beobachteten f_1, f_2, f_3 zu finden ist, so erhellt die Möglichkeit einer Prüfung des fundamentalen Ansatzes. —

Zur Ableitung weiterer Folgerungen .wollen wir uns vorstellen, aus einem leitenden Krystall mit einer ausgezeichneten mehrzähligen Axe sei parallel zu einer Meridianebene eine sehr dünne Platte geschnitten, und es werde derselben durch einen aufgesetzten Draht der electrische Strom in einer sehr kleinen Fläche, die wir als einen Punkt o betrachten können, zugeführt; die Ableitung des Stromes finde in möglichst grosser Entfernung von der Zuleitungsstelle, etwa durch einen jene umschliessenden, auf die Krystallplatte aufgelegten Metallring statt. Der Strom verbreitet sich dann von o aus divergirend in der Platte, und wir können als plausibel annehmen, was übrigens auch streng bewiesen werden kann[36]), dass die Stromlinien in der Nähe der Zuleitungsstelle von dieser ausgehende Gerade sind. Wir wollen untersuchen, welche Gestalt dann die Curven constanten Potentiales besitzen.

Hierzu benutzen wir den zweiten Ellipsoidsatz, der in unserem Fall, wo alle $f_h > 0$ sind, die einfachste auf S. 59

angegebene Form besitzt. Wir ziehen durch die untersuchte Stelle p um die Zuleitungsstelle als Centrum eine zu der 2 Hülfsellipse ähnliche Ellipse und führen an ihr die in Fig. 18 dargestellte Construction aus. Die Normale auf der Tangente in p giebt dann die der Stromrichtung $\overline{op} = R$ zugehörige Richtung von K zunächst für die Stelle o, in Bezug auf welche die Construction ausgeführt ist, und wegen der Homogenität der Platte auch für alle Stellen mit gleicher Stromrichtung, d. h. für alle Punkte der Richtung von R. Der untersuchte Ort p liegt auf R und somit stellt eine Parallele zu K durch p die Richtung und Lage von K auch für p richtig dar.

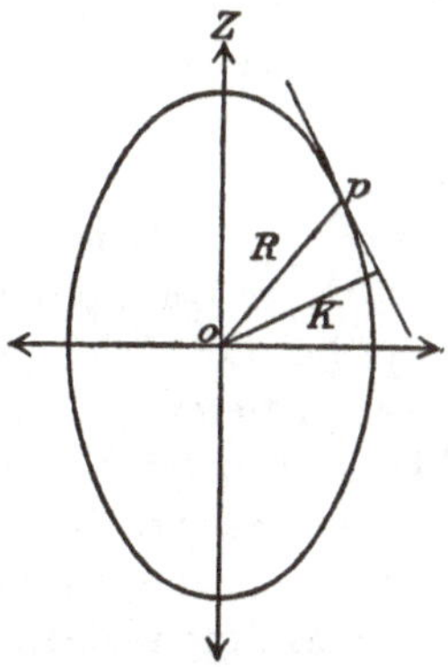

Fig. 18.

Die electrische Potentialcurve, d. h. der Schnitt der Potentialfläche mit der Plattenebene, verläuft nach ihrer Definition normal zu K, sie fällt also in p mit der 2. Constructionsellipse zusammen, und da p ein ganz beliebiger Punkt ist, so gilt dasselbe allenthalben. Wenn die Zuleitung des Stromes zu einer dünnen Platte der vorausgesetzten Art in einem Punkt o stattfindet, so werden hiernach die Potentialcurven durch Ellipsen um o als Centrum dargestellt, welche dem Meridianschnitt des zweiten Constructionsellipsoides ähnlich und coaxial sind.[37])

Was hier in dem speciellen Falle einer meridionalen Platte aus einem Krystall mit einer mehrzähligen Hauptaxe abgeleitet ist, gilt ganz ebenso für jede irgendwie orientirte Krystallplatte; auch dort sind bei analoger Zuleitung die Potentialcurven durch den correspondirenden Schnitt des zweiten Constructionsellipsoides bestimmt. Der Nachweis ist etwas umständlicher, weil in dem allgemeinen Falle die Richtung der Kraft nicht in die Plattenebene fällt, sondern in Folge der auf den beiden Grundflächen auftretenden verschiedenen Ladungen ein Potentialgefälle, und somit eine electrische Kraft in der Richtung der Plattennormale wirkt.

Einfacher gestaltet sich die Anwendung der obigen Schlussreihe auf den — allerdings nur idealen — Fall, dass in einem ausgedehnten leitenden Krystall eine Zuführung des Stromes durch einen innern Punkt stattfindet. Wendet man hier die allgemeine räumliche Construction des Zusammenhanges von Kraft- und Stromrichtung an, so gelangt man zu dem Resultat, dass in diesem Falle die Potentialflächen dem zweiten Constructionsellipsoid gleichgelegene und ähnliche Ellipsoide sind.[38])

Es möge besonders darauf hingewiesen werden, dass bei der Zuleitung des electrischen Stromes durch einen inneren Punkt diejenigen Bedingungen, welche bei dem ersten Ellipsoidsatz vorausgesetzt wurden, mit nichten realisirt sind: es handelt sich hierbei in der That n i c h t um eine ringsum g l e i c h e Kraft K, d. h. rings gleiches Potentialgefälle, wie ein solches dort ausdrücklich angenommen ist.

Die vorstehend gezogenen Folgerungen über Potentialcurven und -flächen eignen sich im Gebiete der electrischen Strömung weniger zur Demonstration, obwohl sie einer Prüfung durch das Experiment immerhin fähig sind; sie gewinnen in sachgemässer Umdeutung diese Eigenschaft aber in hohem Maasse im Gebiet der Wärmeleitung.

Zur Demonstration eignet sich hingegen sehr wohl eine andere Consequenz des zweiten Ellipsoidsatzes, die zugleich illustrirt, wie wesentlich die Leitfähigkeit die Erscheinungen der früher erörterten diëlectrischen Influenz zu modificiren, ja selbst zu verdecken vermag.[39])

Greifen wir auf das S. 63 besprochene Experiment der Bewegung einer kreisförmigen, zu einer Symmetrieebene parallelen Krystallscheibe in einem homogenen electrischen Felde zurück und denken wir uns die Krystallsubstanz mit merklicher, und zwar in verschiedenen Richtungen verschiedener Leitfähigkeit für die Electricität behaftet, dann kommen in der Plattenebene zwei Constructionsellipsen in Betracht, die eine durch die dielectrische Erregbarkeit, die andere durch die Leitfähigkeit bestimmt; wir wollen, um möglichst auffällige Wirkungen der Combination beider zu erhalten, annehmen, dass die grosse Axe der einen zu der mehrzähligen Symmetrieaxe parallel, die der anderen zu ihr normal liegt. In diesem Falle liegen nämlich, wie dies Figur 19 veranschaulicht, die beiden secundären Vectoren R und R', die demselben primären K — der electrischen Feldstärke — zugehören, auf verschiedenen Seiten von K, und dies bedingt die folgenden Erscheinungen.

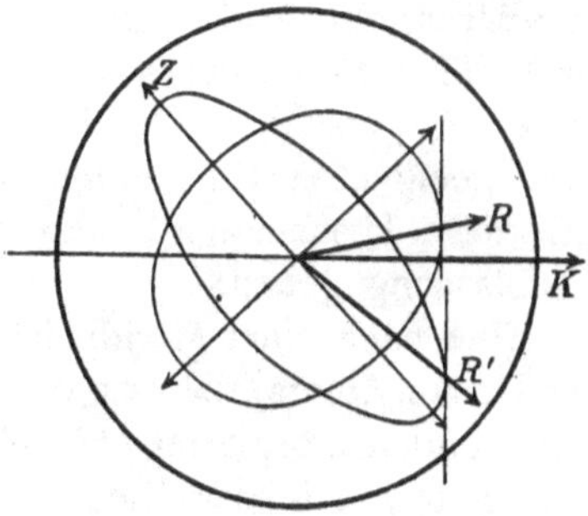

Fig. 19.

Die beim Entstehen des Feldes auftretende electrische Scheidung vollzieht sich einerseits in den einzelnen Molekülen und bewirkt dort eine Erregung nach der Richtung von R; andererseits erstreckt sie sich über die ganzen Volumenelemente und bewirkt hier einen Leitungsstrom, der zunächst in der Richtung von R' verläuft, bis die an dem Rande der Platte entstehenden Ladungen ihm eine andere Richtung anweisen. Demgemäss bilden sich zwei um verschiedene Richtungen symmetrische Vertheilungen, und es hängt von dem Verhältniss ihrer Intentitäten ab, welche von ihnen die äusseren Erscheinungen bestimmt.

Der innermolekularen Scheidung scheint ein merklicher Widerstand nicht entgegenzuwirken, sie bildet sich fast momentan, während die Strömung in Folge des Leitungswiderstandes träger ist und nur allmählich entsteht. In Folge dessen bestimmt bei äusserst kurz wirkenden Kräften das diëlectrische Verhalten, bei länger wirkenden das Gesetz der Leitfähigkeiten in erster Linie die Einstellung einer krystallinischen Kreisscheibe im homogenen Felde. Insbesondere können Krystalle, deren Electrisirungszahlen sich so wenig von einander unterscheiden, dass eine deutliche Einstellung durch diëlectrische Polarisation nicht möglich ist, sich in Folge der verschiedenen Hauptleitfähigkeitsconstanten unter geeigneten Umständen sehr deutlich einstellen, und diese Erscheinung kann zu falschen Deutungen Veranlassung geben.

Eine nach einer Meridianebene geschnittene Kreisscheibe von Quarz, die, wie oben beschrieben, zwischen zwei Condensatorplatten aufgehangen ist, stellt sich, falls letztere mit der Electrisirmaschine wenige Male in der Secunde geladen und entladen werden, mit ihrer Hauptaxe parallel zu den Kraftlinien, falls sie zuvor unter etwa 45^0 Neigung gegen dieselben zur Ruhe gebracht war. Im electrischen Felde von wachsender Wechselzahl wird die Erscheinung nicht deutlicher, sondern schwächer; sie beruht also nicht auf der Verschiedenheit der Electrisirungszahlen, sondern auf dem bedeutenden Ueberwiegen der Leitfähigkeit des Quarzes in der Richtung parallel zur Axe über die in der dazu normalen.

d) Wärmeleitung.

Tritt in Folge einer örtlich wechselnden Temperatur eine zeitliche Aenderung derselben auf, so führen wir dies auf eine Wärmeströmung zurück, die aus dem

Bereiche höherer nach dem Bereiche tieferer Temperatur verläuft. Der Vorgang hat die grösste Verwandtschaft mit dem zuletzt besprochenen der Electricitätsleitung. An die Stelle des Potentialgefälles als treibender Kraft tritt hier das Temperaturgefälle, d. h. die auf die Längeneinheit reducirte Temperaturänderung, an Stelle der Stromdichte der Electricität diejenige der Wärme. Die Beobachtung stellt die Proportionalität zwischen K und R fest, berechtigt somit zu dem allgemeinen Ansatz (33) und gestattet auch wegen der anscheinend erfüllten, aber theoretisch nicht zu begründenden Beziehung $f_{hk}' = f_{kh}'$ den Uebergang zu den vereinfachten Formeln

$$R_h = f_h K_h,$$

die sich auf die thermischen Leitfähigkeitsaxen beziehen.[40]) Die Parameter f_h, die übrigens etwas mit der Temperatur variiren, heissen die thermischen Hauptleitfähigkeitsconstanten des Krystalles.

Indessen sind die Mittel, den Zusammenhang der beiden Vectoren K und R zu veranschaulichen, hier doch wesentlich andere, als bei dem früheren Problem, einmal, weil ungleich der electrischen Stromstärke die thermische Stromstärke schwierig direct zu messen ist, und sodann, weil es nicht möglich ist, einen Wärmeleiter derart durch Nichtleiter zu isoliren, wie dies bei Electricitätsleitern unschwer gelingt. Darum ist z. B. die Ausführung des Experimentes über die longitudinale Strömung in einem Cylinder im Fall der Wärme nahezu unmöglich, und es bietet überhaupt die exacte Bestimmung der thermischen Leitfähigkeiten bei Krystallen grosse Schwierigkeiten.

Dagegen lassen sich auf die oben über Potentiallinien, resp. Potentialflächen abgeleiteten Sätze Methoden zur Untersuchung der Wärmeleitung gründen, welche sich den analogen für die electrische Leitung an Einfachheit weit überlegen zeigen. Dies beruht darauf, dass hier Mittel vorhanden sind, um die Potentialcurven, d. h. die Curven constanter Temperatur, sichtbar zu machen, denen dort nichts Aehnliches entspricht.

Für die Untersuchung der Temperaturlinien auf der Oberfläche eines Körpers, z. B. einer Platte, überzieht man denselben mit einer dünnen, gleichmässigen Schicht einer geeigneten, leicht schmelzbaren Substanz; wird darauf die Platte ungleichförmig erwärmt, so schmilzt der Ueberzug auf allen Bereichen, wo die Temperatur seinen Schmelzpunkt übersteigt, und beim Erkalten markirt sich die Schmelzgrenze durch eine feine Linie, die zugleich die der Schmelztemperatur entsprechende Isotherme darstellt.[41]) Als besonders geeignet für derartige Versuche ist ein Gemisch von Elaidinsäure mit etwa $^1/_4$ ihres Volumens Wachs zu empfehlen, das zwischen 40 und 50^0 C. schmilzt.

Mittelst dieser Methode lässt sich z. B. mit Leichtigkeit die Folgerung von S. 73 verificiren, dass in einer dünnen Platte, welche durch eine mehrzählige ausgezeichnete Axe gelegt ist, die ihr durch einen Punkt zugeführte Strömung so verläuft, dass deren Potentiallinien durch Ellipsen, beiläufig der 2. Constructionsellipse ähnlich und gleichliegend, dargestellt werden. Es ist dazu nur erforderlich, auf die mit dem Ueberzug versehene nicht zu kleine Platte das zugespitzte Ende eines nicht zu dünnen, erhitzten Kupferdrathes ohne Gleiten aufzusetzen; dann erscheint das geschmolzene Bereich rings um die Zuleitungsstelle durch eine Ellipse begrenzt.[42]) Eine besondere Ableitung der Wärme ist hierbei nicht nöthig; letztere strömt vielmehr, soweit sie die Platte nicht bereits zuvor durch die beiden Seitenflächen verlassen hat, durch die Randfläche in die umgebende Luft aus. Einen Einfluss auf die Gestalt der Isothermen hat die seitliche Ableitung der Wärme hier, wo sie nach Symmetrie gleichmässig durch beide

Begrenzungsebenen stattfindet, in keiner Weise; sie modificirt nur ihre absolute Grösse, insofern bei gleicher Gesammtströmung die Schmelzcurve natürlich um so grösser ausfallt, je geringer der erwähnte Verlust ist. Die Ausströmung durch den Rand kann dagegen, wenn die Isothermen ihm irgend nahe kommen, deren Gestalt beträchtlich ändern.

Die Verhältnisse liegen etwas complicirter, wenn die Platte keiner Symmetrieebene des thermischen Verhaltens parallel liegt, sondern eine beliebige Orientirung gegen den Krystall hat; hier wird die Wärmeabgabe nach den beiden Seiten hin in verschiedener Weise stattfinden, und das Resultat ist in diesem Falle nicht so einfach zu übersehen. Es genüge daher die Angabe, dass nach der strengen Theorie auch hier die Isothermen elliptische Form haben, dass sie aber der Schnittellipse der Plattenebene mit dem 2. Constructionsellipsoid keineswegs gleichliegend und ähnlich sind, es sei denn, dass die seitliche Wärmeabgabe vernachlässigt werden kann. In diesem Falle werden die Verhältnisse den bei der Electricitätsleitung stattfindenden gleich, und es gewinnt das S. 74 Erwähnte Gültigkeit. Im Fall der räumlichen Ausbreitung der Wärme von einem Punkt aus gilt Gleiches jederzeit.

Stellt man die oben beschriebene Beobachtung einmal an einer Quarzplatte an, die normal der ausgezeichneten Axe, und sodann an einer, die ihr parallel orientirt ist, so erhält man als Isotherme im ersten Falle einen Kreis, im zweiten eine in der Richtung der ausgezeichneten Axe gestreckte Ellipse von dem beiläufigen Axenverhältniss 1:0,76. Hieraus würde für das Verhältniss der Hauptleitfähigkeiten folgen 1:0,58.

Die vorstehende Methode ist wegen der praktisch nicht streng realisirbaren Voraussetzungen der Theorie nicht sehr genau, aber zur Demonstration vortrefflich.

Eine andere Anordnung des Experimentes, welche einerseits die schiefe Lage der Isothermen gegen die Stromrichtung sehr augenfallig zeigt und überdies eine recht genaue Bestimmung des Verhältnisses der Hauptleitfähigkeiten gestattet, ist folgende.[43])

Man schneidet aus dem zu untersuchenden Krystall eine Platte parallel zu einer thermischen Symmetrieebene und begrenzt sie rechtwinklig unter 45° gegen die in ihrer Ebene liegenden Symmetrieaxen *X* und *Z*. Darauf halbirt man sie durch einen dem einen Kantenpaar parallelen Schnitt und kittet die beiden Hälften in verwendeter Stellung wieder zusammen, so dass nunmehr der Schnitt *op* eine Symmetrielinie des Präparates darstellt.

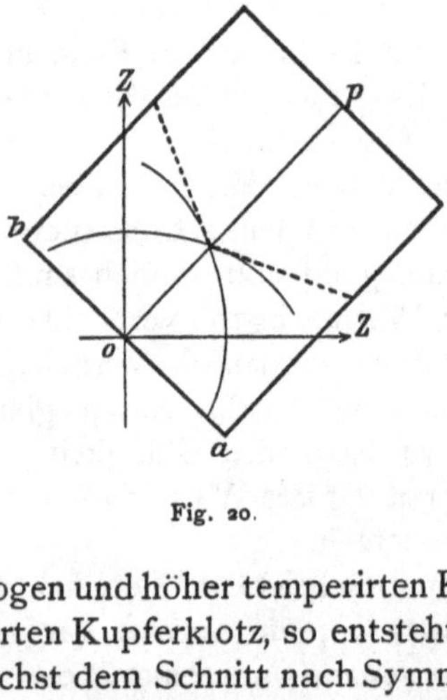

Fig. 20.

Bringt man die in Figur 20 dargestellte Doppelplatte mit der einen Schmalseite, z. B. mit *ab*, zur innigen Berührung mit einem homogen und höher temperirten Körper, z. B. einem amalgamirten Kupferklotz, so entsteht in ihr eine Strömung, die nächst dem Schnitt nach Symmetrie diesem parallel verlaufen muss. Construirt man nun um einen Punkt der Schnittlinie, z. B. um *o*, für die beiden Halbplatten die zugehörigen Hülfsellipsen zweiter Art, so müssen sie nächst der Mitte des Präparates den Isothermen parallel sein; denn *op* stellt dort die Richtung des secundären Vectors dar. Die Isothermen, welche in Wirklichkeit nahe der in der Figur punktirten Curve gleichen, bestehen also aus zwei Theilen, die in dem Schnitt mit einem Knick zusammenstossen; man kann diese Gestalt durch das oben beschriebene Verfahren mit so grosser Schärfe darstellen, dass eine genaue Messung des Knickungswinkels, der z. B. bei Quarz nahezu 30^0 beträgt, möglich ist. Aus dem gemessenen Werth lässt sich das Verhältniss der Hauptleitfähigkeiten $f_1 : f_3$ für die Ebene der Platte leicht berechnen, denn die Gestalt der zweiten Constructionsellipse, welche den Verlauf der Isothermen nächst der Schnittlinie bestimmt, hängt allein von dieser Grösse ab. Benutzt man dann noch Doppelplatten von anderer Orientirung in der Meridianebene, so gestattet eine Vergleichung der beobachteten Beträge der Knickungswinkel mit den aus dem schon bestimmten Verhältniss $f_1 : f_3$ berechneten eine einfache Prüfung der Grundannahmen der Theorie.

e) Thermoelectrische Erregung.

Bildet man aus zwei metallischen Leitern einen geschlossenen Kreis und bringt ihn auf eine von Ort zu Ort wechselnde Temperatur, so entsteht in ihm im allgemeinen ein electrischer Strom. Man erklärt sich sein Zustandekommen am einfachsten durch die Annahme, dass in diesen Leitern das Temperaturgefälle an jeder Stelle eine electromotorische Kraft bewirkt, deren über den ganzen Kreis summirter Betrag dann in bekannter Weise mit dem vorhandenen Widerstand zusammen die Stärke des eintretenden Stromes bestimmt. Die Beobachtungen an isotropen Körpern gestatten zwischen dem primären Vector K, d. h. dem Temperaturgefälle, und dem secundären R, d. h. der localen electromotorischen Kraft, Proportionalität anzunehmen, wobei allerdings an Stelle einer Proportionalitätsconstanten im allgemeinen eine der Substanz des Körpers individuelle Function der Temperatur steht.

Uebertragen wir dieses Verhältniss auf leitende Krystalle[44]), so gelangen wir zu einer der früheren völlig analogen Beziehung zwischen den polaren Vectoren K und R, die in dem Ansatz (33) Ausdruck gewinnt.

Was die in ihm auftretenden Parameter f_{hk}' angeht, so ist ein theoretischer Schluss, der die Beziehung $f_{hk}' = f_{kh}'$ verlangte, nicht bekannt; auch fehlen experimentelle Bestimmungen, welche diese Beziehung wahrscheinlich machen. Wir wollen sie trotzdem voraussetzen, weil der einzige quantitativ untersuchte Fall einen Krystall betrifft, wo diese Formel durch die Symmetrieverhältnisse verlangt wird; dies findet gemäss dem am Schluss von Zusatz X Gesagten immer dann statt, wenn der durch Zufügung eines Symmetriecentrums vervollständigte Krystall zwei zu einander normale Symmetrieaxen besitzt.

Gilt die Beziehung $f_{hk}' = f_{kh}'$, so lassen sich die Formeln (33) für ein bestimmtes, dem Krystall individuelles Hauptaxensystem auf die Gestalt

$$R_h = f_h K_h$$

bringen; die hier auftretenden Parameter f_h wären dann — streng genommen aber nur, falls man sich auf Temperaturbereiche beschränkt, innerhalb deren ihre Abhängigkeit von der Temperatur vernachlässigt werden kann — als die thermoelectrischen Hauptconstanten des Krystalles zu bezeichnen.

Zu ihrer Bestimmung kann man einen Stab oder Cylinder mit zu einer der Hauptaxen paralleler Axe in eine metallische Schliessung derartig einfügen, dass letztere sich an die beiden Grundflächen leitend anschliesst; bringt man dann diese Verbindungsstellen auf verschiedene (absolute) Temperaturen T_1 und T_2, so entsteht in dem Krystallstab und in der metallischen Schliessung ein von Ort zu Ort wechselndes Temperaturgefälle K resp. K_o, und demgemäss eine electromotorische Kraft R resp. R_o, die nach Symmetrie in beiden axial verläuft und im Krystall durch $R = f_i K$, im Metall durch $R_o = f_o K_o$ dargestellt sein mag.

Betrachtet man, wie oben gesagt, f_i und f_o als angenähert von der Temperatur unabhängig, so sind beide bei der Summation aller im Kreise wirkenden electromotorischen Kräfte constant; die Summation bezieht sich deshalb nur auf das Temperaturgefälle, und da dieses in der Summe über einen beliebigen Weg die Differenz der Temperaturen an dessen Enden liefert, so erhält man für die Summe aller electromotorischen Kräfte auf dem ganzen Ring

$$E = (f_i - f_o)\,(T_1 - T_2). \qquad 49$$

Hierbei ist die Richtung der Kraft positiv gezählt im Krystall von der Endfläche (1) mit der Temperatur T_1 nach der Fläche (2) mit der Temperatur T_2 hin. Da die Stromstärke I gleich E / w ist, unter w die Summe der Widerstände des Kreises verstanden, so lässt sich bei bekanntem w, T_1 und T_2 die Differenz $f_i - f_o$ durch eine Beobachtung von I gewinnen; auch kann man electrometrisch direct die Potentialdifferenz E zwischen den beiden Enden der irgendwo unterbrochenen metallischen Schliessung beobachten.[45]) f_o ist dabei zunächst als eine unbekannte Constante anzusehen.

Sind so alle drei Differenzen $f_h - f_o$ gefunden, so lässt sich eine Prüfung des fundamentalen Ansatzes (33) dadurch ausführen dass man einen Cylinder, dessen Axe mit keiner der Hauptaxen zusammenfällt, der soeben beschriebenen Beobachtung unterwirft. Hier erregt ein parallel der Cylinderaxe hervorgerufenes Temperaturgefälle eine electromotorische Kraft, deren Richtung nicht in die Axe fällt, sondern durch den zweiten Ellipsoidsatz angegeben wird. Beschränken wir uns auf den — übrigens bisher allein untersuchten — Fall eines Krystalles mit einer mehrzähligen Hauptaxe Z, so können wir den ganzen Vorgang in der Ebene durch die Cylinderaxe und die krystallographische Hauptaxe darstellen, wie dies Figur 21 zeigt. Das Temperaturgefälle K liegt in der Cylinderaxe und ist von dem Ende M_1 der metallischen Schliessung nach dem Ende M_2 hin positiv gerechnet; die Richtung der resultirenden electrischen Kraft R weicht gemäss der mit der Meridiancurve des zweiten Hülfsellipsoides ausgeführten Construction von K ab. Sind die Umstände derart, dass die electrische Strömung parallel der Cylinderaxe verlaufen muss, so wirkt jetzt nicht das gesammte R für dieselbe electromotorisch, sondern nur

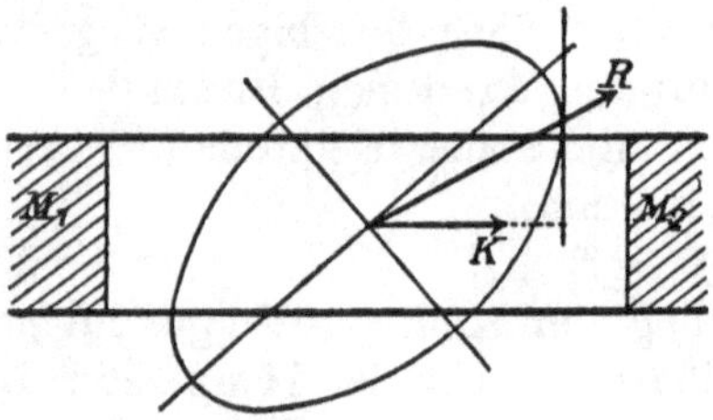

Fig. 21.

seine Componente R' nach der Cylinderaxe, resp. nach der Richtung von K; die hierzu normale Componente treibt $\pm$ Electricität in entgegengesetzten Richtungen nach der Cylinderfläche, bis die dort entstehenden Ladungen sie gerade compensiren, kommt also für die Strömung nicht in Betracht. Schreiben wir den Werth von R' in der Form $f'K$, wo nach S. 56

50 $$f' = f_1 \cos^2(K, X) + f_2 \cos^2(K, Y) + f_3 \cos^2(K, Z)$$

ist, so ergiebt sich für den Werth der electromotorischen Gesammtkraft nunmehr

51 $$E = (f' - f_o)(T_1 - T_2);$$

die Beobachtung der Stromstärke $I = E / w$ oder der Potentialdifferenz E selbst liefert sonach $f' - f_o$, und die Vergleichung des gemessenen Werthes mit dem aus den gefundenen $f_h - f_o$ zu berechnenden gestattet die gewünschte Prüfung.[46)]

Beiläufig mag darauf aufmerksam gemacht werden, dass der Werth (49) resp. (51) der electromotorischen Gesammtkraft E derselbe ist, als wenn der Sitz der Einzelkräfte nicht in den Volumenelementen der beiden Körper wäre, sondern in den Flächen, in denen sie zusammenhängen. In der That, wirkte vom Metall zum Krystall eine electromotorische Kraft von der Stärke

52 $$\overline{E} = (f' - f_o)\,\overline{T},$$

wo $\overline{T}$ die absolute Temperatur in der Grenzfläche bezeichnet, so würde E sich von derselben Grösse finden, wie in (51) angegeben. Man kann die soeben definirten electromotorischen Kräfte $\overline{E}$ kurz die äquivalenten nennen. —

Im Vorstehenden haben wir die Componente von R normal zur Cylinderaxe verhindert, einen permanenten Strom zu erregen, indem wir die Mantelfläche des Cylinders ausser Berührung mit einem Leiter annahmen. Verbinden wir dagegen zwei diametral gegenüberliegende Stellen des Mantels durch einen geeignet gebogenen Metalldraht, so muss in Folge jener normalen Componente ein Strom entstehen, der den Cylinder transversal durchfliesst und durch den Draht geschlossen wird. Dies Resultat der Theorie ist noch nicht verificirt, muss aber unzweifelhaft der Wirklichkeit entsprechen.

Eine freiere Wirksamkeit gewährt man den thermoelectrischen Kräften, wenn man eine meridionale Platte aus einem der oben vorausgesetzten Krystalle mit einer mehrzähligen Symmetrieaxe — etwa von Kreisform — in die gleichgestaltete Höhlung einer Metallplatte so einpasst, dass die beiden Platten sich ringsum leitend berühren, und sodann, etwa durch Erwärmen eines und Abkühlung eines anderen Theiles der Metallplatte ein Temperaturgefälle in dem System hervorbringt. Dann entstehen Ströme, die so in geschlossenen Curven verlaufen, dass jede Curve die Krystallplatte schneidet. Liegt das Temperaturgefälle durchweg parallel oder normal zu der ausgezeichneten Symmetrieaxe des Krystalles, so ist der Verlauf zu derselben symmetrisch, im anderen Falle aber nicht.

Der thermoelectrischen Erregung entspricht ein reciproker Vorgang, den wir als

f) electrothermische Erregung

bezeichnen wollen. Man kann sich denselben so vorstellen, dass in einem metallischen Leiter ein electrischer

Strom unabhängig von der Grösse der thermischen Leitfähigkeit und der Temperaturvertheilung Wärme mit sich fortführt, sodass dieselbe geeigneten Falles an einer Stelle verschwindet, an einer anderen zu Tage kommt.

Bei unkrystallinischen Körpern muss der Wärmetransport nach Symmetrie in der Richtung des positiven oder des negativen electrischen Stromes stattfinden, und seine Grösse kann jedenfalls in Annäherung der Stromstärke proportional gesetzt werden, wobei aber im allgemeinen eine Function der Temperatur an Stelle der Proportionalitätsconstante stehen wird; in Krystallen entspricht dem wiederum der in den Formeln (33) ausgedrückte Zusammenhang, wo nun die R_h die Componenten der thermischen, K_h diejenigen der electrischen Stromdichte bezeichnen. Wir machen von diesen Formeln in derselben Weise, wie S. 82, durch eine Hypothese den Uebergang zu dem vereinfachten System

$$R_h = g_h K_h ,$$

das ein bestimmtes Hauptaxensystem voraussetzt, und in dem die g_h die Hauptconstanten des electrothermischen Effectes bezeichnen.

Es ist von grossem Interesse, dass sich auf Grund allgemeiner thermodynamischer Principien zeigen lässt, dass für jeden Krystall die Hauptaxen des thermoelectrischen und des electrothermischen Effectes zusammenfallen, und dass, falls man die Wärmeströmung in mechanischem Maasse ausdrückt, die neuen Parameter g_h sich nur durch den Factor T von den früheren f_h unterscheiden.[47]) Indessen geht die ziemlich umständliche Ableitung dieser Beziehungen über den Plan unserer Darstellung hinaus.

Wir wollen uns damit begnügen, die charakteristischen Aeusserungen des electrothermischen Effectes zu schildern, und wollen dabei von der Wärmeerregung, welche die Ueberwindung der Widerstände durch den Strom veranlasst — der sogenannten Joule'schen Wärme — ausdrücklich absehen, da sie eine ganz andere Natur hat und sich experimental von dem hier betrachteten Effect sondern lässt. Ferner beschränken wir uns auf den Fall, dass die Parameter g_h als mit der Temperatur proportional betrachtet werden können, und setzen zunächst auch nur isotrope Körper voraus, für welche $R_o = g_o K_o$ sein möge. Es geschieht dann eigenthümlicher Weise der Wärmetransport innerhalb eines homogenen Körpers so, dass in jedem Volumen zu jeder Zeit gleichviel Wärme ein- und austritt, und dass somit ein Verschwinden oder ein Auftauchen von Wärme im Innern des Körpers ausgeschlossen ist. Da bei gegebener Stromdichte die mitgeführte Wärmemenge nach dem Vorstehenden durch eine dem Körper individuelle Constante gemessen wird, so ist an Grenzflächen zwischen zwei Körpern, wenngleich dort die eintretende und die austretende electrische Strömung gleiche Dichte hat, die ein- und die austretende Wärmemenge im allgemeinen verschieden; es wird sonach, je nachdem die erstere oder die letztere überwiegt, in der Grenzfläche Wärme auftauchen oder verschwinden.

Die Wirkung der electrothermischen Erregung reducirt sich hier also auf ein Frei- oder aber Gebundenwerden von Wärme in den von einem Strom durchflossenen Zwischengrenzen verschiedener Leiter; ein Vorgang, der dem S. 83 geschilderten genau reciprok ist, und den man nach dem Entdecker als Peltier-Effect bezeichnet. An den freien Oberflächen isotroper Körper kann ein solcher Effect nicht auftreten, weil der Wärmestrom nur in der Richtung des electrischen Stromes stattfindet, und dieser an der Grenze eines Leiters gegen einen Nichtleiter nothwendig tangential verläuft.

In krystallinischen Körpern erleidet der Vorgang nur insoweit Aenderungen, als der Wärmestrom nicht mehr in die Richtung des electrischen Stromes ällt, auch seine Stärke bei gleicher Stärke des letzteren mit seiner Richtung variirt.

Greifen wir der Einfachheit halber auf die S. 82 beschriebene Anordnung des Experimentes zurück, bei welchem ein leitender Krystallcylinder in eine metallische Schliessung eingefügt war, und lassen wir zunächst die Axe des Cylinders mit einer Hauptaxe zusammenfallen, so wird ein durch das System gesandter electrischer Strom von der Stärke I, der im Krystall von der mit (1) bezeichneten zu der mit (2) bezeichneten Grundfläche verläuft, eben da einen Wärmestrom gleicher Richtung von der Stärke $Q_i = g_i I$ veranlassen, im schliessenden Metall dagegen einen von der Stärke $Q_o = g_o I$. Demgemäss wird pro Zeiteinheit in der Flächeneinheit der Grenzflächen (1) und (2) die Wärme frei werden

53 $$\overline{Q}_1 = Q_o - Q_i = (g_o - g_i)_1 I, \quad \overline{Q}_2 = Q_i - Q_o = (g_i - g_o)_2 I;$$

die Beträge sind verschieden je nach der Hauptaxe, mit welcher die Cylinderaxe zusammenfallt. Da nun, wie S. 86 erörtert, $g_h = Tf_h, g_o = Tf_o$ gilt, so wird $\overline{Q}_1 / T_1 + \overline{Q}_2 / T_2 = 0$, aber nicht etwa $\overline{Q}_1 + \overline{Q}_2 = 0$ sein.

Ist der Krystallcylinder schief gegen die Hauptaxen orientirt, so bewirkt der seiner Axe entlang fliessende electrische Strom K einen Wärmestrom R abweichender Richtung, wie dies in dem Fall, dass der Krystall eine mehrzählige Hauptaxe besitzt, Figur 21 veranschaulicht. An Stelle der ganzen Wärmeströmung ist jetzt nur ihre Componente R' nach der Cylinderaxe für die Wärmeentwickelung in den Grundflächen maassgebend, und man kann R' in der Form $g'K$ schreiben, wo g' ebenso von den g_h abhängt, wie nach (50) f' von den f_h. Demgemäss tritt an Stelle der obigen Werthe von $\overline{Q}_1$ und $\overline{Q}_2$ jetzt

54 $$\overline{Q}_1 = Q_o - Q' = (g_o - g')_1 I, \quad \overline{Q}_2 = Q' - Q_o = (g' - g_o)_2 I.$$

Berücksichtigt man die Beziehungen $g_h = Tf_h, g_o = Tf_o$, so giebt dies bei Heranziehung der Formel (52)

55 $$\overline{Q}_1 = - \overline{\overline{E}}_1 I, \quad \overline{Q}_2 = \overline{\overline{E}}_2 I,$$

und damit einen einfachen Zusammenhang zwischen der Grösse der äquivalenten electromotorischen Kräfte und derjenigen der Peltier-Wärme für dieselbe Grenzfläche.

Die Componente der Wärmeströmung normal zur Cylinderaxe transportirt Wärme von der einen Seite des Cylinders nach der anderen in der Weise, dass, wenn auf ersterer für Zuführung, auf letzterer für Abführung gesorgt wird, die Temperatur im Innern sich nicht ändert. Ist umgekehrt durch Umgebung mit Wärmeisolatoren eine Wärmebewegung durch die Seitenfläche des Cylinders möglichst aufgehoben, so wird der electrisch bewirkte Wärmestrom auf der Ursprungsseite eine Abkühlung, auf der gegenüberliegenden eine Erwärmung zur Folge haben, bis der hierdurch hervorgerufene neue Wärmestrom entgegengesetzter Richtung den ersteren gerade compensirt. Die hierbei schliesslich eintretende Temperaturvertheilung ist ein Gegenstand der Beobachtung, aber bisher noch nicht untersucht. —

Es ist zu betonen, dass die thermoelectrischen Vorgänge sich in der Natur im allgemeinen nicht in der einfachen Weise abspielen, wie es nach der vorstehenden Darstellung vielleicht den Anschein hat, sondern dass zumeist bei Veranlassung des einen der beschriebenen Processe sich der andere, zu ihm reciproke, als Nebenvorgang von selbst einstellt.

Knüpfen wir etwa an die Darstellung von S. 82 an und denken aus einem Krystallcylinder und einer metallischen Schliessung einen leitenden Kreis hergestellt, innerhalb dessen die Temperatur durch stellenweis zugeführte, stellenweis entzogene Wärme örtlich variirt. Es entsteht dann ein thermoelectrischer Strom, aber derselbe wirkt seinerseits electrothermisch, entwickelt und verzehrt Wärme in den vom Strom durchflossenen Grenzflächen zwischen Krystall und Metall, ebenso, wie an den äusseren Flächen des Krystalles.

Die hierdurch geänderte Temperaturvertheilung bewirkt eine Aenderung der electrischen Strömung, die ihrerseits wieder thermisch wirkt u. s. f. Der resultirende Vorgang ist also durch das stete Zusammenwirken der thermoelectrischen und der electrothermischen Erregung bedingt.

Genau das Gleiche findet statt, wenn das ursprüngliche Ziel der Anordnung die electrothermische Erregung ist, also etwa durch das zunächst gleichtemperirte System aus Krystallcylinder und metallischer Schliessung ein electrischer Strom geschickt wird. Auch hier wirkt die erzeugte Wärme dann im allgemeinen thermoelectrisch, und an die eine Wirkung schliessen sich abwechselnd — aber natürlich gleichzeitig eintretend — die reciproken an, wie das oben ausgeführt ist.

Die theoretische Bestimmung des schliesslichen Effectes ist in der Regel eine ziemlich schwierige Aufgabe.

§ 6. Beziehungen zwischen einem Vector und einem Tensortripel.

Bei den hierhergehörigen Vorgängen wollen wir, der geschichtlichen Entwickelung unserer Kenntnisse entsprechend, zunächst das Tensortripel, d. h. eine Spannung oder eine Deformation, als primär gegeben betrachten. Solange nicht gleichzeitige Temperaturänderungen und gewisse, hier noch zu vernachlässigende Nebenwirkungen in Frage kommen, ist die Wahl zwischen diesen beiden Tripeln durchaus frei; denn durch das eine ist das andere nach den Gesetzen der Elasticität, von denen in § 7 zu sprechen sein wird, vollkommen bestimmt; jeder Aenderung des einen entspricht eine Aenderung des anderen, und beide sind gleichzeitig gleich Null. Da aber nach S. 20 das Tripel der Spannungen praktisch in einfachster Weise auf nur einen Tensor reducirbar ist, während gleiches bei dem Tripel der Dilatationen nicht stattfindet, so wird unter den oben gemachten Voraussetzungen ersteres für uns den Vorzug vor letzterem verdienen, und wir werden daher zunächst die Spannungen S_h als primär gegeben annehmen.

Von vectoriellen Wirkungen einer Spannung können Strömungsvorgänge nicht in Betracht kommen, da deren Erhaltung einen Energieaufwand erfordert, der bei einem Gleichgewichtszustand durch die Wirkung der Spannungen nicht gedeckt werden kann; es bleibt sonach nur die Erzeugung eines electrischen oder eines magnetischen Momentes oder Feldes zu erwägen. Wie bei den thermischen Erregungen, so ist aber auch hier eine magnetische Wirkung noch nicht beobachtet, und die einzige vectorielle Wirkung eines Vectortripels wird somit durch die

a) piëzoelectrische Erregung

der Krystalle geliefert. Als Maass derselben betrachten wir, wie dies bei Behandlung der Pyroelectricität geschehen, das erregte Moment der Volumeneinheit und bezeichnen dasselbe, wie dort, durch R.

Für den Zusammenhang zwischen dem Vector und dem Tensortripel machen wir wiederum die einfachste, übrigens auch durch die Erfahrung gerechtfertigte Annahme der Proportionalität, die sich dadurch ausdrückt, dass wir die Componenten R_h' des Momentes nach irgend welchen Coordinatenaxen X', Y', Z' gleich linearen Functionen der Componenten N_h', T_h' der Hauptspannungen S_h nach demselben Coordinatensystem setzen[48]). Schreiben wir demgemäss

$$\begin{aligned} R_1' &= d_{11}'N_1' + d_{12}'N_2' + d_{13}'N_3' \\ &\quad + d_{14}'T_1' + d_{15}'T_2' + d_{16}'T_3', \\ R_2' &= d_{21}'N_1' + d_{22}'N_2' + d_{23}'N_3' \\ &\quad + d_{24}'T_1' + d_{25}'T_2' + d_{26}'T_3', \\ R_3' &= d_{31}'N_1' + d_{32}'N_2' + d_{33}'N_3' \\ &\quad + d_{34}'T_1' + d_{35}'T_2' + d_{36}'T_3', \end{aligned} \qquad 56$$

so sind die in diesen Formeln auftretenden achtzehn Parameter d_{hk}' der Krystallsubstanz und dem gewählten Coordinatensystem individuell und heissen deren piëzoelectrische Moduln.

Das electrische Moment ist nach S. 18 ein polarer Vector, seine Componenten wechseln also bei Umkehrung der Coordinatenaxen ihr Vorzeichen; die Tensorcomponenten behalten dabei das ihrige bei. Die beiden Seiten der Formeln (56) verhalten sich sonach im angegebenen Falle verschieden, woraus sich ergiebt, dass der durch sie dargestellte Vorgang ein Symmetriecentrum nicht besitzt. Hieraus folgt aber nach S. 28, dass piëzoelectrische Erregungen in Krystallen mit Symmetriecentrum, und aus gleichen Gründen auch in isotropen Körpern, niemals auftreten können. Von den acentrischen Krystallen ist dagegen im Voraus keine Gruppe auszuschliessen, denn anders, wie bei der pyroelectrischen Erregung, ist hier das Vorkommen einer einzigartigen einseitigen Richtung im Krystall, wie z. B. einer ausgezeichneten einseitigen Symmetrieaxe, nicht Vorbedingung der Erscheinung. Durch das Hinzukommen des Tensortripels können vielmehr Richtungen ungleichwerthig werden, die an sich gleichwerthig waren; und so ist z. B. der Quarz, obwohl nach dem S. 33 Gesagten nicht pyroelectrisch, doch piëzoelectrisch in hohem Grade wirksam. Er ist der Repräsentant eines acentrischen Krystalles mit mehreren ausgezeichneten einseitigen Richtungen, nämlich den drei zur Hauptaxe normalen polaren Nebenaxen, während Turmalin — allerdings nur angenähert, worauf zurückzukommen — als Repräsentant eines acentrischen Krystalles mit einer ausgezeichneten einseitigen Richtung, nämlich der polaren Hauptaxe, betrachtet werden darf; die strenge Untersuchung weist an ihm neben einer ausgezeichneten Hauptaxe drei dazu normale um 120° gegen einander geneigte, unter einander gleichwerthige polare Nebenaxen nach. Kalkspath ist als centrisch-symmetrisch der Vertreter der nicht piëzoelectrischen Krystalle. —

Für die nächsten Entwickelungen denken wir uns wiederum aus dem Krystall in beliebiger Orientirung ein rechteckiges Prisma von den Kanten l_1, l_2, l_3 herausgeschnitten und dieses durch homogene Spannungen piëzoelectrisch erregt. Legen wir die Coordinatenaxen X', Y', Z' den Kanten l_1, l_2, l_3 parallel, so erfordert nach Zusatz II der durch die Componenten N_h' und T_h' definirte Spannungszustand des Prismas, dass auf die Einheit seiner zu l_1 normalen und resp. nach $\pm X'$ gelegenen Flächen F_1 die Zugkräfte $\pm N_1'$ parallel der X'-Axe, $\pm T_3'$ parallel der Y'-Axe, $\pm T_2'$ parallel der Z'-Axe ausgeübt werden, und dass auf die zu l_2 und l_3 normalen Flächen die analogen Wirkungen stattfinden.

Die Formeln (56) nehmen die denkbar einfachste Gestalt an, wenn die Spannungen sich auf nur eine Normalspannung N_i' oder nur eine Tangentialspannung T_i' reduciren, wobei i eine der Zahlen 1, 2, 3 bezeichnet. Es gilt dann, wenn $i+3=k$ gesetzt wird,

$$R_1' = d_{1i}'N_i', \quad R_2' = d_{2i}'N_i', \quad R_3' = d_{3i}'N_i', \qquad 57$$

$$R_1' = d_{1k}'T_i', \quad R_2' = d_{2k}'T_i', \quad R_3' = d_{3k}'T_i'. \qquad 58$$

Der erste Fall ist realisirt, wenn das Prisma ausschliesslich auf den zur Kante l_i normalen Flächen gleichförmig vertheilte normale Zugkräfte erfährt; es wird dabei eine der drei Hauptspannungen S_h mit N_i' identisch, die beiden anderen sind gleich Null. Der zweite Fall erfordert, dass ausschliesslich die durch die Kanten l_i gehenden Flächen geeignete tangentiale Zugkräfte normal zu den Kanten l_i erleiden; es wird dabei nach S. 25 S_i mit l_i parallel, aber verschwindend, die beiden anderen S_h sind einander entgegengesetzt gleich, und ihre Richtungen halbiren die Winkel der zu l_i normalen Kanten.

Ein wesentliches Interesse der beiden vereinfachten Formelsysteme (57) und (58) beruht darauf, dass sie jedem einzelnen Modul d_{hk}' eine anschauliche Bedeutung geben. Hierzu erinnern wir uns daran, dass die Componenten eines Vectors diesem selbst gleichartige Grössen sind und ihn vollständig zu vertreten vermögen. Die drei Componenten R_h' repräsentiren also drei electrische Erregungen, deren Superposition die durch die Resultante R selbst gegebene darstellt.

Zugleich wiederholen wir, um die Formeln möglichst mit der Beobachtung in Beziehung zu setzen, dass nach S. 31 ein homogenes Moment R_i' nach einer Prismenkante l_i äquivalent ist mit zwei entgegengesetzten Ladungen der zu jener Kante normalen Flächen F_i, deren absolute Dichten dem Moment R_i' selbst gleich sind. Werden jene Flächen also mit leitenden Belegen versehen, und werden diese mit den Quadrantenpaaren eines Electrometers leitend verbunden, so bewirkt die Erregung des Momentes durch eine Spannung eine electrische Vertheilung in der aus der Figur 22a) ersichtlichen Weise, und das Electrometer zeigt einen Ausschlag, wie er den beiderseits frei werdenden Electricitätsmengen $\pm F_i R_i'$ entspricht. Verbindet man, während die Spannung im Prisma constant gehalten wird, die beiden Belegungen leitend, so neutralisiren sich die freien Electricitäten, das Electrometer kehrt zur Ruhelage zurück. Hebt man endlich die Spannung im Prisma auf, so werden die bisher in den Belegungen gebundenen Electricitäten $\pm F_i R_i'$ frei, wie Figur 22b) andeutet, und das Electrometer schlägt um den gleichen Betrag, wie zuvor, aber nach der entgegengesetzten Seite aus[49]. Diese Darstellung zeigt, wie man das Vorhandensein, das Vorzeichen und auch die Stärke einer piëzoelec-

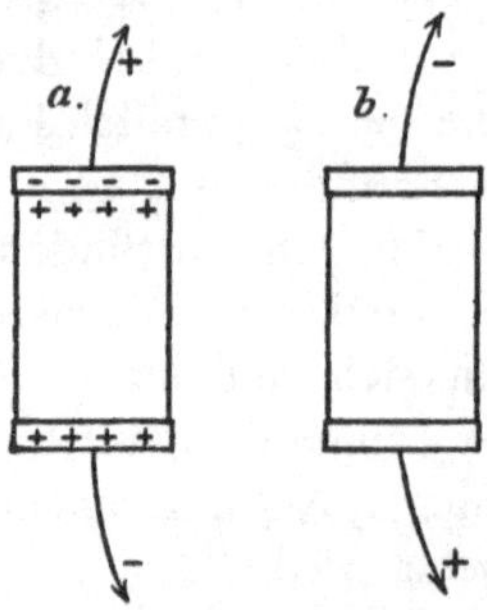

Fig. 22.

trischen Erregung durch die Beobachtung festzustellen vermag. —

Gehen wir nunmehr auf die Formeln (57) und (58) zurück, so erkennen wir, dass jeder der Moduln d_{hk}' das Maass einer von unserem Elementarprisma bei bestimmter einfacher Einwirkung gezeigten Erscheinung darstellt; wir werden dieselben daher passend auch als die Moduln des bestimmten, aus dem Krystall hergestellten Prismas bezeichnen können. Da eine veränderte Lage des Coordinatensystems $X' Y' Z'$ gegen den Krystall einem anderswerthigen Prisma entspricht, so ist auch plausibel, dass die d_{hk}' sich mit der Lage dieses Systems ändern. —

Die Zahlenwerthe der Moduln d_{hk}' eines Prismas sind im allgemeinen nur durch messende Beobachtungen zu bestimmen; indessen kann man auf das Verschwinden einzelner von ihnen mitunter schon durch eine einfache geometrische Ueberlegung schliessen, insofern ein Modul jedenfalls dann gleich Null sein muss, wenn die durch ihn gemessene electrische Erregung den Symmetrieverhältnissen des Vorgangs widersprechen würde. Hierfür ist natürlich neben der krystallographischen Symmetrie auch diejenige der ausgeübten Spannungen in Betracht zu ziehen. Wir kommen darauf weiter unten zurück.

Die messende Beobachtung knüpft fast ausschliesslich an den ersten der oben besprochenen Fälle an, bei welchem alle Spannungscomponenten bis auf ein N_i verschwinden. Dieser Zustand lässt sich erreichen, indem man die eine der zu l_i normalen Flächen F_i auf eine ebene Unterlage stellt und die andere mit einem Gewicht Π belastet; $-\Pi / F_i$ ist dann gleich N_i' resp. S_i, denn einer Druckspannung entspricht ein negatives N_i' resp. S_i. Um die Druckvertheilung über die Flächen F_i zu einer möglichst gleichmässigen zu machen, bedeckt man die zu pressenden Flächen des

Prismas passend je mit einer Schicht eines elastischen oder plastischen Körpers, z. B. mit einer Lamelle von Blei oder Hartgummi. Der Messung zugänglich sind sowohl longitudinale, als transversale electrische Erregungen; zur Bestimmung der ersteren hat man die zur Druckrichtung normalen Flächen, zu derjenigen der letzteren ein Paar der zur Druckrichtung parallelen Flächen mit leitenden Belegungen zu versehen. Presst man das Prisma zunächst längs einer Kante l_i zusammen, so liefert die Beobachtung der Erregungen nach den Richtungen von l_1, l_2, l_3 resp. die Moduln d_{1i}', d_{2i}', d_{3i}'; an einem und demselben Prisma lassen sich somit alle die neun in (56) mit einem der N_h' multiplicirten Moduln gewinnen; mehr zu erreichen sind andere Hülfsmittel nöthig, auf die wir weiter unten eingehen werden. —

Um die Abhängigkeit der piëzoelectrischen Erregung von der Orientirung der Hauptspannungen gegen den Krystall zu entwickeln, führt man passend ein in letzterem festes Coordinatensystem X, Y, Z ein und bezieht das Spannungstripel und den Vector des Momentes hierauf. Bezeichnet man die beiderseitigen Componenten mit N_h, T_h und R_h, so entspricht dem Ansatz (56) nunmehr das folgende System:

$$\begin{aligned} R_1 &= d_{11} N_1 + d_{12} N_2 + d_{13} N_3 + d_{14} T_1 + d_{15} T_2 + d_{16} T_3, \\ R_2 &= d_{21} N_1 + d_{22} N_2 + d_{23} N_3 + d_{24} T_1 + d_{25} T_2 + d_{26} T_3, \\ R_3 &= d_{31} N_1 + d_{32} N_2 + d_{33} N_3 + d_{34} T_1 + d_{35} T_2 + d_{36} T_3. \end{aligned} \tag{59}$$

Giebt man den Axen X, Y, Z eine ein für alle Mal bestimmte, in der Regel durch Symmetrie ausgezeichnete Lage im Krystall — die Hauptlage —, so hängen die achtzehn Parameter d_{hk} nur noch von der Substanz des Krystalles ab und können als die ihm individuellen piëzoelectrischen Moduln oder kürzer als seine Hauptmoduln bezeichnet werden.

Es ist indessen zu betonen, dass die Angabe, es gehörten einem Krystall im allgemeinsten Falle achtzehn piezoelectrische Moduln zu, eine etwas andere Zählung voraussetzt, als in dem vorigen Paragraphen angewandt ist, wo die Wechselbeziehungen zwischen zwei Vectorgrössen auf drei Parameter zurückgeführt wurden. Durch die Wahl eines bestimmten Coordinatensystems kann man — da dasselbe die Festsetzung von drei Richtungen involvirt — immer drei Beziehungen zwischen den 18 zunächst eingeführten Moduln erfüllen, und es bleiben dann nur 15 von einander unabhängige Moduln übrig. Diese letztere Zahl würde also bei den Vorgängen der Piëzoelectricität etwa dieselbe Rolle spielen, wie die Zahl Drei bei den im vorigen Abschnitt behandelten. —

Die Ausdrücke (59) vereinfachen sich bei Anwendung auf die verschiedenen Krystallgruppen gemäss deren Symmetrie, und der S 54 erörterte und in Zusatz X in einem einfachen Falle wirklich angewandte Weg führt zu dem Resultat, dass von den 21 acentrischen Krystallgruppen nur eine (des regulären Systems) piezoelectrisch überhaupt unwirksam ist, und dass die übrigen 20 sich in 16 verschiedene Obergruppen gleichen Verhaltens ordnen. Für die piezoelectrische Erregung kommen sonach 16 verschiedene Krystalltypen in Betracht, und die hierin ausgeprägte grosse Mannigfaltigkeit rückt die Piëzoelectricität unter allen hier erörterten Erscheinungsgebieten in die erste Linie.

Um eine Vorstellung von der Vereinfachung des obigen Ansatzes bei speciellen Symmetrien zu geben, mögen hier noch die beiden Werthsysteme folgen, welche den Typen Quarz und Turmalin entsprechen.[50])

Wählt man die dreizählige Hauptaxe zur Z-Axe, und legt man die X-Axe in eine der drei zweizähligen Symmetrieaxen, so gilt für Quarz ($A_3 \perp A_2$):

$$\begin{aligned} R_1 &= d_{11}(N_1 - N_2) + d_{14} T_1, \\ R_2 &= - d_{14} T_2 - 2 d_{11} T_3, \qquad 60 \\ R_3 &= 0; \end{aligned}$$

dagegen für Turmalin ($A_3 \| E$), wenn die Y-Z-Ebene in die eine der drei Symmetrieebenen gelegt wird:

61
$$\begin{aligned} R_1 &= d_{15} T_2 - 2 d_{22} T_3, \\ R_2 &= - d_{22} (N_1 - N_2) + d_{15} T_1, \\ R_3 &= d_{31} (N_1 + N_2) + d_{33} N_3; \end{aligned}$$

das erste System enthält statt achtzehn nur zwei, das letzte nur vier von einander unabhängige Moduln d_{hk}.

Setzt man in dem System (61) die Moduln d_{31} und d_{33} gleich Null, so resultiren Formeln, die den in (60) enthaltenen äusserst ähnlich sind, ihnen bei einer Drehung des Coordinatensystems um 90^0 um die Hauptaxe sogar gleich werden. Dem Typ Turmalin eignen somit ebenso drei polare Nebenaxen, wie dem Typ Quarz; nur liegen sie bei unserer Wahl des Coordinatensystems in um 90^0 gedrehten Lagen.

Vertauscht man dagegen den Modul d_{22}, der nach der Erfahrung bei Turmalin klein gegenüber d_{15} und d_{33} ist, mit Null, so erhält man jenen Typus, wo die Hauptaxe die einzige ausgezeichnete einseitige Richtung ist; dies geht daraus hervor, dass in diesem Falle das obige Formelsystem bei Drehung des Coordinatensystems um die Z-Axe seine Gestalt nicht ändert, dass also dann alle Richtungen von gleicher Neigung gegen diese Axe einander gleichwerthig sind. Dass d_{31} etwa von derselben Ordnung ist, wie d_{22}, wirkt nicht weiter vereinfachend und kann daher unberücksichtigt bleiben. Unter den 20 piëzoelectrisch erregbaren Krystallgruppen liefern zwei jene vereinfachten Beziehungen mit voller Strenge; es sind die Gruppen 16) und 23) der in Zusatz I gegebenen Uebersicht; aber ihnen gehören keine Substanzen von ähnlich zur Beobachtung geeignetem Vorkommen an, wie Turmalin, und darum knüpfen wir die betreffenden Erörterungen, wenngleich bei mangelnder Strenge, an diesen Körper an. —

Will man auf Grund des für irgend eine Krystallgruppe specialisirten Gleichungssystems (59) den Zusammenhang zwischen den allgemeinen Moduln d_{hk} und den einem bestimmten Prisma individuellen d_{hk}' ableiten, so hat man nur das System (59) von den fundamentalen Axen X, Y, Z auf die oben mit den Prismenkanten parallel gewählten X', Y', Z' zu transformiren. Die Rechnung geht der S. 56 in einem einfacheren Fall ausgeführten vollkommen parallel, mag aber ihrer Umständlichkeit wegen hier unterbleiben; sie führt zu Formeln von der Gestalt (56), in denen nun an Stelle der Parameter d_{hk}' lineäre Functionen der d_{hk} stehen, und diese sind die gesuchten Ausdrücke für die Moduln d_{hk}' des Prismas, bestimmt durch die Hauptmoduln d_{hk} und durch die Orientirung der Prismenkanten gegen die Hauptaxen X, Y, Z.

Um eine Vorstellung von diesem Zusammenhange zu geben, genügt es, einige der Moduln d_{hk}' zu betrachten, die sich ohne jene umständliche methodische Rechnung durch einen directen Weg finden lassen.

Wenn das allgemeine Spannungstripel S_h sich auf eine einzelne Spannung S reducirt, so ist nach (5)

$$N_1 = S\cos^2(S,X),\ N_2 = S\cos^2(S,Y),\ N_3 = S\cos^2(S,Z),$$
$$T_1 = S\cos(S,Y)\cos(S,Z),\ T_2 = S\cos(S,Z)\cos(S,X), \qquad 62$$
$$T_3 = S\cos(S,X)\cos(S,Y);$$

zugleich ist allgemein die Componente R' des Vectors R nach der beliebigen Richtung l gegeben durch

$$R' = R_1 \cos(l,X) + R_2 \cos(l,Y) + R_3 \cos(l,Z). \qquad 63$$

Setzt man in diese letzte Formel die Ausdrücke für die R_h nach (59), und in diese die Werthe der N_h und T_h nach (62), so erhält man einen Ausdruck von der Form

$$R' = d'S, \qquad 64$$

worin nun d' nichts anderes ist, als der Modul der electrischen Erregung in der Richtung l durch die Spannung S. d' wird deshalb mit je einem der Moduln d_{hk}' des Ansatzes (56) für h und k gleich 1, 2, 3 identisch, wenn l in die Kante l_h und S in die Kante l_k unseres Elementarprismas fallt.

Die so gewonnenen Ausdrücke sind im Allgemeinen sehr umständlich, aber sie vereinfachen sich für specielle Krystalltypen. Von den oben betrachteten beiden Typen giebt Quarz die bei weitem einfacheren Werthe. Wir lassen die Spannung S parallel der Kante l_1 des Prismas wirken; dann sind $d_{11}', d_{21}', d_{31}'$ die Moduln der longitudinalen und der beiden transversalen Erregungen, und es gilt nach (57)

65 $$R_1' = d_{11}'S, \quad R_2' = d_{21}'S, \quad R_3' = d_{31}'S.$$

Wir legen weiter l_2 in die Aequatorialebene YZ,

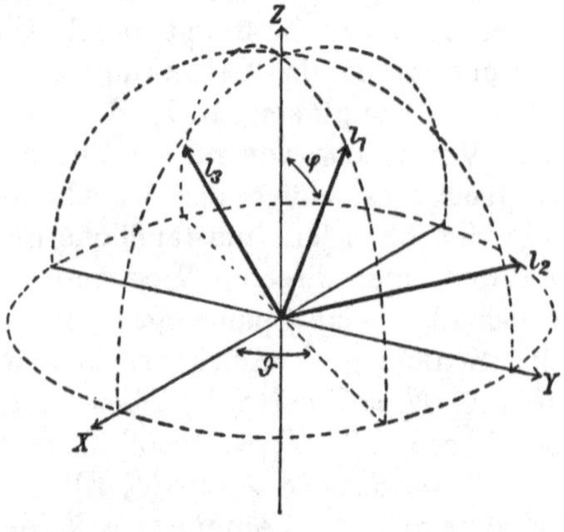

Fig. 23.

l_3 also in die Meridianebene durch l_1, und bestimmen die Lage des Prismas gegen die festen Axen X, Y, Z gemäss Figur 23 durch den Winkel φ zwischen l_1 und der Z-Axe und den Winkel ϑ zwischen der Meridianebene $l_1 l_3$ und der XZ-Ebene; dann ist

66 $$\begin{gathered}\cos(l_1, X) = \sin\varphi\cos\vartheta, \cos(l_1, Y) = \sin\varphi\sin\vartheta, \\ \cos(l_1, Z) = \cos\varphi, \\ \cos(l_2, X) = -\sin\vartheta, \cos(l_2, Y) = \cos\vartheta, \\ \cos(l_2, Z) = 0, \\ \cos(l_3, X) = -\cos\varphi\cos\vartheta, \cos(l_3, Y) = -\cos\varphi\sin\vartheta, \\ \cos(l_3, Z) = \sin\varphi,\end{gathered}$$

und der Ansatz (60) liefert die relativ einfachen Werthe

$$
\begin{aligned}
d_{11}' &= d_{11}(\cos^2\vartheta - 3\sin^2\vartheta)\cos\vartheta\sin^3\varphi \\
&= + d_{11}\cos 3\vartheta\sin^3\varphi, \\
d_{21}' &= d_{11}(\sin^2\vartheta - 3\cos^2\vartheta)\sin\vartheta\sin^2\varphi - d_{14}\sin\varphi\cos\varphi \\
&= - d_{11}\sin 3\vartheta\sin^2\varphi - d_{14}\sin\varphi\cos\varphi, \qquad 67 \\
d_{31}' &= d_{11}(3\sin^2\vartheta - \cos^2\vartheta)\cos\vartheta\sin^2\varphi\cos\varphi \\
&= - d_{11}\cos 3\vartheta\sin^2\varphi\cos\varphi.
\end{aligned}
$$

Dass in diesen Resultaten überall der Winkel 3ϑ auftritt, ist, wie man leicht einsieht, der Ausdruck für die Dreizähligkeit der Hauptaxe Z.

Lässt man speciell die Richtung der Spannung S sich nur in der Aequatorebene XY bewegen, setzt also $\varphi = 90^0$, so nehmen diese Formeln unter Rücksicht auf (65) die höchst einfache Gestalt an

$$R_1' = d_{11}'S = + d_{11}S\cos 3\vartheta, \qquad 68$$

$$R_2' = d_{21}'S = - d_{11}S\sin 3\vartheta, \quad R_3' = d_{31}'S = 0,$$

und das resultirende Moment R wird

$$R = d_{11}S. \qquad 69$$

Diese Resultate sind in der nebenstehenden Figur graphisch dargestellt. Lässt man nämlich S im Aequator successive alle möglichen Richtungen annehmen und construirt die ihnen entsprechenden R_1', R_2' und R als Vectoren vom Coordinatenanfangspunkt aus, so erfullen deren Endpunkte drei Curven, die kurz als Curven R_1', R_2' und R bezeichnet werden mögen. Die letzte, in der Figur stark ausgezogene, ist ein Kreis um den Coordinatenanfang, die beiden ersten

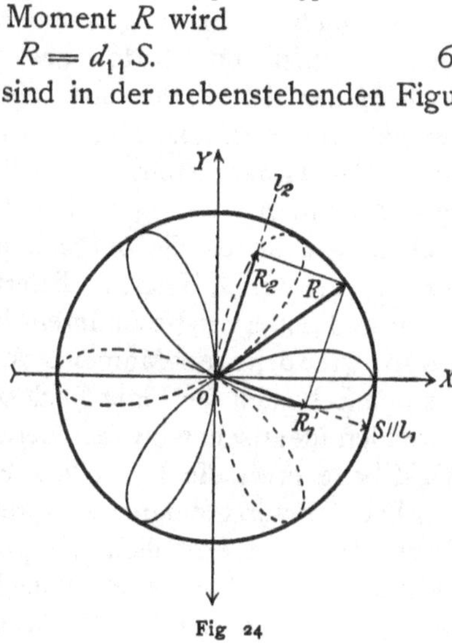

Fig 24

bilden Systeme von je drei gleichen und äquidistant gelegenen Schleifen, die sich in einander lagern; Curve R_1' ist fein ausgezogen, Curve R_2' gestrichelt, beide gehen drei Mal durch den Coordinatenanfang. Zur Verdeutlichung des Zusammenhanges zwischen den drei Curven ist auch noch für einen kleinen negativen Winkel ϑ das System der einander entsprechenden Vectoren S, R, R_1' und R_2' eingetragen; hier ist dann R_1' und R_2' positiv. Da die Spannung S als Tensor zweiseitig ist, so entsprechen entgegengesetzten Richtungen von S dieselben Vorgänge; alle drei Curven R_1', R_2' und R werden somit zwei Mal durchlaufen, während S eine Umdrehung ausführt; dabei fällt jede der drei Schleifen einmal auf die (willkürlich) als positiv, einmal auf die als negativ gezählte Seite von S.

Lässt man S aus dem Aequator heraustreten und alle möglichen Richtungen im Raume einnehmen, so bleibt R nach der dritten der Ausgangsformeln (60) doch in der XY-Ebene, und sein Endpunkt bestreicht bei der wie oben ausgeführten Construction das Innere der in Fig. 24 dargestellten Kreisfläche. Die Endpunkte von R_1' und R_3' bewegen sich dagegen auf drei Oberflächen, von denen die obige Construction die Schnittcurven mit der XY-Ebene lieferte. Einfach zu übersehen und dabei von besonderem Interesse ist die Fläche des longitudinalen Moments R_1'; sie besteht aus drei aus den Schleifen der Figur nach oben und unten hervortretenden identischen Ovalen, deren Schnitte normal zur XY-Ebene etwa die Form von Ellipsen besitzen.

Die den vorstehenden entsprechenden Resultate für Turmalin sind erheblich complicirter, und ihre Gesetzmässigkeit ist nicht eben leicht zu übersehen. Am einfachsten wird der Werth für den Modul der longitudinalen Erregung, der sich unter Benutzung der oben eingeführten Winkel ϑ und φ auf Grund des Systems (61) berechnet zu

$$d_{11}' = - d_{22} \sin 3\vartheta \sin^3 \varphi + (d_{31} + d_{15}) \sin^2 \varphi \cos \varphi + d_{33} \cos^3 \varphi. \qquad 70$$

In Uebereinstimmung mit dem S. 98 Gesagten wird dieser Ausdruck bei verschwindendem Modul d_{22} von ϑ vollständig unabhängig und ergiebt dann eine longitudinale Erregung, die bei gleicher Neigung rings um die Z-Axe constant ist, — ebenso, als wenn letztere eine unendlich-zählige Symmetrieaxe wäre. Lässt sich d_{22} nicht vernachlässigen, so macht sich die Dreizähligkeit jener Axe geltend.

Wir knüpfen an diese Resultate noch eine allgemeine Bemerkung.

Quarz ist durch zwei, Turmalin durch vier piëzoelectrische Moduln definirt; aber in dem Ausdruck (67) für d_{11}' kommt nur ein Modul, in (70) kommen nur drei Combinationen der vier Moduln vor. Die Beobachtung der longitudinalen Erregung von Prismen führt hier also für sich allein nicht zur Bestimmung aller Hauptmoduln. Gleiches gilt allgemein; denn d_{11}' findet sich nach S. 99 als eine homogene Function dritten Grades der drei Cosinus der Winkel von S gegen X, Y, Z, d. h., als ein Ausdruck, der linear ist in den zehn Producten der Cosinus $\cos(S, X)$, $\cos(S, Y)$, $\cos(S, Z)$ zu je drei; er kann also die achtzehn Hauptmoduln d_{hk} nur in zehn Combinationen enthalten. Hingegen überzeugt man sich leicht, dass die Combination von Messungen longitudinaler und transversaler Erregungen an einseitig gespannten Prismen jederzeit die Bestimmung der sämmtlichen Hauptmoduln gestattet und auch noch Mittel giebt, die Uebereinstimmung des fundamentalen Ansatzes (59) mit der Wirklichkeit zu prüfen. —

Was die Zahlwerthe der Moduln d_{hk} angeht, so hat man zu berucksichtigen, dass sie in letzter Instanz durch den Ansatz (59) definirt sind, also von den Einheiten abhängen, in denen die electrischen Momente und die elastischen Spannungen gemessen werden. Drückt man beide in sogenannten a b s o l u t e n Einheiten, d. h. in Centimetern, Grammen, Secunden aus, versteht man also unter der Spannung Eins diejenige, die eine auf ein Quadratcentimeter vertheilte Dyne ausübt, unter dem Moment Eins dasjenige, bei welchem zwei gleiche, sehr kleine electrisch erregte Körper im Abstand Eins, deren Axen in die Verbindungslinie fallen, sich mit einer Kraft von sechs Dynen anziehen, — wobei eine Dyne gleich dem 980sten Theil des Gewichtes eines Gramms ist — so wird[51]) bei Turmalin $d_{15} = 11{,}0 \cdot 10^{-8}$, $d_{22} = 0{,}67 \cdot 10^{-8}$, $d_{31} = 0{,}88 \cdot 10^{-8}$, $d_{33} = 5{,}7 \cdot 10^{-8}$, bei Quarz $d_{11} = 6{,}3 \cdot 10^{-8}$, $d_{14} = 1{,}7 \cdot 10^{-8}$.

Um von der Grössenordnung dieser Zahlen eine Vorstellung zu erhalten, bemerken wir, dass für ein nach den Hauptaxen X, Y, Z orientirtes Prisma bei Wirkung einer zur X-Axe parallelen Spannung S gilt $R_1 = d_{11} S$; ist das Prisma aus Quarz, und ist die Spannung $S = 9{,}81 \cdot 10^7$, so wird R_1 rund $= 6$. Nun ist R_1 nach S. 31 identisch mit der Dichte der äquivalenten Ladungen auf den zur X-Axe normalen Prismenflächen, und 6 ist etwa die grösste Dichte, welche auf den Scheiben einer Influenzmaschine beobachtet ist; ferner ist $9{,}80 \cdot 10^7$ Dynen gleich 100 Kilogramm. Sonach wird unser Quarzprisma, wenn parallel zur X-Axe 100 kg auf 1 qcm pressen, auf seinen Endflächen dieselbe Dichte tragen, wie im günstigsten Falle die Scheiben einer Influenzmaschine. —

Die analytische Behandlung der homogenen piëzoelectrischen Erregung, mit der wir uns bisher allein beschäftigt haben, lässt sich durch geometrische Betrachtungen ersetzen, resp. ergänzen, die gewisse Theile des Vorgangs mindestens q u a l i t a t i v sehr anschaulich zur Darstellung bringen.

Wir wenden uns jetzt diesen zu und beginnen mit der Ableitung eines einfachen allgemeinen Satzes von mannigfaltiger Anwendbarkeit[52]). Wir behalten die

Annahme nur einer einfachen Spannung S und somit die Werthe (62) der Spannungscomponenten N_h und T_h bei; wir setzen diese Werthe in die Grundformeln (59) ein und betrachten in jeder von ihnen nunmehr das links stehende R_h als gegeben, das rechts stehende S als seiner Richtung nach vorgeschrieben, seiner Grösse nach aber gesucht. Die Formeln geben uns dann Aufschluss darüber, eine wie grosse Spannung in gegebener Richtung nöthig ist, um ein gewünschtes Moment R_h nach einer der Hauptaxen X, Y, Z hervorzubringen.

Ihr Inhalt gestattet eine einfache geometrische Deutung. Tragen wir — je nachdem $S \gtrless 0$ ist — vom Coordinatenanfang aus $\sqrt{\pm S} = r$ als Radiusvector auf der nach beliebiger Seite positiv gezählten Richtung von S auf, so sind die Coordinaten x, y, z des Endpunktes von r gegeben durch die Beziehungen

$$\sqrt{\pm S}\cos(S,X) = x,\quad \sqrt{\pm S}\cos(S,Y) = y,\quad \sqrt{\pm S}\cos(S,Z) = z, \tag{71}$$

und bei Einfügung dieser Werthe je mit einem Index in die drei Gleichungen (59) nehmen diese die Gestalt an

$$\begin{aligned} \pm R_1 &= d_{11}x_1^2 + d_{12}y_1^2 + d_{13}z_1^2 \\ &\quad + d_{14}y_1 z_1 + d_{15}z_1 x_1 + d_{16}x_1 y_1, \\ \pm R_2 &= d_{21}x_2^2 + d_{22}y_2^2 + d_{23}z_2^2 \\ &\quad + d_{24}y_2 z_2 + d_{25}z_2 x_2 + d_{26}x_2 y_2, \\ \pm R_3 &= d_{31}x_3^2 + d_{32}y_3^2 + d_{33}z_3^2 \\ &\quad + d_{34}y_3 z_3 + d_{35}z_3 x_3 + d_{36}x_3 y_3. \end{aligned} \tag{72}$$

Dabei entspricht das obere Vorzeichen positiven Werthen S oder Zugspannungen, das untere negativen Werthen oder Druckspannungen.

Hieraus erhellt der folgende Satz: Die Spannung S, die in beliebigen Richtungen wirken muss, um je einen geforderten constanten Werth einer der Componenten R_h des electrischen Momentes R nach den Coordinatenaxen bei beliebigen Werthen der beiden anderen zu erzielen, wird gemessen durch das Quadrat des ihr parallelen Radiusvectors in je einer centrischen Oberfläche zweiten Grades O_h, deren Gestalt und Lage durch die piëzoelectrischen Constanten vollkommen bestimmt wird, während ihre absolute Grösse mit der Quadratwurzel aus dem absoluten Werth von R_h proportional ist. —

Da S als Tensor zweiseitig ist, so entsprechen die entgegengesetzten Radienvectoren demselben Vorgang, und es genügt, die Betrachtung an die, etwa durch eine Coordinatenebene begrenzte Hälfte der Oberflächen O_h anzuknüpfen; letztere können dabei übrigens je nach den Werthen der Moduln d_{hk} sowohl Ellipsoide, als ein- oder zweischalige Hyperboloide, als auch elliptische oder hyperbolische Cylinder sein. —

In den drei Gleichungen (72) treten die achtzehn Moduln d_{hk} völlig gesondert auf; demgemäss stellen die drei durch sie gegebenen Oberflächen O_h für beliebig gewählte feste R_h, am einfachsten für $R_1 = R_2 = R_3 = 1$, auch das piëzoelectrische Verhalten des Krystalls erschöpfend dar. Drei Flächen Ω_h von den Gleichungen

73 $$\pm 1 = d_{1i}x_i^2 + d_{2i}y_i^2 + d_{3i}x_i^2 + d_{4i}y_i z_i + d_{5i}z_i x_i + d_{6i}x_i y_i$$

nehmen somit eine ähnliche Stelle ein, wie im vorigen Abschnitte die eine der beiden dort benutzten (von einander abhängigen) Oberflächen zweiten Grades von den Gleichungen (37) und (39).

Da eine jede der Flächen O_h dem Fall entspricht, dass eine der Componenten R_h gegeben ist, während die beiden anderen beliebig sind, so giebt die Schnittcurve zweier von ihnen durch ihre Radienvectoren nach Grösse und Richtung diejenigen Spannungen S an, die zwei Componenten auf gegebene Grössen bringen, während sie die dritte willkürlich lassen, d. h., die das resultirende Moment R in einer Ebene durch die Richtung der letzteren Componente wandern lassen; analog bestimmen die Schnittpunkte aller drei Flächen O_h die Richtungen und Grössen derjenigen S, die alle drei Componenten R_h in der verlangten Grösse hervorbringen. Wenn Schnittcurven oder Schnittpunkte der besprochenen Art nicht existiren, so folgt daraus die Unmöglichkeit, durch eine einfache Spannung S den gestellten Anforderungen in Bezug auf die R_h zu genügen.

Um diese Betrachtungsweise auch für wechselnde Grössen der Componenten R_h in Anwendung zu bringen, hat man zu beachten, dass eine Vergrösserung einer derselben, welche R_i heissen möge, eine Vergrösserung aller Dimensionen der betreffenden Oberfläche O_i in dem Verhältniss $1 : \sqrt{R_i}$ zur Folge hat. Verschwindenden Werthen einer Componente R_i entspricht sonach, je nachdem die charakteristische Oberflache O_i ein Ellipsoid oder ein Hyperboloid, ein elliptischer oder ein hyperbolischer Cylinder ist, der Grenzfall des blossen Coordinatenanfangs (als eines unendlich kleinen Ellipsoides) oder eines elliptischen Kegels mit der Spitze im Coordinatenanfang, einer Geraden oder eines Paares von Ebenen durch den Coordinatenanfang. Im ersten Falle ist offenbar das Verschwinden von R_i bei einem anderen, als verschwindenden S, ausgeschlossen.

Verschwinden alle Parameter einer der Gleichungen (72), d. h., ist eine der Componenten R_h, die wir wieder mit R_i bezeichnen, stets gleich Null, so entspricht dies einer unendlichen Vergrösserung aller Dimensionen der durch sie bestimmten Oberfläche. Letztere kann somit die beiden anderen Flächen auch nur im Unendlichen schneiden, was auf unendliche Werthe von S führen würde und sonach ausser Betracht bleiben darf. In diesem Falle kann man die Betrachtung allein an die beiden anderen Oberflächen anknüpfen und erhält durch deren Schnittcurve zu jedem Componentenpaar R_h, d. h. zu jedem normal zu dem verschwindenden R_i gelegenen Gesammtmoment R, eine unendliche Vielheit zugehöriger Spannungen. Ein Beispiel hierfür ist oben auf S. 102 besprochen.

Was Gestalt und Lage der Oberflächen O_h im Einzelnen angeht, so lassen dieselben sich zum Theil direct aus den Symmetrieverhältnissen erschliessen; zum Theil sind indessen die Zahlwerthe der Moduln zur Beurtheilung erforderlich. In Bezug auf den ersten Punkt hat man zu beachten, dass es sich hier nicht um die reine physikalische Symmetrie der Krystallsubstanz handelt, sondern dass mit ihr die Symmetrie der vorausgesetzten electrischen Erregung, die durch den einseitigen Vector R_h parallel einer Coordinatenaxe dargestellt wird, zu combiniren ist. Diese Complication ist ohne Einfluss, wenn der betreffende Vector in eine Symmetrieaxe oder in eine Symmetrieebene fällt; denn dann stört er die physikalische Symmetrie in keiner Weise.

Hier kann man denn auch sofort eine Reihe einfacher Schlüsse ziehen. Fällt z. B. R_3 in eine zweizählige Symmetrieaxe, so muss seine Richtung, d. h. die Z-Axe, eine Hauptaxe für die Fläche O_3 darstellen, also deren Gleichung lauten

74 $$R_3 = d_{31}x_3^2 + d_{32}y_3^2 + d_{33}z_3^2 + d_{36}x_3y_3;$$

ist die Zähligkeit eine höhere, so muss die Fläche eine Rotationsfläche sein, also gelten

75 $$R_3 = d_{31}(x_3^2 + y_3^2) + d_{33}z_3^2.$$

Ist die XZ-Ebene eine Symmetrieebene, so muss sein

76 $$R_3 = d_{31}x_3^2 + d_{32}y_3^2 + d_{33}z_3^2 + d_{35}x_3z_3;$$

gilt gleiches auch von der YZ-Ebene, so wird

77 $$R_3 = d_{31}x_3^2 + d_{32}y_3^2 + d_{33}z_3^2.$$

Liegt R_3 in einer Symmetrieaxe, und steht zugleich normal zu R_3 eine Symmetrieebene oder eine geradzählige Symmetrieaxe, welche die beiden Seiten der

Z-Richtung gleichwerthig macht, so muss R_3 verschwinden.

Weniger einfach werden die Verhältnisse, wenn die Richtung des betrachteten Vectors nicht in eine Symmetrieaxe oder in eine Symmetrieebene fällt, weil dann seine einseitige Natur die Symmetrie wesentlich verändert. Hier mögen zwei Beispiele von häufigem Vorkommen genügen.

Sei zunächst die Z-Axe eine zweizählige Symmetrieaxe, und sei die R_1 entsprechende Fläche O_1 untersucht. Eine Drehung um die Z-Axe um 180^0 führt hier die Spannung S in eine Lage, wo sie das entgegengesetzte Moment R_1, wie zuvor, bewirkt; sonach kann nur die Hälfte aller überhaupt möglichen Richtungen S rings um die Z-Axe einem gegebenen R_1 zugehören, die Fläche O_1 kann also von jeder Seite auch nur die Hälfte der XY-Ebene überdecken.

Eine solche Eigenschaft besitzt aber unter den oben genannten Flächen O_h allein ein hyperbolischer Cylinder, dessen Axe in der XY-Ebene liegt, und dessen Asymptotenebenen die XY-Ebene und eine dazu normale sind. Ist die XZ-Ebene eine krystallographische Symmetrieebene, so muss die Axe des Cylinders speciell in die Y-Axe fallen.

Steht zweitens die X-Axe normal zu einer Symmetrieebene, so muss eine in der YZ-Ebene gelegene Spannung ein Moment nach derselben Ebene bewirken, die Fläche O_1 muss sonach für $R_1 = 0$ die YZ-Ebene liefern Dazu ist erforderlich, dass sie abermals die Gestalt eines hyperbolischen Cylinders hat, dessen Axe jetzt aber in die YZ-Ebene fällt, und dessen Asymptotenebenen durch diese Ebene und eine dazu normale gebildet werden. —

Wir wollen die oben auseinandergesetzte Darstellungsweise auf den denkbar einfachsten Fall eines Mediums mit einer unendlichzähligen Hauptaxe Z und unendlich vielen durch sie gehenden Symmetrieebenen anwenden, für das nach S. 98 Turmalin in Annäherung ein Beispiel liefert. Dann ist sowohl die *X*-, als die *Y*-Axe normal zu einer geradzähligen Symmetrieaxe, und sowohl die *XZ*-, als die *YZ*-Ebene eine Symmetrieebene. Es ist sonach O_1 ein hyperbolischer Cylinder mit den Asymptotenebenen *XY* und *YZ*, O_2 ein solcher mit den Ebenen *XY* und *XZ*, O_3 je nach den Werthen der Moduln d_{3h} ein Rotationsellipsoid oder -hyperboloid; wir wollen weiterhin ersteres voraussetzen. Nehmen wir $R_2 = 0$, also R in der *XZ*-Ebene gelegen, so verwandelt sich O_2 in die Ebenen *XY* und *XZ* selbst; erstere schneidet O_1 nur im Unendlichen, kann also ausser Betracht bleiben, letztere giebt mit O_1 und O_3 in der *XZ*-Ebene liegende Schnittcurven, und zwar mit O_1 eine gleichseitige Hyperbel mit der *X*- und *Z*-Axe als Asymptoten, mit O_3 eine Ellipse mit der *X*- und *Z*-Axe als Hauptaxen.

Eine Spannung S, welche bei willkürlichem R_1 und verschwindendem R_2 ein gegebenes R_3 bewirkt, wird sonach hier durch den (quadrirten) Radiusvector einer Ellipse, eine Spannung, die bei willkürlichem R_3 und verschwindendem R_2 ein gegebenes R_1 bewirkt, durch den (quadrirten) Vector einer Hyperbel in der *XZ*-Ebene dargestellt. Die Spannungen, die bei verschwindendem R_2 gegebenes R_1 und R_3 zugleich hervorrufen, werden somit durch die Quadrate der Vectoren nach den Schnittpunkten der diesen Werthen entsprechenden Hyperbel und Ellipse bestimmt. Bei einer Veränderung der vorgeschriebenen Werthe R_1 und R_3 variiren die absoluten Grössen dieser beiden Curven im Verhältniss von $\sqrt{R_1}$ und $\sqrt{R_3}$. Halten wir R_3 fest und vermindern R_1, so entspricht dies einer Drehung von R nach der *Z*-Axe hin, vergrössern wir R_1, einer Drehung nach der *X*-Axe.

Dies vorausgeschickt, stellen wir in der nebenstehenden Figur die einem gegebenen R_3 zugehörige Schnittellipse der Fläche O_3 dar und die abnehmenden Werthen $R_1^{(0)}$, $R_1^{(1)}$, $R_1^{(2)}$, $R_1^{(3)}$ von R_1 entsprechenden Hyperbeln. Wir bemerken dann, dass Werthen R, die eine gewisse Grösse überschreiten, Schnittpunkte mit der Ellipse überhaupt nicht entsprechen; Momente R, deren Neigungswinkel (R, Z) gegen die Z-Axe einen gewissen Werth überschreitet, sind somit überhaupt unmöglich.

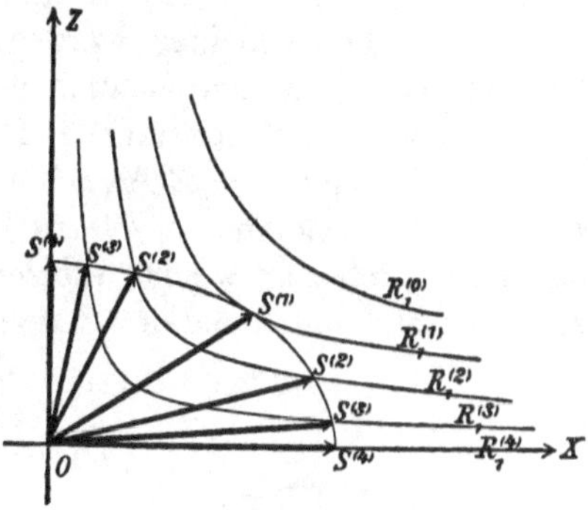

Fig 25.

Bei abnehmendem R_1 und somit (R, Z) kommen wir zu dem Werth $R_1^{(1)}$, für den die Hyperbel eben die Ellipse berührt; der Radiusvector $S^{(1)}$ giebt die Spannung an, welche jenes extrem geneigte Moment $R_1^{(1)}$ zu erregen vermag.

Lassen wir R_1 und somit (R, Z) noch weiter abnehmen, erreichen etwa den Werth $R_1^{(2)}$, so liefert die Construction jetzt zwei Schnittpunkte und somit zwei verschieden gerichtete und verschieden grosse Spannungen $S^{(2)}$, welche, nach beiden Seiten von $S^{(1)}$ liegend, dasselbe Moment $R_1^{(2)}$ bewirken.

Gehen wir in diesem Sinne weiter, so gelangen wir stets zu einem Paar äquivalenter Spannungen S, die sich von $S^{(1)}$ nach beiden Seiten hin je mehr und mehr entfernen. $R_1 = 0$, resp. $(R, Z) = 0$ giebt schliesslich die mit $S^{(4)}$ bezeichneten einander äquivalenten Spannungen parallel der X- und der Z-Axe.

Beachtet man, dass bei der obigen Operation — constant erhaltenem R und abnehmendem R_1 — das resultirende Moment R dauernd abnimmt, und dass die Spannungen S in der Figur von der X- zur Z-Axe hin gleichfalls stetig kleiner werden, so kann man das Resultat der Construction auch noch anders darstellen.

Erhält man S constant und lässt seine Richtung von der X- nach der Z-Axe hin wandern, so beginnt R mit seinem kleinsten Werth und einer parallel Z liegenden Richtung, weicht, während seine Grösse stetig zunimmt, allmählich aus der Z-Axe nach der X-Axe hin ab und kehrt nach Erreichung eines grössten Neigungswinkels nach der Z-Axe zurück. Stellt man R durch eine vom Coordinatenanfang construirte Strecke dar, so beschreibt sein Endpunkt hierbei etwa die in Figur 26 stark ausgezogene Curve.

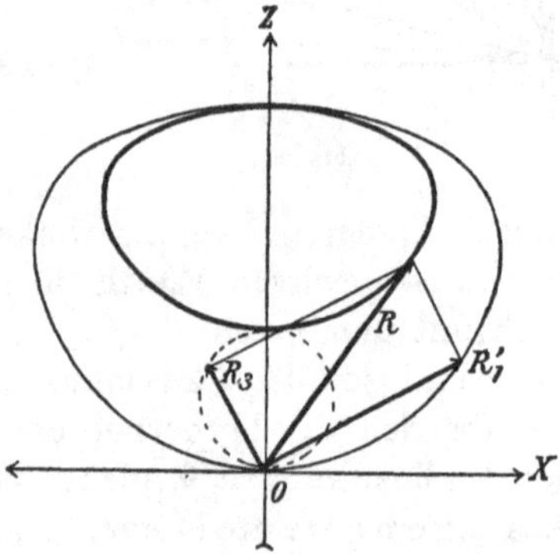

Fig. 26.

Projicirt man in jeder Lage den Vector R auf die Richtung des zugehörigen S und auf eine dazu normale durch den Coordinatenanfang, so stellen diese Vectoren die durch die constante einseitige Spannung S bewirkte longitudinale und transversale electrische Erregung dar. Während S von der X- zur Z-Richtung gedreht wird, also das Gesammtmoment R in Figur 26 die rechte Hälfte der stark gezogenen Curve von unten nach oben durchläuft, beschreibt die longitudinale Componente die rechte Hälfte der fein ausgezogenen Curve von unten nach oben, die transversale Componente dagegen die linke Hälfte der gestrichelten Curve von oben nach unten.

Alle drei Curven werden zwei Mal umlaufen, während S sich ein Mal um den Coordinatenanfang dreht; denn S ist, wie schon bemerkt, zweiseitig, und entgegengesetzte Lagen entsprechen somit demselben Vorgang.

Wenden wir die obigen Resultate auf ein rechtwinkliges Prisma an, dessen Kanten l_1 und l_3 in der XZ-Ebene liegen, und das parallel mit l_1 gespannt ist, so ist die longitudinale Componente durch R_1', die transversale durch R_3' gegeben, und Figur 26 zeigt durch die eingetragenen Pfeile deren Zusammenhang mit dem resultirenden Vector R an; R_2' ist gleich Null. Bedenkt man noch, dass $\pm R_h'$ auch die Dichten der äquivalenten Ladungen auf den zur Kante l_h normalen Flächen F_h darstellt, so sind die erhaltenen Gesetze leicht anschaulich zu fassen.

Wie schon hervorgehoben, ist die vorstehende Betrachtung für Turmalin eine nur angenäherte. In Wahrheit ist ja die Hauptaxe dieses Krystalls nicht unendlich-zählig, sondern dreizählig, und demgemäss sind auch nicht alle Meridianebenen einander gleichwerthig. Figur 26 hat indessen wenigstens für drei derselben, nämlich die oben S. 98 zur XZ-Ebene gewählte und die beiden ihr entsprechenden, strenge Gültigkeit, wie das die Verwendung der Formeln (61) in der auf S. 101 dargelegten Weise zeigt; dagegen ist für diese Ebenen das dazu normale Moment nicht streng gleich Null. Letzteres gilt für die oben zur YZ-Ebene gewählte Symmetrieebene und die beiden ihr gleichwerthigen, für welche aber wiederum die obige Figur nicht genau ist. —

In dem soeben behandelten Fall war die Darstellung der piëzoelectrischen Erregung durch eine einfache Spannung S mit Hilfe der drei Oberflächen O_h besonders deshalb so einfach, weil die ganze Betrachtung in einer Ebene angestellt werden konnte; in complicirteren Fällen bietet sie natürlich grössere Schwierigkeiten. Letztere sind indessen im Wesen der

Sache begründet; eine Erscheinung, zu deren nummerischer Bestimmung im allgemeinsten Fall achtzehn von einander unabhängige Constanten erforderlich sind, muss natürlich ziemlich verwickelten Gesetzen folgen. —

Die vorstehend entwickelte geometrische Methode giebt in dem Falle der electrischen Erregung durch eine einzelne Spannung über die stattfindenden Gesetze vollständigen Aufschluss; sie gestattet offenbar, durch Superposition auch die Wirkung eines Spannungs**tripels** abzuleiten. So lange es sich indessen nur um die Existenz und die Lage des erregten Momentes handelt, erhält man aber häufig schon durch eine einfache Ueberlegung der Symmetrieverhältnisse genügende Auskunft.

Zu deren richtiger Beurtheilung hat man sich zu entsinnen, dass das Tensortripel S_h drei zu einander normale zweizählige Symmetrieaxen und drei dazu normale Symmetrieebenen besitzt. Fällt eines dieser Symmetrieelemente mit dem gleichen Elemente der krystallographischen Symmetrie zusammen, so bleiben beide auch in der Symmetrie des ganzen Vorgangs erhalten. Weiter hat man zu bedenken, dass ein electrisches Moment R jederzeit in eine einzigartige, resp. ausgezeichnete Richtung fallen muss, und dass ein Moment überhaupt durch die Spannungen S_h nicht bewirkt werden kann, wenn eine solche Richtung nicht vorhanden ist.

Mit Hilfe dieser Regeln sieht man leicht die Richtigkeit der folgenden Sätze ein.

Fällt eine Hauptspannung in eine geradzählige Symmetrieaxe, so liegt das Moment dieser Spannung parallel; denn jeder anderen Richtung ordnet die Symmetrieaxe mindestens eine gleichwerthige zu. Fallen zwei Hauptspannungen in zwei geradzählige Symmetrieaxen, so kommt durch sie ein Moment überhaupt nicht zu Stande, denn dann sind auch die beiden entgegengesetzten Richtungen der Axen einander gleichwerthig. Fallen zwei Hauptspannungen in eine Symmetrieebene, so liegt das erzeugte Moment nach Symmetrie in ihrer Ebene.

Von den speciellen Fällen kommt in erster Linie der in Betracht, dass nur die eine der Hauptspannungen von Null verschieden ist. Bedenkt man hier, dass die Richtung einer einzelnen Spannung eine unendlichzählige Symmetrieaxe ist, dass normal zu ihr eine Symmetrieebene liegt, und dass unendlich viele dergleichen sich in ihr schneiden, so erkennt man Folgendes.

Eine Spannung S_i, parallel irgend einer krystallographischen Symmetrieaxe A wirkend, muss ein dieser paralleles Moment erregen. Steht überdies normal zu A, resp. zu S_i eine zweizählige Symmetrieaxe oder eine Symmetrieebene, so muss R überhaupt Null sein.

Liegt die Spannung S_i normal zu einer geradzähligen Symmetrieaxe, so muss das erzeugte Moment in dieser Symmetrieaxe liegen; denn da alle zu ihr normalen Richtungen paarweise gleichwerthig sind, so kann R keine Componente nach einer von ihnen besitzen. Aehnlich kann man beweisen, dass eine normal oder eine parallel zu einer Symmetrieebene liegende Spannung S_i jederzeit ein in der Symmetrieebene liegendes Moment erregen muss.

Unter den Fällen, wo zwei Hauptspannungen von Null verschieden sind, hat derjenige das grösste — allerdings hauptsächlich theoretische — Interesse, wo deren Werthe entgegengesetzt gleich sind. Diese zwei Normalspannungen setzen sich nämlich nach S. 25 zu einer Tangentialspannung gegen die beiden Ebenen zusammen, welche sich in der Richtung der verschwindenden Spannung schneiden und die Winkel der beiden nicht verschwindenden halbiren. Die Symmetrie des Paares ist keine andere, als die des allgemeinen Tripels.

Auch von den Fällen, dass alle drei Spannungen S_h von Null verschieden sind, hat wegen der Schwierigkeit ihrer praktischen Realisirung nur ein ganz specieller hervorragendes Interesse, nämlich derjenige, dass alle S_h einander gleich sind. Dieser lässt sich nach S. 25 verwirklichen, wenn man den Krystall einem allseitig gleichen hydrostatischen Druck aussetzt, wie sich ein solcher mit Hilfe des sogenannten Piëzometers leicht ausüben lässt. Dies Instrument besteht bekanntlich aus einem starkwandigen Gefäss, welches mit einer Flüssigkeit gefüllt ist, und einer Vorrichtung — etwa einer Schraube —, mit Hilfe deren die Flüssigkeit comprimirt werden kann; ein in der Flüssigkeit befindlicher Körper erleidet dann von allen Seiten denselben Druck, welchem die Flüssigkeit ausgesetzt ist.

Sind die drei Hauptspannungen S_1, S_2, S_3 einander gleich, und zwar gleich $-P$, wo P der ausgeübte Druck ist, so nehmen die allgemeinen Formeln (4) nach (9) die Gestalt an:

$$N_1 = N_2 = N_3 = -P, \quad T_1 = T_2 = T_3 = 0;$$

und aus (59) folgt

$$78 \quad R_1 = -P(d_{11} + d_{12} + d_{13}), \; R_2 = -P(d_{21} + d_{22} + d_{23}) \\ R_3 = -P(d_{31} + d_{32} + d_{33}).$$

Aus diesen Ausdrücken ist alles, was sich auf die Lage des Tensortripels bezieht, verschwunden. Wie das Tripel sich im Falle des einseitigen Druckes auf einen einzigen Tensor reducirt, so verwandelt es sich in dem Falle des allseitig gleichen Druckes gar in einen Scalar; die piëzoelectrische Erregung nimmt hier denselben einfachen Charakter an, welcher der pyroelectrischen eignet. Indem wir die für letztere in § 3 erhaltenen Resultate einfach herübernehmen, können wir aussprechen, dass der piëzoelectrischen Erregung durch allseitig gleichen Druck nur solche Krystalle zugänglich sind, die eine ausgezeichnete zweiseitige Richtung besitzen; von unseren Typen also nur Turmalin, nicht Quarz, und selbstverständlich nicht Kalkspath. In der That liefert das für Quarz gültige System (60) mit den obigen Werthen der N_h und T_h für alle drei R_h den Werth Null, das für Turmalin gültige (61) aber

$$R_1 = R_2 = 0,\ R_3 = -P(2d_{31} + d_{33}). -$$

Wie eingangs ausführlich erörtert ist, sollen in dieser Darstellung in erster Linie homogene Erregungen der Krystalle in Betracht gezogen werden; inhomogene sollen auf dieselben zurückgeführt werden, indem man die einzelnen Volumenelemente als homogen verändert betrachtet. Doch kommen Fälle vor, wo die inhomogenen Vorgänge wegen der bei ihnen stattfindenden Besonderheiten eine etwas weitergehende Behandlung verlangen, und einer von ihnen liegt bei der Piezoelectricität vor.

Ehe wir dazu übergehen, wollen wir erörtern, auf welche Weise eine inhomogene Erregung der Beobachtung unterzogen werden kann. Eine wirkliche Messungsmethode wird immer auf Principien zu gründen sein, welche den oben S. 94 benutzten verwandt sind, und wird meist bedeutende theoretische Schwierigkeiten bieten. Für qualitative Schlüsse empfiehlt sich das S. 35 beschriebene Kundt'sche Bestäubungsverfahren. Bei seiner Anwendung hat man sich indessen wieder zu vergegenwärtigen, dass durch den Ueberzug von Schwefelblume, resp. Mennige nicht die positiv, resp. negativ (äquivalent) geladenen Oberflächentheile markirt werden, sondern nur die Bereiche, wo die positive electrische Kraft bei merklicher Stärke nach aussen, resp. nach innen weist.

Presst man z. B. ein parallel dem Coordinatensystem X, Y, Z geschnittenes Prisma von Quarz gleichförmig parallel der X- oder der Y-Axe, wodurch es homogen erregt wird, und bestäubt die zur XY-Ebene parallele Fläche, so erscheint sie nahezu zur Hälfte gelb, zur Hälfte roth, obgleich nach dem oben Gesagten auf ihr — als normal zu einer zweiseitigen Axe — eine Ladung nicht liegen kann; aber die äquivalenten Ladungen, welche nach den Gleichungen (60) gemäss den Figuren 27a) und b) auf den Flächen normal zur einseitigen X-Axe auftreten, üben Kräfte aus, die in dem beschriebenen Sinne wirken. Bei ungleichförmigen Deformationen, wie sie z. B. in einer Quarzplatte obiger Art auftreten, wenn man den Druck nur auf zwei kleine gegenüberliegende Bereiche ausübt, werden die Verhältnisse sehr complicirt, und es sind hier strenge Schlüsse aus der Bestäubungsfigur auf die innere Erregung kaum mehr möglich.

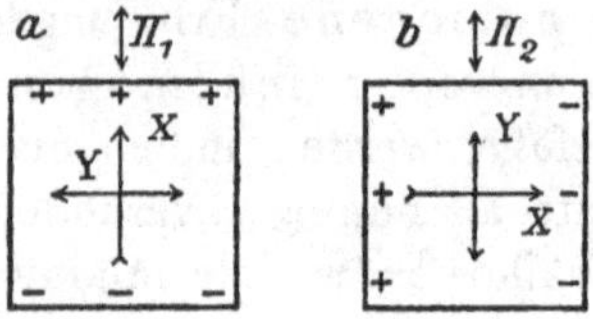

Fig. 27.

Unter den oben erwähnten ungleichförmigen Deformationen nehmen ein besonderes Interesse diejenigen in Anspruch, welche durch eine ungleichförmige Erwärmung eines Krystallpräparates hervorgerufen werden. Während nämlich nach dem früher Gesagten in einem bei ungeändertem äusseren Druck gleichförmig erwärmten Körper Spannungen und somit piëzoelectrische Erregungen der obigen Art nicht auftreten, sind mit ungleichförmiger Erwärmung, bei welcher die Theile des Körpers sich gegenseitig in ihren Deformationen behindern und beeinflussen, dergleichen nothwendig verbunden. Hieraus folgt, dass acentrische Krystalle, auch wenn sie nicht pyroelectrisch erregbar sind, d. h., auf eine gleichförmige Erwärmung nicht reagiren, bei ungleichförmiger Erwärmung eine electrische Polarisation annehmen; sie zeigen eine „falsche Pyroelectricität“, die in Wahrheit piëzoelectrischen Ursprunges ist.

Ein Beispiel liefert eine Quarzplatte, normal zur Hauptaxe geschnitten, die von der Mitte aus, etwa durch Berühren mit einem hochtemperirten Metallstück, erwärmt worden ist. Hier streben die inneren Theile, sich auszudehnen, werden dabei von den äusseren behindert und üben auf diese einen nahezu radialen Druck aus, während sie einen gleichartigen von jenen erleiden. Die einzelnen prismatischen Volumenelemente a und b in Figur 28 befinden sich somit in einem ähnlichen Zustande, wie die Platten a und b in Figur 27, und werden dementsprechend erregt.[53])

Die electrische Wirkung der ganzen Platte lässt sich qualitativ beurtheilen, wenn man sie ganz aus derartigen Elementen mit vier radialen Kanten zusammengesetzt denkt, die mit je zwei Flächen an einander liegen, sodass ihre Ladungen sich summiren, resp. subtrahiren. Man erhält sechs neutrale Zonen, die in Figur 28 durch gestrichelte Linien dargestellt sind, dazwischen sechs Bereiche electrischer Wirkung, die bei dem Bestäuben nach dem Kundtschen Verfahren abwechselnd gelb und roth erscheinen. Ebenso, wie eine Quarzplatte bei centraler Erwärmung, zeigt eine Quarzkugel bei oberflächlicher Erwärmung oder oberflächlicher Abkühlung eine deutliche electrische Erregung, die sich durch die inneren Spannungen in ähnlicher Weise erklären lässt.[54]) —

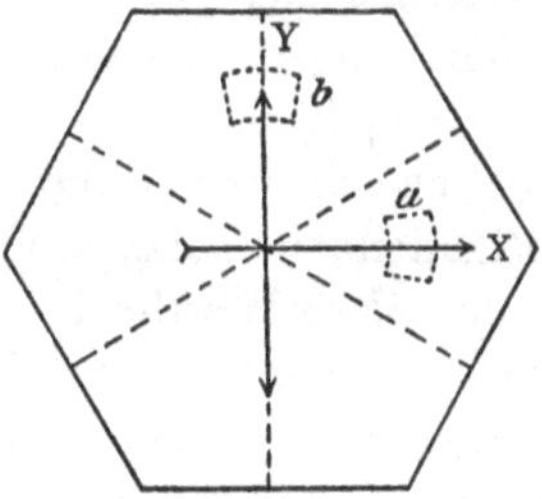

Fig. 28.

An diese Ueberlegung knüpft sich eine Frage von principieller Bedeutung. Wenn bei der falschen Pyroelectricität eine Temperaturänderung nur indirect, nämlich vermittelst hervorgerufener mechanischer Veränderungen des Krystalles eine electrische Erregung bewirkt, gilt dies nicht vielleicht immer, d. h. auch bei der oben so genannten wahren Pyroelectricität in gleicher Weise?

Man übersieht zunächst, dass in diesem Falle nicht die Spannungen das in letzter Instanz für die electrische Erregung Maassgebende sein können, sondern die Deformationen; denn bei der gleichförmigen Erwärmung unter normalem Druck fehlen die Spannungen, während die Deformationen zu Stande kommen.

Es wird sich daher für die Beantwortung jener Frage die Aufstellung eines Systems von Grundformeln empfehlen, in denen nicht, wie oben in (56) und (59), die Spannung, sondern die Deformation als der primär gegebene Zustand erscheint.[55]) Ein solches gewinnt man leicht, indem man benutzt, dass, wie im nächsten Abschnitt ausführlicher zu zeigen, bei ungeänderter Temperatur die Componenten der Spannung lineäre Functionen derjenigen der Deformation sind, dass also sechs Gleichungen von der Form

$$N_1 = c_{11} V_1 + c_{12} V_2 + c_{13} V_3 + 2c_{14} W_1 + 2c_{15} W_2 + 2c_{16} W_3$$

gelten, in denen die c_{hk} Constanten (die sogenannten Elasticitätsconstanten) des Krystalles bezeichnen. Setzt man diese Werthe in unsere Grundformeln (59) ein und fasst die Factoren der Deformationscomponenten V_h und $2W_h$ in abgekürzte Bezeichnungen e_{hk} zusammen, so gelangt man zu dem System

$$\begin{aligned} R_1 &= e_{11} V_1 + e_{12} V_2 + e_{13} V_3 + 2e_{14} W_1 + 2e_{15} W_2 + 2e_{16} W_3, \\ 79 \quad R_2 &= e_{21} V_1 + e_{22} V_2 + e_{23} V_3 + 2e_{24} W_1 + 2e_{25} W_2 + 2e_{26} W_3, \\ R_3 &= e_{31} V_1 + e_{32} V_2 + e_{33} V_3 + 2e_{34} W_1 + 2e_{35} W_2 + 2e_{36} W_3, \end{aligned}$$

in welchem die Parameter e_{hk} den Namen der piëzoelectrischen Constanten des Krystalles führen.

Dies Formelsystem ist dem früheren (59) bei constanter Temperatur vollständig gleichwerthig, hätte also ebenso gut zur Grundlage unserer Entwickelungen dienen können, wie jenes; warum wir jenes bisher vorgezogen haben, ist S. 91 ausgeführt worden. Das neue System wird aber eine allgemeinere Bedeutung haben, als das ältere, falls factisch die letzte Ursache der pyro- und der piëzoelectrischen Erregung in den Deformationen der Theile des Krystalls zu sehen ist; denn in diesem Falle ist das System (79) auch bei wechselnder Temperatur gültig, während das System (59) wegen Aufhörens der benutzten Relation zwischen den Spannungs- und Deformationscomponenten bei veränderlicher Temperatur ihm ungleichwerthig und somit unzulässig wird.

Die oben gestellte Frage nimmt jetzt die folgende einfache Gestalt an. Angenommen, ein pyroelectrischer Krystall, dessen piëzoelectrische Erregung durch die Formeln (79) mit bestimmten Constantenwerthen e_{hk} dargestellt wird, erfahre bei einer homogenen Erwärmung ein System Deformationen V_h' und W_h': wird dann das erregte Moment bei Einsetzung der Werthe V_h' und W_h' auch jetzt noch durch die Formeln (79) dargestellt? Oder anders ausgedrückt: falls die durch die Temperatursteigerung bewirkte Deformation durch ein System von geeignet angebrachten Drucken aufgehoben wird, ist damit auch die electrische Erregung zum Verschwinden gebracht?

Wie schon gesagt, bezieht sich die ganze Frage nur auf die verhältnissmässig geringe Anzahl von Krystalltypen, die sogenannte wahre Pyroelectricität zeigen, also durch gleichförmige Erwärmung erregt werden; für die weit überwiegende Zahl der übrigen acentrischen Typen ist jede pyroelectrische Erregung schon durch Obiges als eine falsche in dem festgestellten Sinne des Wortes erwiesen. Ihre definitive Entscheidung, welche die Untersuchung einer grösseren Zahl der bezüglichen Substanzen verlangen und demgemäss sehr schwierig sein würde, steht noch aus; Beobachtungen an Turmalin [56]) machen es indessen wahrscheinlich, dass wahre Pyroelectricität in der That nicht existirt, die betreffenden Erregungen also in letzter Instanz sämmtlich zur Piëzoelectricität zu rechnen sind. —

Im Vorstehenden sind ausschliesslich nichtleitende Krystalle vorausgesetzt, oder genauer gesagt, solche, die schlecht genug leiten, um die Anwendung der oben beschriebenen Beobachtungsmethoden zu gestatten.

Da man mechanische Spannungen von merklicher Grösse in viel kürzerer Zeit erzeugen kann, als Temperaturänderungen, so bietet die Elimination der Wirkung einer etwaigen geringen Leitfähigkeit bei piëzoelectrischen Beobachtungen weit weniger Schwierigkeiten, als bei pyroelectrischen. Bei wirklich guter Leitfähigkeit ist aber die eine Erregung ebensowenig wahrnehmbar, wie die andere. —

Wie der pyroelectrischen, so ordnet sich auch der piëzoelectrischen Erregung ein reciprokes Phänomen zu,

b) die electrische Deformation.

Hier repräsentirt die Feldstärke den primär gegebenen Zustand, das Deformationstripel den dadurch bewirkten secundären; der Vorgang besteht also in einer Wechselwirkung zwischen einem Vector und einem Tensortripel, wie dies bei der piëzoelectrischen Erregung stattfindet. Für die Beziehung zwischen beiden können wir wiederum Proportionalität annehmen.[57]) Setzen wir demgemäss die Deformationscomponenten V_h und $2W_h$ gleich linearen Functionen der Feldcomponenten K_h, z. B. $V_1 = \delta_{11} K_1 + \delta_{21} K_2 + \delta_{31} K_3$, so erhalten wir sechs Formeln mit insgesammt achtzehn Parametern. Die Symmetrie des Vorganges ist dann dieselbe, wie diejenige der piëzoelectrischen Erregung, und wir können auf Grund des über jene S. 92 Ausgesagten behaupten, dass die neue Eigenschaft nur bei acentrischen Krystallen auftreten kann.

Die aus dem Vorstehenden sich ergebende qualitative Reciprocität zwischen der früher und der jetzt betrachteten Erscheinung, welche darin besteht, dass ehedem ein mechanischer Vorgang electrisch, nun ein electrischer mechanisch wirkt, ist aber keineswegs die einzige; es findet vielmehr eine höchst merkwürdige quantitative Reciprocität statt, welche darin Ausdruck gewinnt, dass die oben eingeführten achtzehn Parameter δ_{hk} mit den in den Ansätzen (56), resp. (59), auftretenden

d_{hk}' resp. d_{hk} bei Voraussetzung desselben Coordinatensystems identisch sind. Dieser Zusammenhang lässt sich aus den Principien der Thermodynamik ableiten [58]), wie solches in Zusatz IX ausgeführt ist.

Berücksichtigt man dies, so nimmt für das Hauptaxensystem X, Y, Z der obige Ansatz die folgende Form an

$$\begin{aligned} V_1 &= d_{11}K_1 + d_{21}K_2 + d_{31}K_3, \\ V_2 &= d_{12}K_1 + d_{22}K_2 + d_{32}K_3, \\ V_3 &= d_{13}K_1 + d_{23}K_2 + d_{33}K_3, \\ 2W_1 &= d_{14}K_1 + d_{24}K_2 + d_{34}K_3, \\ 2W_2 &= d_{15}K_1 + d_{25}K_2 + d_{35}K_3, \\ 2W_3 &= d_{16}K_1 + d_{26}K_2 + d_{36}K_3, \end{aligned} \tag{80}$$

in denen die d_{hk} wieder die piëzoelectrischen Hauptmoduln der Substanz darstellen. Sind letztere Grössen, etwa in der S. 95 beschriebenen Weise, mit Hilfe der Beobachtung von piëzoelectrischen Erregungen bestimmt, so gestattet dies Formelsystem in jedem gegebenen Falle die electrisch bewirkte homogene Deformation zu berechnen.

Ein gleich gestaltetes Formelsystem lässt sich für jedes Coordinatensystem X', Y', Z', z. B. für das, dessen Axen den Kanten unseres Elementarprismas parallel sind, aufstellen und bestimmt dann die Deformationscomponenten V_h', W_h' des Prismas durch die seinen Kanten parallelen Feldcomponenten K_h' mit Hilfe der dem Prisma individuellen Moduln d_{hk}'. Wie dieselben mit den Hauptmoduln d_{hk} zusammenhängen, ist S. 99 auseinandergesetzt und braucht nicht wiederholt zu werden.

Auch die Frage, wie die Formeln (80) sich für die einzelnen Krystallgruppen specialisiren, ist durch das auf S. 97 Gegebene erledigt. Speciell für die Gruppen von Turmalin und Quarz liefert die Vergleichung mit den Systemen (60) und (61) sogleich die folgenden Ausdrucke:

für Quarz gilt:

$$V_1 = d_{11} K_1, \quad 2 W_1 = d_{14} K_1,$$
81 $$V_2 = - d_{11} K_1, \quad 2 W_2 = - d_{14} K_2,$$
$$V_3 = 0, \quad 2 W_3 = - 2 d_{11} K_2;$$

für Turmalin gilt:

$$V_1 = - d_{22} K_2 + d_{31} K_3, \quad 2 W_1 = d_{15} K_2,$$
82 $$V_2 = d_{22} K_2 + d_{31} K_3, \quad 2 W_2 = d_{15} K_1,$$
$$V_3 = d_{33} K_3, \quad 2 W_3 = - 2 d_{22} K_1.$$

Diese Resultate sind ausserordentlich einfach und lassen sich veranschaulichen, wenn man benutzt, dass die V_h und $2 W_h$ die Kantendilatationen und Winkeländerungen eines rechtwinkligen Prismas darstellen, dessen Kanten l_h den Hauptaxen X, Y, Z parallel liegen, und dass die eine Feldcomponente K_i in die ganze Feldstärke übergeht, die beiden anderen aber verschwinden, wenn die Kraftlinien einer Kante l_i parallel liegen.

So erfährt z. B. ein Quarzprisma von der angegebenen Orientirung durch eine parallel der Kante l_1, resp. der X-Axe wirkende electrische Kraft entgegengesetzte Veränderungen der Kanten l_1 und l_2 und eine Veränderung der den Kanten l_1 anliegenden Flächenwinkel; durch eine parallel der Kante l_2, resp. der Y-Axe ausgeübte keine Veränderung der Kantenlängen, wohl aber eine solche der den Kanten l_2 und l_3 anliegenden Winkel; eine der Kante l_3, resp. der Z-Axe parallele Kraft ruft überhaupt eine Deformation nicht hervor.

Will man die lineäre Dilatation V nach einer anderen Richtung l bestimmen, so hat man die hierfür in Zusatz III abgeleitete allgemeine Formel (16′) zu benutzen, welche lautet:

$$V = V_1 \cos^2(l,X) + V_2 \cos^2(l,Y) + V_3 \cos^2(l,Z)$$
83 $$+ 2 W_1 \cos(l,Y) \cos(l,Z) + 2 W_2 \cos(l,Z) \cos(l,X)$$
$$+ 2 W_3 \cos(l,X) \cos(l,Y).$$

Um ein Beispiel zu geben, theilen wir die Werthe der Dilatationen V_1', V_2', V_3' nach den Kanten eines, wie S. 100 vorausgesetzt, orientirten Quarzprismas mit, wenn

die Kraftlinien der Kante l_1 parallel gehen. Hier sind in obige Gleichung die Ausdrücke (81) der V_h und W_h einzusetzen, nachdem darin
$K_1 = K\cos(l_1, X), K_2 = K\cos(l_1, Y), K_3 = K\cos(l_1, Z)$
gemacht ist. Lässt man die Richtung l successive mit den Prismenkanten l_1, l_2, l_3 zusammenfallen, so erhält man leicht

$$V_1' = + d_{11}\ K\cos 3\vartheta \sin^3\varphi,$$
$$V_2' = - d_{11}\ K\cos 3\vartheta \sin\varphi,$$
$$V_3' = + d_{11}\ K\cos 3\vartheta \sin\varphi \cos^2\varphi;$$

die Factoren von K sind, wie die Vergleichung mit den für ein System X', Y', Z' gebildeten Formeln (80) lehrt, mit den Moduln d_{11}', d_{12}', d_{13}' identisch; sie können passend als die Moduln der (auf die Kraftlinien bezogenen) longitudinalen und transversalen electrischen Dilatationen bezeichnet werden.

Für Turmalin ist der Werth des Moduls d_{11}' der longitudinalen Dilatation in (70) angegeben. —

Eine Veranschaulichung des allgemeinen Gesetzes der homogenen Deformation, welche gegebenen Hauptdilatationen D_h entspricht, haben wir S. 42 u. f. kennen gelernt. Es ist dort nachgewiesen, dass eine in dem homogen deformirten Krystall abgegrenzte Kugel vom Radius ϱ sich in ein Ellipsoid mit den Halbaxen $\varrho(1 + D_h)$ verwandelt, deren Richtungen mit denen der Hauptdilatationen selbst zusammenfallen. Diese Veranschaulichung, die gültig ist, unabhängig davon, wodurch die Deformationen bewirkt sind, ist indessen nur dann von weiterem Nutzen, wenn der Vorgang die Grössen und Richtungen der Hauptdilatationen einfach zu bestimmen gestattet. Sind, wie hier, direct nur die Deformationscomponenten V_h und W_h nach einem bestimmten Axensystem gegeben, so ist die Gleichung des aus einer Kugel vom Radius ϱ entstehenden Ellipsoides, ausgedrückt in jenen Grössen, ziemlich complicirt, auch nicht ohne Umstände zu gewinnen. Aus diesem Grunde und wegen ihres eigenartigen Interesses wollen wir jetzt eine andere geometrische Darstellung der Deformationen kennen lernen, welche gegebenen V_h und W_h entsprechen.

Wir gehen dazu nochmals von der Gleichung (83) für die lineäre Dilatation in einer beliebigen Richtung l aus, bringen V durch Division auf die rechte Seite, sodass wir erhalten:

$$1 = \frac{V_1}{V}\cos^2(l,X) + \frac{V_2}{V}\cos^2(l,Y) + \frac{V_3}{V}\cos^2(l,Z)$$

84 $$+ \frac{2W_1}{V}\cos(l,Y)\cos(l,Z) + \frac{2W_2}{V}\cos(l,Z)\cos(l,X)$$

$$+ \frac{2W_3}{V}\cos(l,X)\cos(l,Y),$$

und denken uns nunmehr, je nachdem V grösser oder kleiner als Null ist, $1/\sqrt{\pm V}$ als Radiusvector r vom Coordinatenanfang auf die Richtung von l aufgetragen. Die Coordinaten des freien Endpunktes von r sind dann

85 $$\frac{\cos(l,X)}{\sqrt{\pm V}} = x, \quad \frac{\cos(l,Y)}{\sqrt{\pm V}} = y, \quad \frac{\cos(l,Z)}{\sqrt{\pm V}} = z,$$

und bei ihrer Einführung nimmt die vorstehende Gleichung die Form an

86 $$\pm 1 = V_1 x^2 + V_2 y^2 + V_3 z^2 + 2W_1 yz + 2W_2 zx + 2W_3 xy.$$

Diese Gleichung spricht den Satz aus:

Welches auch der Ursprung der homogenen Deformation sei, stets wird die lineäre Dilatation in einer beliebigen Richtung l dargestellt durch das reciproke Quadrat des mit l parallelen Radiusvectors in einer gewissen centrischen Oberfläche zweiten Grades O, deren Gestalt, Grösse und Lage sich vollständig durch die Deformationscomponenten V_h und W_h bestimmt, wie auch umgekehrt die letzteren Grössen durch die Oberfläche bestimmt sind.

Das positive oder negative Vorzeichen in Gleichung (86) ist nach der Herleitung zu benutzen, je nachdem V selbst positiv oder negativ ist, d. h., je nachdem längs l

Dilatation oder Contraction stattfindet. Hat V für alle Richtungen l dasselbe Vorzeichen, so ist die zu seiner Darstellung erforderliche Oberfläche O auch nur durch eine Formel gegeben und besteht aus einem zusammenhängenden Stück; wechselt V sein Vorzeichen, so besteht die Oberfläche O aus einem Theil, der dem positiven, und einem, der dem negativen Zeichen entspricht. Der erste Fall führt offenbar auf die Gestalten des Ellipsoides und des elliptischen Cylinders, der andere auf den der combinirten beiden Hyperboloide oder der combinirten beiden hyperbolischen Cylinder, deren Gleichungen dieselben Parameter besitzen. Da unendliche V ausgeschlossen sind, so kommen Kegelflächen nicht vor.

Jede centrische Oberfläche zweiten Grades besitzt drei zu einander normale Axen. Die mit ihnen zusammenfallenden Radienvectoren, — die Halbaxen der Oberfläche — stellen in derselben Weise, wie alle anderen Radienvectoren, lineäre Dilatationen dar, die jetzt aber ein orthogenales und vor allen anderen ausgezeichnetes Tripel bilden. Da ihre Grössen und Richtungen überdies die ganze Oberfläche bestimmen, so kann kein Zweifel sein, dass sie mit den Hauptdilatationen D_h des Deformationssystems identisch sind.

Die Hauptdilatationen D_h fallen sonach der Richtung nach mit den Hauptaxen der gefundenen Fläche O zusammen und werden ihrer Grösse nach durch die reciproken Quadrate von deren Halbaxen bestimmt. —

Von diesen Sätzen machen wir nun Anwendungen auf die uns hier beschäftigenden und durch die Formeln (80) definirten electrischen Deformationen.[59])

Zunächst wollen wir die speciellen Fälle betrachten, dass von den Componenten entweder nur K_1, oder nur K_2, oder nur K_3 von Null verschieden ist; setzen wir die dann resultirenden Ausdrücke für die V_h und $2W_h$ in (86) ein und versehen die Coordinaten x, y, z zur Unterscheidung der Fälle mit den Indices 1, 2, 3, so gelangen wir zu den drei Gleichungen:

$$\pm \frac{1}{K_1} = d_{11} x_1{}^2 + d_{12} y_1{}^2 + d_{13} z_1{}^2 + d_{14} y_1 z_1 + d_{15} z_1 x_1 + d_{16} x_1 y_1,$$

87 $$\pm \frac{1}{K_2} = d_{21} x_2{}^2 + d_{22} y_2{}^2 + d_{23} z_2{}^2 + d_{24} y_2 z_2 + d_{25} z_2 x_2 + d_{26} x_2 y_2,$$

$$\pm \frac{1}{K_3} = d_{31} x_3{}^2 + d_{32} y_3{}^2 + d_{33} z_3{}^2 + d_{34} y_3 z_3 + d_{35} z_3 x_3 + d_{36} x_3 y_3.$$

Hieraus erhellt der folgende Satz:

Die lineäre Dilatation V, welche eine der nach den Hauptaxen X, Y, Z genommenen Feldcomponenten K_h in einer beliebigen Richtung hervorbringt, wird gemessen durch das Quadrat des reciproken Radiusvectors gleicher Richtung in je einer centrischen Oberfläche O_h, deren Gestalt und Lage durch die piëzoelectrischen Moduln d_{hk} bestimmt wird, während ihre absolute Grösse mit der reciproken Wurzel aus K_h proportional ist.

Dazu können wir nach S. 127 sogleich fügen:

Die Hauptaxen dieser Oberflächen geben die Richtungen der betreffenden Hauptdilatationen D_h, die reciproken Quadrate der Halbaxen deren Grössen an.

Da die Gleichungen (87) die achtzehn Moduln d_{hk} des Krystalls vollständig gesondert enthalten, so können die einem bestimmten System der K_h, z. B. $K_1 = K_2 = K_3 = 1$ entsprechenden Flächen Ω_h zur erschöpfenden Darstellung der (homogenen) electrischen Deformation eines Krystalls dienen; die Gleichungen dieser Hauptflächen Ω_h lauten dann:

88 $$\pm 1 = d_{i1} x_i^2 + d_{i2} y_i^2 + d_{i3} z_i^2 + d_{i4} y_i z_i + d_{i5} z_i x_i + d_{i6} x_i y_i;$$

sie stimmen vollständig mit den in (73) gegebenen überein, und diese Thatsache bildet den geometrischen Ausdruck für die Reciprocität des dort und des hier behandelten Vorgangs.

Ueber die Gestalt der Oberflächen O_h, resp. Ω_h, ist S. 108 u. f. ausführlich gesprochen, und wir können uns auf das dort Gesagte beziehen; hinzuzusetzen ist allein, dass in unserem Falle bei den oft auftretenden hyperbolischen Cylindern nach dem eben allgemein Gesagten nicht das einfache Flächenpaar, sondern wegen des gleichzeitig anzuwendenden doppelten Vorzeichens in (87) resp. (88) das doppelte, den Coordinatenanfang rings umschliessende zu benutzen ist. Ebenso tritt das Hyperboloid mit einer und dasjenige mit zwei Hüllen stets combinirt auf.

Um ein einfaches Beispiel zu geben, betrachten wir wiederum den Turmalin. Die Fläche Ω_3 ist hier ein Rotationsellipsoid; die lineäre Deformation durch eine einzige Feldcomponente K_3 hat also rings um die Hauptaxe denselben Werth. Für die Flächen Ω_1 und Ω_2 führen wir die S. 110 benutzte Annäherung ein; sie stellen sich dann als doppelte hyperbolische Cylinder dar mit den Asymptotenebenen XY, YZ einer- und XY, XZ andererseits; das eine Flächenpaar entspricht positivem, das andere negativem V_1 resp. V_2. Bei allein wirkendem K_1 ist demgemäss V gleich Null in den Richtungen aller drei Axen und hat ein positives und ein negatives Maximum in Richtungen, die die Winkel zwischen der X- und Z-Axe halbiren. —

In dem allgemeinen Fall, dass gleichzeitig mehrere Componenten K_h der Feldstärke in Rechnung zu ziehen sind, kann man entweder den Effect jeder einzelnen von ihnen nach dem S. 123 Gesagten bestimmen und die für V erhaltenen Resultate summiren, oder man kann von vornherein mit den vollständigen Ausdrücken (80) operiren und so statt (87) erhalten:

89
$$\begin{aligned}\pm 1 = &(d_{11} K_1 + d_{21} K_2 + d_{31} K_3)\, x^2 \\ &+ (d_{12} K_1 + d_{22} K_2 + d_{32} K_3)\, y^2 \\ &+ (d_{13} K_1 + d_{23} K_2 + d_{33} K_3)\, z^2 \\ &+ (d_{14} K_1 + d_{24} K_2 + d_{34} K_3)\, yz \\ &+ (d_{15} K_1 + d_{25} K_2 + d_{35} K_3)\, zx \\ &+ (d_{16} K_1 + d_{26} K_2 + d_{36} K_3)\, xy.\end{aligned}$$

Endlich kann man auch ein Coordinatensystem einführen, dessen X-Axe mit der Kraftrichtung K zusammenfällt und, indem man das Gleichungssystem benutzt, das (80) für beliebige Coordinatenrichtungen X', Y', Z' entspricht, schreiben:

$$\pm \frac{1}{K} = d_{11}' x'^2 + d_{12}' y'^2 + d_{13}' z'^2 + d_{14}' y'z' + d_{15}' z'x' + d_{16}' x'y'.$$

Beide letzte Wege führen zu dem Resultat: Auch bei beliebig gerichteter electrischer Kraft K werden die linearen Dilatationen nach beliebigen Richtungen l durch die reciproken Quadrate der zu l parallelen Radienvectoren in einer gewissen centrischen Oberfläche zweiten Grades dargestellt, deren Gestalt und Lage nun aber mit der Richtung von K in complicirter Weise variirt. —

Wie bei dem directen Vorgang, so ist es auch bei dem hier betrachteten reciproken in manchen Fällen möglich, durch blosse Ueberlegung der Symmetrieverhältnisse Aufschlüsse über die Lage der den secundären Zustand charakterisirenden Richtungen, hier also derjenigen des Tensortripels oder der Hauptdilatationen D_h, zu erhalten. Dabei ist in Betracht zu ziehen, dass die Richtung der Feldstärke K eine unendlich-zählige Symmetrieaxe darstellt, durch welche unendlich viele Symmetrieebenen gehen, dass aber normal zu K eine Symmetrieebene nicht steht.

Fällt z. B. K mit einer Symmetrieaxe oder einer Symmetrieebene des physikalischen Verhaltens zusammen, so bleiben beide erhalten; im ersten Falle muss daher eine der Hauptdilatationen parallel mit K sein, im letzteren müssen zwei von ihnen in jener Symmetrieebene liegen. Steht zu einer mit K parallelen Symmetrieaxe eine Symmetrieebene oder eine geradzählige Symmetrieaxe senkrecht, so kommen Dilatationen überhaupt nicht zu Stande.

Um ein specielles Beispiel anzuführen, wollen wir wieder Turmalin piezoelectrisch angenähert durch eine unendlich-zählige Symmetrieaxe Z mit hindurchgehenden Symmetrieebenen charakterisirt denken. Eine electrische Kraft K kann dann nur Deformationen bewirken, von deren Hauptdilatationen D_h zwei in der Meridianebene durch K und die Z-Axe liegen. Wir nennen dieselben D_1 und D_3; D_2 steht sonach normal zum Meridian.

Fällt K in die Hauptaxe Z, so gilt Gleiches von D_1 oder D_3, sagen wir von D_3, und die beiden zur Z-Axe normalen D_1 und D_2 müssen einander gleich sein.

Ein rechteckiges Prisma, mit einer Fläche normal zur Hauptaxe geschnitten, wird sonach im electrischen Felde, bei normal hindurchgehenden Kraftlinien, sowohl Dicke als seitliche Dimensionen ändern, — letztere in gleichem Verhältniss —, aber seine Winkel bewahren.

Steht die Kraft K normal zur Z-Axe, so ist sowohl ihre, als die Z-Richtung einseitig; es können somit die zweiseitigen Vectoren D_1 und D_3 nicht mit ihnen zusammenfallen, sondern müssen irgendwie zwischen ihnen liegen, z. B. so, wie in Figur 29a) gezeichnet.

Nun kehrt aber eine Umkehrung der Richtung von K, d. h. der Vorzeichen seiner Componenten, wegen der S. 122 vorausgesetzten Proportionalität zwischen beiden nur die Vorzeichen der Componenten V_h und W_h um, ohne ihre absoluten Werthe zu ändern.

Ferner kehrt nach S. 24 ein Zeichenwechsel der Componenten eines Tensortripels zwar das Vorzeichen aller drei Tensoren D_h um, modificirt aber nicht ihre Richtungen. Kehrt man also die Richtung von K um, so geht bei umgeänderten Richtungen D_1 in $-D_1$, D_2 in $-D_2$, D_3 in $-D_3$ über, wie dies für D_1 und D_3 in Fig. 29 b) veranschaulicht wird. Dieselbe Lage von K lässt sich aber auch erzielen, wenn man das ganze System aus der ersten Position um 180° um die Z-Axe dreht, wie dies durch Fig. 29 c) dargestellt ist. Da die beiden letzten Zustände identisch sein müssen, so ergiebt sich ohne Weiteres, dass die Richtungen D_1 und D_3 die Winkel 45° und 135° mit der Z-Axe einschliessen, und dass ihre Grössen einander entgegengesetzt gleich sind, dass aber D_2 gleich Null ist. Wenn also die Kraftlinien im Krystall normal zur Hauptaxe verlaufen, so werden die beiden im Meridian unter 45° gegen die Kraft geneigten Richtungen um gleiche Beträge im entgegengesetzten Sinne dilatirt, d. h., die eine um ebensoviel verlängert, als die andere verkürzt; die Richtung normal zum Meridian bleibt ungeändert.

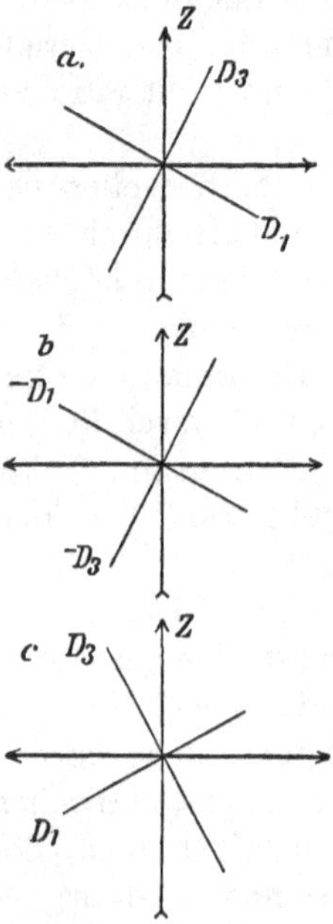

Fig. 29

Ein rechteckiges Prisma, parallel zum XYZ-System geschnitten, ändert somit im electrischen Felde bei normal zur Z-Axe hindurchgehenden Kraftlinien seine mit K parallele Kante l_1 ebensowenig, wie die zu K normalen l_2 und l_3; wohl aber werden, wie Figur 30 erläutert, die Winkel seiner normal zur Meridianebene stehenden Flächen um gleiche Beträge im abwechselnd entgegengesetzten Sinne variirt.

Man erkennt leicht, dass diese Resultate in vollkommenem Einklang mit dem Inhalt des Formelsystems (82) bei vernachlässigtem Modul d_{22} sind, ebenso mit den Resultaten der Betrachtungen auf S. 129. Die hier angewandte Weise ihrer Ableitung führt, wie im Voraus gesagt, nicht so weit, wie die früheren; sie ist nichtsdestoweniger lehrreich, weil sie die Symmetrieverhältnisse direct zur Aufklärung eines speciellen Vorganges heranzieht. —

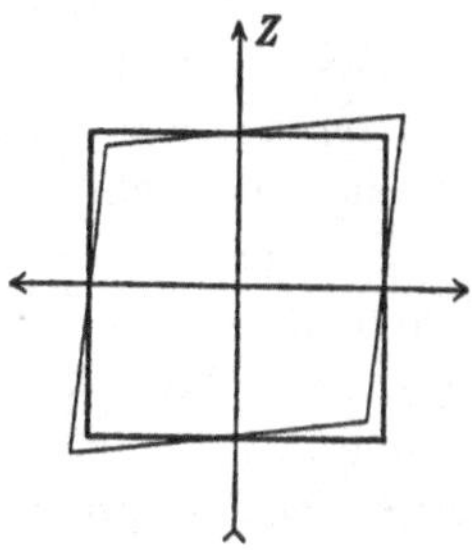

Fig. 30.

Die Beobachtung der im Vorstehenden beschriebenen Erscheinungen wird dadurch sehr erschwert, dass wegen der ausserordentlichen Kleinheit der piëzoelectrischen Moduln d_{hk} und der nicht unbegrenzt zu steigernden Grösse der Feldcomponenten K_h die Deformationscomponenten V_h und W_h in der Praxis nur ganz minimale Beträge erreichen. Um ein Beispiel zu geben, knüpfen wir an die ersten beiden Formeln (81) für den Typ Quarz an, welche lauten

$$V_1 = d_{11} K_1 = - V_2.$$

d_{11} ist für Quarz nach S. 104 in absoluten Einheiten ca. $6{,}3 \,.\, 10^{-8}$; die Feldcomponente K_1 ist über den Werth 250 in den gleichen Einheiten nicht wohl zu steigern, da bei grösseren Potentialgefällen Funkenentladung eintritt; V_1 und V_2 lassen sich somit über $16 \,.\, 10^{-6}$ kaum bringen. Am vortheilhaftesten wird man verfahren, wenn man dem Prisma die Gestalt einer dünnen Platte parallel der YZ-Ebene giebt, diese beiderseitig mit Stanniolbelegen versieht und so eine Art Franklin'scher Tafel herstellt, die durch Verbindung mit den Polen einer Influenzmaschine geladen wird. Die Kante l_2 parallel der Y-Axe erfährt dann eine Längenänderung von dem absoluten Betrag $d_{11} K_1 l_2$, also bei den oben angenommenen Werthen, wenn man l_2 gleich 10 cm voraussetzt, von $16 . 10^{-5}$ cm oder 0,0016 mm. Ein solcher Betrag ist nur sehr schwierig mit einiger Genauigkeit zu messen.[60])

Für die Winkeländerung an den zur Z-Axe parallelen Kanten l_3 erhält man nach der letzten Formel (81) $2 W_3 = -2 d_{11} K_2$, also unter den obigen Voraussetzungen $12{,}6 . 10^{-6}$. Bei Anwendung der S. 50 beschriebenen Beobachtungsmethode, welche das Vierfache des Winkels $2 W_3$ liefert, handelt es sich somit um die Messung eines Winkels von ungefähr $5 . 10^{-5}$, d. h. von ca. 10 Bogensecunden. —

Wir haben bisher, entsprechend der Darstellung der piëzoelectrischen Erregung, von den beiden Tensortripeln, welche bei dem reciproken Vorgang in Frage kommen konnten, dasjenige bevorzugt, welches die bequemste Handhabung gestattet, nämlich das Deformationstripel; die so erhaltenen Formeln (80) zeigten eine Reciprocität mit den piëzoelectrischen Gleichungen, welche das Spannungstripel enthielten. Wir können nun aber, wie dies S. 121 u. f. für die piëzoelectrische Erregung geschehen ist, auch das andere Tensortripel, d. h. das der Spannungen, benutzen und einen Ansatz von der Form $N_1 = \varepsilon_{11} K_1 + \varepsilon_{21} K_2 + \varepsilon_{31} K_3$ u. s. f. der Betrachtung zu Grunde legen, der wiederum 18 Parameter ε_{hk} enthält. Die Anwendung der thermodynamischen Principien auf diese Formeln liefert nach Zusatz IX das Resultat, dass die Parameter ε_{hk} den in (79) auftretenden piëzoelectrischen Constanten ε_{hk} entgegengesetzt gleich sein müssen, dass somit gilt:

$$-N_1 = e_{11} K_1 + e_{21} K_2 + e_{31} K_3,$$
$$-N_2 = e_{12} K_1 + e_{22} K_2 + e_{32} K_3,$$
90 $$-N_3 = e_{13} K_1 + e_{23} K_2 + e_{33} K_3,$$
$$-T_1 = e_{14} K_1 + e_{24} K_2 + e_{34} K_3,$$

$$- T_2 = e_{15} K_1 + e_{25} K_2 + e_{35} K_3,$$
$$- T_3 = e_{16} K_1 + e_{26} K_2 + e_{36} K_3.$$

Diese Formeln zeigen eine vollständige Reciprocität zu den Gleichungen (79), welche das Deformationstripel enthalten. Sie sind in den von uns behandelten speciellen Fällen von geringerer praktischer Bedeutung, als die oben benutzten, da die hervorgerufenen Spannungen einer derartig directen Messung nicht zugänglich sind, wie die bewirkten Deformationen; sie haben aber grosse Wichtigkeit bei der allgemeinen Theorie inhomogener Deformationen, da man sich die Spannungen passend als die erste Wirkung des electrischen Feldes vorstellen wird und die Deformationen in diesem Falle als erst mit ihrer Hilfe zu Stande gekommen ansehen muss. Der Vorgang spielt sich dann in der Weise ab, dass die electrisch bewirkten Spannungen so lange deformirend wirken, bis sie durch die als Folge jener Deformationen auftretenden gewöhnlichen elastischen Spannungen gerade compensirt werden. [61]) —

Es ist S. 122 betont worden, dass electrische Deformationen von der Art, wie sie das Formelsystem (80) ausspricht, an centrisch symmetrischen Krystallen und an isotropen Körpern unmöglich sind, und die gleiche Bemerkung lässt sich natürlich an das System (90) anknüpfen. Betrachtet man jene Ansätze aber nur als die ersten Glieder von Interpolationsformeln und fügt ihnen die nächst höheren zu, welche die Quadrate und die ersten Producte der Feldcomponenten K_h enthalten, so ändern sich die Verhältnisse durchaus; denn beim Verschwinden der bisher allein geführten linearen Glieder bleiben diejenigen zweiten Grades übrig und sprechen ihrerseits eine Erscheinung aus, die wesentlich andere Natur besitzt, als die oben betrachtete. Die Quadrate der Feldcomponenten und ihre Producte zu je zweien ändern nämlich ihr Vorzeichen nicht bei einer Umkehrung der Coordinatenaxen, und da sich die Componenten der Deformationen und die Spannungen ebenso verhalten, so ist die neue Beziehung eine centrisch symmetrische; sie kann somit bei allen Krystallgruppen und auch bei isotropen Körpern auftreten. Die betreffende Erscheinung ist bisher nur bei letzteren untersucht und wird als Electrostriction bezeichnet; wir können auf ihre Besprechung für Krystalle um so eher verzichten, als ihre Gesetze durch die nicht lineäre Form sich von allen hier behandelten wesentlich unterscheiden.

Eine ähnliche Erweiterung der Gesetze der Piëzoelectricität, die in den Ansätzen (59) und (79) Ausdruck finden, führt zu keiner centrisch symmetrischen Erscheinung, da die Quadrate und ersten Producte der Spannungs- und Deformationscomponenten sich bei Umkehrung der Coordinatenaxen ebenso verhalten, wie diese Grössen selbst. —

Zum Schluss dieses Abschnittes möge noch hervorgehoben werden, dass in demselben nur die fundamentalen Gesetze der piëzoelectrischen Erregung und der electrischen Deformation entwickelt sind, dass aber die Vorgänge in Wirklichkeit nicht so einfach und rein verlaufen, wie dies nach dieser Darstellung scheinen möchte. Knüpfen wir z. B. an die auf S. 95 beschriebene Anordnung zum Zwecke piëzoelectrischer Beobachtungen an: ein rechteckiges Prisma auf zwei gegenüberliegenden Flächen gleichmässig gepresst, auf zwei anderen (oder auch auf denselben) mit metallischen Belegen versehen, die mit den Quadranten eines Electrometers verbunden sind. Der Druck bewirkt dann jene äquivalenten electrischen Ladungen der Prismenflächen, von denen a. a. O. gesprochen ist; aber diese stellen ihrerseits ein electrisches Feld her, unter dessen Wirkung der Krystall sich deformirt; diese Deformation wirkt abermals piëzoelectrisch erregend u. s. f. So entsteht ein sehr zusammengesetzter Vorgang, der sich noch weiter complicirt durch die jeden Theil, streng genommen, begleitenden thermischen Wirkungen. Auf eine Behandlung dieser Processe muss hier verzichtet werden; es genüge der Hinweis auf ihr Eintreten, sowie die Bemerkung, dass Mittel vorhanden sind, um bei der oben beschriebenen Anordnung ihren Einfluss soweit herabzudrücken, dass die dort gezogenen einfachen Schlüsse zulässig bleiben.[62])

§ 7. Beziehungen zwischen zwei Tensortripeln.

Wie schon früher bemerkt, sind nur zwei tensorielle Zustände, die der Spannung und der Deformation, bekannt; demgemäss ist auch nur eine einzige Wechselwirkung der hierhergehörigen Art zu nennen; sie umfasst die Erscheinungen der

Elasticität.

Da Tensortripel ein Centrum der Symmetrie besitzen, so sind diese Vorgänge mit allen Krystalltypen vereinbar und treten auch, und zwar in ihrer einfachsten Gestalt, bei isotropen Körpern auf. Hier ist nach Symmetrie sofort das eine Grundgesetz ersichtlich, dass die Richtungen der Hauptspannungen S_1, S_2, S_3 mit denen der Hauptdilatationen D_1, D_2, D_3 zusammenfallen müssen. Nimmt man hinzu, dass nach der Erfahrung sehr nahezu Proportionalität zwischen beiden Tensorgattungen stattfindet, so ist die fundamentale Beziehung zwischen ihnen durch drei lineäre Gleichungen zwischen den sechs Grössen D_h und S_h gegeben, die wegen der physikalischen Gleichwerthigkeit aller Richtungen die Form besitzen müssen:

$$\begin{aligned} D_1 &= sS_1 + s'S_2 + s'S_3, \\ D_2 &= s'S_1 + sS_2 + s'S_3, \\ D_3 &= s'S_1 + s'S_2 + sS_3; \end{aligned} \qquad 91$$

in ihnen spricht sich aus, dass, wenn man in der Richtung von S_2 eine Spannung von der Grösse von S_1 und umgekehrt hervorbringt, auch D_2 die Grösse annimmt, welche D_1 ursprünglich hatte, und umgekehrt, während D_3 ungeändert bleibt. Die Factoren s und s', die vom Coordinatensystem unabhängig sind, heissen die Elasticitätsmoduln der Substanz; schreibt man die Formeln in der Gestalt

92
$$
\begin{aligned}
S_1 &= cD_1 + c'D_2 + c'D_3,\\
S_2 &= c'D_1 + cD_2 + c'D_3,\\
S_3 &= c'D_1 + c'D_2 + cD_3,
\end{aligned}
$$

so werden die Factoren c und c' als Elasticitätsconstanten bezeichnet.

Solange man von Temperaturänderungen absieht, sind beide Formelsysteme vollständig und gleichwerthig; im anderen Falle summirt sich in dem ersten System zu den Werthen D_h ein Antheil, der von der Temperaturänderung bewirkt wird; im zweiten System tritt neben den Werthen der Spannungen S_h ein als thermische Spannung zu bezeichnender Antheil auf. –

Im Falle krystallinischer Medien kann man die Annahme der Proportionalität zwischen den Hauptspannungen und den Hauptdilatationen zwar festhalten; für den Parallelismus ihrer Richtungen ist dagegen ein Grund nicht mehr vorhanden. Hieraus folgt, dass bei Krystallen im allgemeinen kein Coordinatensystem vorhanden ist, in Bezug auf welches genommen sowohl die Spannungen, als die Deformationen sich auf die Haupttensoren S_h resp. D_h reduciren, und dass man die Coordinatenaxen nur entweder mit dem einen oder mit dem anderen System zusammenfallen lassen kann.

Wegen der Anwendungen ist unter diesen beiden ein mit den Hauptspannungen S_h zusammenfallendes Coordinatensystem X^o, Y^o, Z^o vorzuziehen; es sind dann die Deformationen D_h durch ihre Componenten nach den Richtungen der S_h, nämlich durch die drei ihnen parallelen linearen Dilatationen V_1^o, V_2^o, V_3^o und die drei Winkeländerungen $2\,W_1^o$, $2\,W_2^o$, $2\,W_3^o$ zwischen ihren Ebenen zu ersetzen. Der allgemeinste Ausdruck für die Proportionalität zwischen den beiden Tensortripeln S_h und D_h ist bei Einführung dieser Axen das folgende zu (91) parallele Gleichungssystem:

$$\begin{aligned} V_1^o &= s_{11}^o S_1 + s_{12}^o S_2 + s_{13}^o S_3, \\ V_2^o &= s_{21}^o S_1 + s_{22}^o S_2 + s_{23}^o S_3, \\ V_3^o &= s_{31}^o S_1 + s_{32}^o S_2 + s_{33}^o S_3, \\ 2\,W_1^o &= s_{41}^o S_1 + s_{42}^o S_2 + s_{43}^o S_3, \\ 2\,W_2^o &= s_{51}^o S_1 + s_{52}^o S_2 + s_{53}^o S_3, \\ 2\,W_3^o &= s_{61}^o S_1 + s_{62}^o S_2 + s_{63}^o S_3. \end{aligned} \qquad 93$$

Die in ihm auftretenden Moduln s_{hk}^o hängen ausser von der Natur des Krystalles, auf den sie sich beziehen, auch von den Richtungen der Hauptspannungen S_h ab, nach denen die Componenten V_h^o und W_h^o genommen sind. Die Gleichungen (93) stimmen formal mit dem Ansatz (80) für die electrisch bewirkten Deformationen vollständig überein, haben aber dennoch verschiedene Natur, da hier drei zu einander normale Tensoren, dort drei dergl. Vectoren das primär gegebene System darstellen. So lassen sich auch die früheren Formeln mit nur veränderten Parameterwerthen für jedes beliebige Axensystem bilden, während die neuen ganz speciell die Richtungen der Hauptspannungen S_h als Coordinatenaxen voraussetzen. —

Immerhin kann man einige der an das System (80) geknüpften Folgerungen ohne Weiteres auf (93) anwenden. Macht man in letzterem nach einander entweder S_2, S_3 oder S_3, S_1 oder S_1, S_2 gleich Null und setzt die hierdurch vereinfachten Ausdrücke in die allgemeine Formel (86) ein, bezeichnet man die speciell auf das Axensystem X^o, Y^o, Z^o der Hauptspannungen S_h bezogenen Coordinaten, um Verwechselungen zu vermeiden, durch x^o, y^o, z^o und versteht unter i eine der

Zahlen 1, 2, 3, so erhält man drei Gleichungen von der Form

94 $$\pm \overset{1}{S_i} = s_{1i}^0 x^{0\,2} + s_{2i}^0 y^{0\,2} + s_{3i}^0 z^{0\,2} + s_{4i}^0 y^0 z^0 + s_{5i}^0 z^0 x^0 + s_{6i}^0 x^0 y^0.$$

Sie sprechen den folgenden Satz aus:

Eine einzelne normale Spannung S_i bringt in einem elastischen Krystall nach beliebigen Richtungen l lineäre Dilatationen hervor, die gegeben sind durch die reciproken Quadrate der zu den l parallelen Radienvectoren in einer centrischen Oberfläche zweiten Grades O_i, deren Lage und Gestalt durch die Substanz des Krystalls und durch die Richtung der ausgeübten Spannung S_i bestimmt sind, während ihre absolute Grösse mit der reciproken Quadratwurzel aus dem absoluten Werthe von S_i proportional ist.

Im allgemeinen Fall eines Spannungstripels erhält man durch Einsetzen der Werthe (93) in die allgemeine Gleichung (86) die Formel:

95 $$\begin{aligned} \pm 1 = &(s_{11}^0 S_1 + s_{12}^0 S_2 + s_{13}^0 S_3)\, x^{0\,2} \\ &+ (s_{21}^0 S_1 + s_{22}^0 S_2 + s_{23}^0 S_3)\, y^{0\,2} \\ &+ (s_{31}^0 S_1 + s_{32}^0 S_2 + s_{33}^0 S_3)\, z^{0\,2} \\ &+ (s_{41}^0 S_1 + s_{42}^0 S_2 + s_{43}^0 S_3)\, y^0 z^0 \\ &+ (s_{51}^0 S_1 + s_{52}^0 S_2 + s_{53}^0 S_3)\, z^0 x^0 \\ &+ (s_{61}^0 S_1 + s_{62}^0 S_2 + s_{63}^0 S_3)\, x^0 y^0. \end{aligned}$$

Dieselbe liefert den folgenden Satz:

Auch bei gleichzeitiger Wirkung von drei Hauptspannungen S_h ist die lineäre Dilatation in einer beliebigen Richtung l dargestellt durch das reciproke Quadrat des zu l parallelen Radiusvectors in einer gewissen centrischen Oberfläche O zweiten Grades, deren Lage und Gestalt nun aber ausser von den Moduln s_{hk}^0 auch von den relativen Grössen der Spannungen S_h abhängen.

Was die Bedeutung und Verwendung des doppelten Vorzeichens in den Formeln (94) und (95) betrifft, so genügt es, auf das S. 126 allgemein hierüber Bemerkte zu verweisen. Ebenso möge von da der folgende Satz einfach übernommen werden: Die drei zu einander normalen Hauptaxen der Oberflächen O_h und O liegen in den Hauptdilatationen D_h; die reciproken Quadrate der Halbaxen bestimmen deren Grössen. —

Wenn auch im Allgemeinen die Kenntniss der dem Axensystem X^o, Y^o, Z^o entsprechenden Moduln s_{hk}^o erforderlich ist, um Gestalt und Lage der Oberflächen O_h und O ableiten zu können, so lassen sich doch in gewissen einfachen Fällen darauf bezügliche Schlüsse direct aus den Symmetrieverhältnissen des durch sie dargestellten physikalischen Vorgangs gewinnen.

Hierbei ist in Betracht zu ziehen, dass nach dem im Eingang dieses Abschnittes Gesagten die Vorgänge der Elasticität an sich ein Symmetriecentrum besitzen, und dass dieses sich, wie bei den in § 4 und 5 behandelten Erscheinungen, der dem Krystall eigenen physikalischen Symmetrie superponirt. Wie hierdurch verschiedene Gruppen sich in Obergruppen unter einander gleichwerthiger zusammenziehen, ist in Zusatz I allgemein gezeigt; dass unsere drei typischen Krystalle Kalkspath, Turmalin, Quarz dabei in eine Obergruppe mit dem Symbol $C, A_3 \_ A_2$ kommen, ist schon S. 27 erwähnt, ebenso, dass, weil nun das Symmetriecentrum C allen Krystallen gemeinsam ist, und die Symmetrieebenen deshalb an dazu normale Symmetrieaxen gebunden sind, die Symmetrieaxen ausreichen, um die verschiedenen Obergruppen zu charakterisiren.

Somit kommt für die Beurtheilung der Symmetrieverhältnisse der elastischen Deformation nur die Lage der Hauptspannungen S_h gegen die physikalischen Symmetrieaxen in Betracht, obgleich mitunter die Bezugnahme auf die Symmetrieebenen, die, wenn ursprünglich nicht vorhanden, für die Betrachtung der Elasticitätsverhältnisse jeder geradzähligen Symmetrieaxe zugeordnet werden können, Vortheile bietet.

Ist nur eine Hauptspannung S_i von Null verschieden, und fällt dieselbe in irgend eine physikalische Symmetrieaxe, so muss letztere auch Symmetrieaxe — d. h. Hauptaxe — der Oberfläche O_i sein. Ist die Zähligkeit der Axe höher als zwei, so wird die Oberfläche O_i eine Rotationsfläche um diese Axe. Es ist leicht anzugeben, was hieraus für einige der Moduln s_{hk}^o folgt.

Sind mehrere Hauptspannungen von Null verschieden, und fallen zwei von ihnen in Symmetrieaxen, so müssen ihre Richtungen auch Hauptaxen der Oberfläche O sein. Dann muss deren Gleichung (95) auf die Hauptaxen bezogen erscheinen, und es müssen demgemäss alle die in die Producte $y^o z^o$, $z^o x^o$, $x^o y^o$ multiplicirten Moduln verschwinden.

Noch erwähnen wir den Fall, dass alle drei Hauptspannungen S_h von Null verschieden und zwar einander gleich sind. Hier können dann nach S. 25 je drei beliebige, zu einander normale Richtungen als Axen X^o, Y^o, Z^o der Hauptspannungen gewählt werden und Gleichung (95) nimmt für jedes dieser Systeme bei Einführung von $S_1 = S_2 = S_3 = -P$ die Form an

96 $$\begin{aligned}\mp\frac{1}{P} = &(s_{11}^o + s_{12}^o + s_{13}^o)x^{o2} + (s_{21}^o + s_{22}^o + s_{23}^o)y^{o2}\\ &+ (s_{31}^o + s_{32}^o + s_{33}^o)z^{o2} + (s_{41}^o + s_{42}^o + s_{43}^o)y^o z^o\\ &+ (s_{51}^o + s_{52}^o + s_{53}^o)z^o x^o + (s_{61}^o + s_{62}^o + s_{63}^o)x^o y^o,\end{aligned}$$

die mit (94) gleichartig ist; die Oberfläche O ist deshalb hier nach Gestalt und Lage durch die Moduln s_{hk}, d. h. durch die Substanz des Krystalles allein, schon vollständig bestimmt, und ihre absolute Grösse ist mit $1 / \sqrt{\mp P}$ proportional.

Wir kommen auf diesen interessanten Fall des allseitig gleichen Druckes später noch einmal zurück. —

Das System (93), dessen theoretisches Interesse aus den daraus gezogenen Folgerungen erhellt, ist von praktischem Nutzen eigentlich nur dann, wenn die wirklich zu bestimmenden Grössen die linearen Dilatationen V_h^o nach den Richtungen der Hauptspannungen und die Aenderungen $2\,W_h^o$ der Winkel zwischen ihren Ebenen sind; denn diese werden direct durch die obigen Formeln gegeben. Solches findet indessen nur in einem, allerdings sehr wichtigen speciellen Fall statt, der uns weiter unten beschäftigen wird. Für andere Zwecke ist das System minder bequem. Um aber alle Anwendungen an denselben Ansatz zu knüpfen, wollen wir nunmehr die Proportionalität zwischen Spannungen und Deformationen in Bezug auf ein zunächst ganz beliebiges Coordinatensystem $X' \, Y' \, Z'$ ausdrücken, nach dem genommen die Hauptspannungen S_h die Componenten N_h' und T_h', die Hauptdilatationen D_h die Componenten V_h' und W_h' liefern mögen. Wir erhalten so die folgenden Gleichungen:

$$\begin{aligned}
V_1' &= s_{11}' N_1' + s_{12}' N_2' + s_{13}' N_3' \\
&\quad + s_{14}' T_1' + s_{15}' T_2' + s_{16}' T_3', \\
V_2' &= s_{21}' N_1' + s_{22}' N_2' + s_{23}' N_3' \\
&\quad + s_{24}' T_1' + s_{25}' T_2' + s_{26}' T_3', \\
V_3' &= s_{31}' N_1' + s_{32}' N_2' + s_{33}' N_3' \\
&\quad + s_{34}' T_1' + s_{35}' T_2' + s_{36}' T_3', \\
2\,W_1' &= s_{41}' N_1' + s_{42}' N_2' + s_{43}' N_3' \\
&\quad + s_{44}' T_1' + s_{45}' T_2' + s_{46}' T_3', \\
2\,W_2' &= s_{51}' N_1' + s_{52}' N_2' + s_{53}' N_3' \\
&\quad + s_{54}' T_1' + s_{55}' T_2' + s_{56}' T_3', \\
2\,W_3' &= s_{61}' N_1' + s_{62}' N_2' + s_{63}' N_3' \\
&\quad + s_{64}' T_1' + s_{65}' T_2' + s_{66}' T_3'.
\end{aligned} \qquad 97$$

Die in ihm auftretenden 36 Parameter s_{hk}' sind ausser von der Substanz des Krystalles natürlich ebenfalls von der Lage des Coordinatensystems X', Y', Z' gegen denselben abhängig; sie stellen die jenem System zugehörigen Moduln dar. Durch eine Ueberlegung, welche die Principien der Thermodynamik benutzt und in Zusatz VII mitgetheilt ist, kann man indessen zeigen, dass zwischen ihnen die 15 Formeln von der Gestalt $s_{hk}' = s_{kh}'$ bestehen müssen, und hierdurch die Zahl der von einander unabhängigen auf 21 reduciren.

Fallen die Coordinatenaxen in die Richtungen der Hauptspannungen S_h, so sind die scheerenden Componenten T_h' gleich Null, und das Formelsystem (97) geht in das speciellere (93) über. Es gelten somit auch für die Moduln s_{hk}^o die Beziehungen $s_{hk}^o = s_{kh}^o$. —

Die Anwendungen, die wir von dem Ansatz (97) machen wollen, werden sich, wie früher, auf ein aus dem Krystall hergestelltes rechtwinkliges Prisma beziehen, und da die Dilatationen nach den Richtungen seiner Kanten und die Aenderungen der Winkel zwischen seinen Flächen sich in erster Linie der Betrachtung bieten, so legen wir das $X' Y' Z'$-Coordinatensystem wiederum den Prismenkanten parallel.

Die Formeln (97) nehmen die denkbar einfachste Gestalt an, wenn entweder nur eine der Normalcomponenten N_h' oder nur eine der Tangentialcomponenten T_h' von Null verschieden ist. Nennen wir dieselben resp. N_i' und T_i', wo i eine der Zahlen 1, 2, 3 ist, und setzen wir $i + 3 = k$, so lauten jene Gleichungen folgendermaassen:

98 $$V_1' = s_{1i}' N_i', \quad V_2' = s_{2i}' N_i', \quad V_3' = s_{3i}' N_i',$$
$$2 W_1' = s_{4i}' N_i' \quad 2 W_2' = s_{5i}' N_i', \quad 2 W_3' = s_{6i}' N_i';$$

99 $$V_1' = s_{1k}' T_i', \quad V_2' = s_{2k}' T_i', \quad V_3' = s_{3k}' T_i',$$
$$2 W_1' = s_{4k}' T_i', \quad 2 W_2' = s_{5k}' T_i', \quad 2 W_3' = s_{6k}' T_i'.$$

Der erste Fall ist realisirt, wenn das betrachtete Prisma nur auf den beiden zur Kante l_i normalen Flächen F_i gleichmässig vertheilte normale Zug- oder Druckkräfte erfährt; es ist hierbei die eine der Hauptspannungen S_h mit N_i' identisch; die beiden anderen sind Null. Der zweite Fall erfordert, dass die beiden in gegenüberliegenden Kanten l_i zusammenstossenden

Flächenpaare gleiche tangentiale Zugkräfte normal zu der gemeinsamen Kante erfahren; hierbei liegt nach S. 25 die eine Hauptspannung der Kante l_i parallel, hat aber verschwindende Grösse, die beiden anderen halbiren die Winkel zwischen den zu l_i normalen Kanten und sind entgegengesetzt gleich; positiv ist diejenige Hauptspannung, nach deren Richtung die ausgeübten scheerenden Zugkräfte convergiren. Wegen der Anwendung, die wir von dieser schon S. 93 erwähnten Kraftvertheilung in der Elasticitätstheorie machen werden, ist dieselbe in Figur 31 für den Fall veranschaulicht, dass die Spannung T_3' die einzig von Null verschiedene ist und dabei speciell einen positiven Werth hat; es ist dann die positive Hauptspannung S_1 im ersten und dritten Quadranten der $X'Y'$-Ebene gelegen, die negative S_2 im zweiten und vierten; die verschwindende S_3 liegt der Z'-Axe parallel.

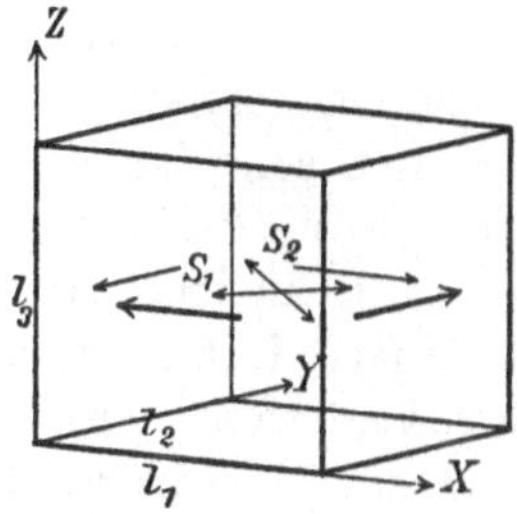

Fig. 31.

Zieht man das eben Gesagte in Betracht, so erkennt man, dass jeder der 36, resp. 21 Moduln s_{hk}' des Systems (97) durch die Formeln (98) und (99) in anschaulicher Weise physikalisch gedeutet ist. Ein jeder von ihnen misst nämlich eine lineäre Dilatation oder eine Winkeländerung an unserem Elementarprisma bei bestimmten einfachen Spannungsverhältnissen. Dies macht auch direct plausibel, dass die Moduln s_{hk}' mit der Lage des Coordinatensystems gegen den Krystall variiren; denn dabei gelangt auch das betrachtete Elementarprisma in verschiedenwerthige Lagen.

Die vorstehende Ueberlegung giebt an die Hand, die Moduln s_{hk}' (im Gegensatz zu später zu betrachtenden allgemeineren) genauer als die Elasticitätsmoduln jenes bestimmten Prismas zu bezeichnen, und wir wollen weiter demgemäss verfahren. —

Die Bestimmung der Grösse der Moduln s_{hk}' für ein in bestimmter Orientirung aus einem gegebenen Krystall geschnittenes Prisma wird im Allgemeinen nur durch eine messende Beobachtung zu erreichen sein, worauf wir unten zurückkommen; doch giebt es specielle Fälle, wo man über dieselben Einiges durch rein geometrische Ueberlegungen erschliessen kann, die an die physikalische Symmetrie des behandelten Prismas unter Rücksicht auf die ausgeübten Spannungen anknüpfen. Ueber die hierbei maassgebenden Grundsätze ist wiederholt gesprochen worden, es genügt somit, nur einige einfache Beispiele ihrer Anwendung mitzutheilen, und dies um so mehr, als die S. 114 gezogenen Folgerungen sich hier unmittelbar verwerthen lassen.

Wir nehmen zunächst wieder nur die eine der Hauptspannungen S_i als von Null verschieden an.

Fällt S_i und somit die Kante l_i in eine Symmetrieaxe von beliebiger Zähligkeit, so muss eine der Hauptdilatationen D_h die gleiche Richtung haben, und in Folge hiervon sind die Winkeländerungen an den zu l_i normalen Kanten nothwendig Null. Ist die Zähligkeit höher als zwei, so ist nothwendig auch die letzte Winkeländerung $2W_i$ gleich Null, ausserdem sind die zu l_i normalen lineären Dilatationen einander gleich.

Steht S_i senkrecht zu einer geradzähligen Symmetrieaxe, so behält diese auch nach der Deformation den Charakter einer zweizähligen Axe bei, denn S_i ist als Tensor zweiseitig; somit müssen bei einem Prisma, dessen eine Kante in jene Axe fällt, die Winkeländerungen an den zu ihr normalen Prismenkanten verschwinden.

Das in zweiter Linie betrachtete Spannungstripel $S_1 = - S_2$, $S_3 = 0$ hat nur dieselbe Symmetrie, wie sie das allgemeinste besitzt; jede der Richtungen S_h ist eine zweizählige Symmetrieaxe; wenn somit eine derselben in eine geradzählige physikalische Symmetrieaxe der Substanz fällt, so wird dieselbe gleichfalls zweizählig. Hieraus folgt, dass, wenn die Kante l_3 in eine geradzählige Symmetrieaxe fällt, die Winkel an den zu ihr normalen Kanten sich durch T_3' nicht ändern. Halbirt eine geradzählige Axe den Prismenwinkel an einer zu l_3 parallelen Kante, so kann der Winkel zwischen l_3 und den dazu ursprünglich normalen Flächen sich nicht ändern, auch müssen die linearen Dilatationen nach l_1 und l_2 einander gleich sein.

Berücksichtigt man nun, dass das Fehlen einer Deformationscomponente das Verschwinden des sie messenden Moduls bedingt, die Gleichheit zweier Componenten aber die Gleichheit ihrer Moduln verlangt, so erkennt man, wie die vorstehenden, resp. ihnen ähnliche Ueberlegungen die Gleichheit oder das Verschwinden gewisser Moduln aus Symmetriegründen deduciren. —

Andere Ueberlegungen beziehen sich auf das Vorzeichen einer Anzahl unserer Moduln. Dass eine Zugspannung, die einer Prismenkante l_i parallel wirkt, d. h. ein positives N_i', letztere nicht verkürzt, sondern verlängert, erscheint selbstverständlich; somit müssen s_{11}', s_{22}', s_{33}' als die Moduln derartiger Dilatationen jedenfalls positiv sein. Ebenso lehrt die directe Anschauung, die passend an die Figur 31 anknüpft, dass eine positive scheerende Spannung T_i' den Winkel zwischen den positiven Hälften der Coordinatenebenen, gegen welche die sie veranlassenden tangentialen Zugkräfte wirken, verkleinert. Da aber $2W_h$ die negativen Zuwachse oder die Verkleinerungen dieser Winkel darstellen, so müssen die Moduln der Deformationscomponenten W_i', welche die Wirkung der entsprechenden Spannungscomponenten T_i' ausdrücken, also s_{44}', s_{55}', s_{66}' gleichfalls positiv sein.

In der That würden negative Werthe der Moduln s_{hh}' ein labiles Gleichgewicht der inneren Structur eines elastischen Körpers ausdrücken und sind, da ein solches der Erfahrung widerspricht, auszuschliessen.

Wahrscheinlich, wenngleich nicht nothwendig, ist ferner, dass ein nach einer Richtung gedehntes Prisma sich in den dazu normalen Richtungen contrahirt. Man wird daher erwarten dürfen, dass die Moduln dieser Veränderungen, nämlich $s_{23}' = s_{32}'$, $s_{31}' = s_{13}'$, $s_{12}' = s_{21}'$, meist negativ sind. Die Beobachtung hat dies bestätigt, und es sind bisher erst zwei Ausnahmen von dieser Regel bekannt[63]). Ueber die anderen Moduln lassen sich nicht einmal derartige Vermuthungen aufstellen. —

Was die Bestimmung der Elasticitätsmoduln s_{hk}' eines krystallinischen Prismas durch Beobachtung angeht, so ist die den Formeln (97) zu Grunde liegende Voraussetzung relativ leicht zu realisiren; es sind hierzu nur zwei einander gegenüberliegende Flächen — z. B. die zur Kante l_3 normalen — gleichmässig vertheilten Drucken auszusetzen, die übrigen aber frei zu lassen; bezeichnet dann Π_3 die auf jede Fläche F_3 des ersten Paares wirkende Gesammtkraft, so ist $N_3' = S_3 = -\Pi_3/F_3$, $N_1' = S_1 = 0$, $N_2' = S_2 = 0$, $T_1' = T_2' = T_3' = 0$. Eine gewisse praktische Schwierigkeit bereitet allerdings die gleichförmige Vertheilung des Druckes über die Flächen; indessen hat man nach S. 96 Mittel, dieselbe wenigstens angenähert zu überwinden.

Von den sechs Componenten der Dilatation sind einer directen Messung nur die Winkeländerungen $2W_h'$, und auch diese nicht ohne Schwierigkeit zugänglich; die linearen Dilatationen dürften selbst den feinen Hilfsmitteln, die gelegentlich der thermischen Dilatation auf S. 45 beschrieben sind, widerstehen. Uebrigens bietet schon die blosse Constatirung der Winkeländerung eines Prismas durch einseitigen Druck ein hervorragendes Interesse, insofern dieselbe ein den Krystallen individuelles Phänomen darstellt und bei isotropen Körpern durchaus fehlt. In der That erfordert der Uebergang der Gleichungen (93) in (91) das Verschwinden aller der Moduln der Winkeländerungen $2W_h'$.

Zur Constatirung, ev. zur Messung dieser Winkeländerungen wird man passend ein Verfahren einschlagen, welches dem zum Nachweis der thermischen Winkeländerung nach S. 50 anwendbaren vollständig nachgebildet ist.

Setzen wir wiederum voraus, dass der Druck auf das Prisma parallel der Kante l_3 ausgeübt wird, so lässt sich jene Methode zur Bestimmung von $2W_3'$ an-

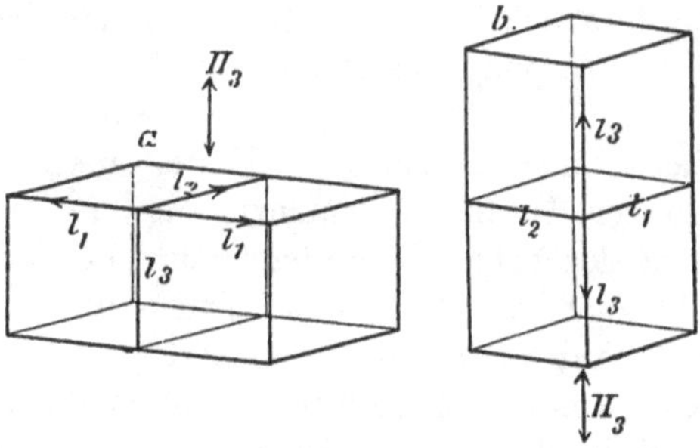

Fig. 32.

wenden, wenn man zwei identische Prismen mit zwei zu einer Kante l_3 parallelen Flächen so zusammenkittet, dass die Kittfläche eine Symmetrieebene des Präparats darstellt. Figur 32a) veranschaulicht diese Anordnung; sie ist dann erreicht, wenn die linke Prismenhälfte, um die mit l_2 bezeichnete Kante aufwärts gedreht bis sie auf der rechten aufsitzt, dieser gleichwerthig wird. Hier liegen an der mit l_3 bezeichneten Kante beiderseitig gleichwerthige Winkel; die Ausübung des Druckes Π_3 parallel mit l_3 wird somit die ursprünglich parallelen Hälften der Vorderfläche um einen Winkel $\eta_3 = 4W_3'$ gegen einander neigen.

Will man ähnlich die Winkeländerungen $2W_1'$ und

$2W_2'$ beobachten, so hat man zwei identische Prismen mit einer durch die Kanten l_1 und l_2 gehenden Fläche so zu verkitten, dass die Kittfläche zu einer Symmetrieebene des Präparats wird. Figur 32b) stellt diese Anordnung dar, falls beim Umklappen um die Kante l_1 oder l_2 beide Prismen in gleichwerthige Lagen kommen. —

Von den durch einseitigen Zug oder Druck bewirkten linearen Dilatationen V_h' lässt sich die longitudinale, d. h. die der ausgeübten Spannung S_3 parallele, V_3' auf einem indirecten Wege mit grosser Genauigkeit bestimmen, während die transversalen, d. h. die normal zur Spannung stattfindenden, bei Krystallen kaum zu beobachten sind. Das indirecte Verfahren benutzt den Vorgang der Biegung eines in der Richtung der Z'-Axe stabförmig ausgedehnten Prismas, am einfachsten durch auf seine Enden ausgeübte entgegengesetzte Drehungsmomente, um in parallelen Mittellinien der beiden Endquerschnitte liegende Axen A. Denkt man das Prisma in eine Anzahl gleicher und der Z'-Axe paralleler Fäden zerlegt, so kann man die Drehungsmomente dadurch erhalten denken, dass man auf die Enden der einzelnen Fäden normale Zugkräfte ausübt, die von den Axen A aus nach der einen Seite hin von Null zu positiven, nach der anderen von Null zu negativen Werthen gleichmässig wachsen. Figur 33 veranschaulicht das Verhältniss.

Ein prismatisches Element a, resp. a', eines der positiv gespannten Fäden wird dadurch longitudinal dilatirt, transversal comprimirt; eines b, resp. b', der negativ gespannten umgekehrt longitudinal compromirt, transversal dilatirt, und die Deformationen benachbarter schliessen sich derartig stetig aneinander, dass sie sich gegenseitig nicht stören. Das Prisma biegt sich in Folge dessen mit seiner Längsaxe nach einem Kreisbogen, dessen Radius R mit der normal zur Mittelfläche durch die Axen A gemessenen Dicke D des

Prismas und mit der Dilatation V_3' der äussersten Prismenfasern in der Beziehung steht $R = D / 2 V_3'$. Da nun V_3' mit der Grösse der ausgeübten Spannungen durch die Beziehung $V_3' = s_{33}' S_3'$ zusammenhängt, die Spannung S_3' sich aber aus dem ausgeübten Drehungsmoment bestimmt, so sieht man auch, dass die Beobachtung der beschriebenen Biegung eines Prismas, dessen Längsaxe der Z'-Axe parallel ist, zur Kenntniss des Modul s_{33}' führt; s_{11}' und s_{22}' sind in analoger Weise mit Prismen zu erhalten, deren Längsaxen

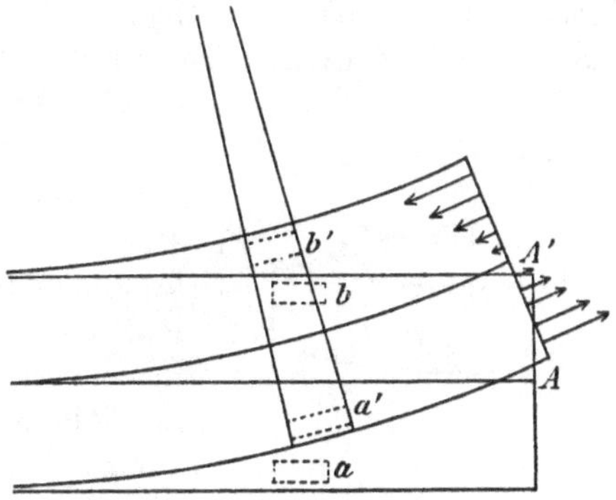

Fig 33.

in die X'- und Y'-Richtungen fallen. In der Praxis zieht man der obigen Anordnung meist eine andere vor, wo das Prisma mit seinen beiden Enden auf festen Lagern liegt, und an seinem mittleren Querschnitt ein Gewicht angreift; die hierbei eintretende Biegung folgt complicirteren Gesetzen, aber man kann jedes Längenelement des Prismas als in der oben beschriebenen Weise, wenngleich nach verschiedenen Radien R, gebogen ansehen und somit diesen Fall auf den vorigen zurückführen.[64]) —

Die den Formeln (99) zu Grunde liegenden Voraussetzungen sind an einem einzelnen krystallinischen

Prisma praktisch nicht zu verwirklichen, denn es fehlt an einem Mittel, auf die Prismenflächen tangentiale Kräfte auszuüben, ohne doch deren Dilatation zu verhindern. Deshalb sind denn auch directe Messungen der in jenen Gleichungen auftretenden Deformationsmoduln ausgeschlossen, und man muss sich nach Methoden zu ihrer indirecten Bestimmung umsehen. Wir werden zeigen, dass die Drillung von Cylindern in den einzelnen Volumenelementen Zustände hervorruft, die den in den Formeln (99) dargestellten analog sind.

Um dies genauer darzuthun, betrachten wir einen Kreiscylinder, der durch Einwirkungen auf seine Endflächen um seine Axe gedrillt ist, und zerlegen ihn durch benachbarte Querschnitte, Meridianschnitte und coaxiale Kreiscylinder in angenähert prismatische Elemente. Eines von ihnen ist in Figur 34 als Theil einer aus dem Cylinder geschnittenen dünnen Kreisscheibe veranschaulicht.

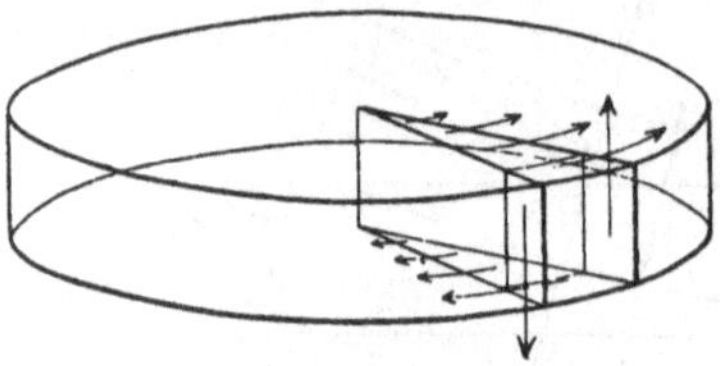

Fig 34.

Nun kann man das den Cylinder drillende Moment darstellen durch tangentiale Kräfte, die auf seine beiden Endquerschnitte in entgegengesetztem Sinne ausgeübt werden, normal zum Radius gerichtet sind und von der Axe nach dem Rande gleichmässig von Null wachsen. Da aber alle Querschnitte des Cylinders gleichwerthig sind, so wird auch eine von zwei Querschnitten begrenzte dünne Platte im Innern des Cylinders auf ihren beiden Flächen die gleichen Einwirkungen erleiden. Da ferner die Mantelfläche des Cylinders frei ist, so wirken gegen alle mit ihr coaxialen Kreiscylinder keine Kräfte; auch werden gegen die Meridianebenen keine Normaldrucke geübt, was sich streng beweisen lässt, hier aber nur als wahrscheinlich bezeichnet werden kann. Da endlich mit der tangentialen Kraft gegen ein Flächenpaar eine analoge gegen ein zweites nach S. 145 nothwendig verknüpft ist, so erfährt jedes der oben charakterisirten Raumelemente, wie dies in Figur 34 dargestellt ist, wirklich nur ein System tangentialer Kräfte normal zu den radialen Kanten, somit eine scheerende Spannung parallel diesen Kanten, — es ist also in demselben Zustand, welchen die Gleichungen (99) voraussetzen.

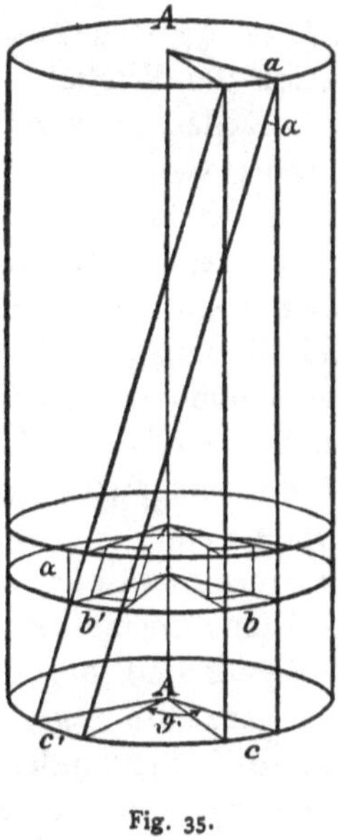

Fig. 35.

Dieses Resultat gilt in gleicher Weise bei Kreiscylindern aus isotroper, wie aus krystallinischer Substanz; hinsichtlich der durch die analogen Spannungen bewirkten Deformationen verhalten sich indessen beide verschieden.

Betrachtet man einen aus Elementen der beschriebenen Art zusammengesetzten Kreisring, so muss derselbe in einem Cylinder aus isotroper Substanz bei der Drillung nach Symmetrie seine Gestalt jedenfalls beibehalten; dass auch seine Dimensionen sich nicht ändern — wie sich unschwer zeigen lässt —, ist für uns weniger von Belang, mag aber zur Vereinfachung benutzt werden. Der ganze isotrope Cylinder behält sonach bei der Drillung seine Form und Grösse bei, und an der ihn darstellenden Figur 35 entspricht deshalb derselbe Umriss sowohl dem ursprünglichen, wie dem gedrillten Zustande. Die im Innern eintretende Veränderung ist durch die Darstellung eines und desselben keilförmigen Ausschnittes in zwei Positionen

ac und ac' veranschaulicht. Die Keilschneide bleibt auch bei der Deformation in der Axe AA des Cylinders, aber die auf dessen Oberfläche liegenden, ursprünglich geradlinigen Kanten werden dabei zu Schraubenlinien aufgewunden. In Folge hiervon erleidet ein an der Oberfläche gelegenes Elementarprisma von der bei b gezeichneten Gestalt neben der Gesammtverschiebung eine Winkeländerung $\pm\alpha$ an den radialen Kanten, deren Grösse mit dem Betrag der ganzen Drillung ersichtlich im engsten Zusammenhang steht. Denn α ist zugleich der Winkel, den (oben bei a) die Vorderkanten des Keiles in der ursprünglichen und in der neuen Lage einschliessen, und $L \operatorname{tg} \alpha$ — unter L die Cylinderlänge verstanden — ist der Weg, den ein Peripheriepunkt des Endquerschnittes zurücklegt; da dieser Weg aber nach der Figur durch $R\vartheta$ gegeben wird, wobei R den Cylinderradius und ϑ den Drillungswinkel bezeichnet, so ist $L \operatorname{tg} \alpha = R\vartheta$, oder bei kleinem α auch $\vartheta = L\alpha / R$. Ganz dieselbe Betrachtung gestatten Volumenelemente, die nicht der äusseren Cylinderfläche, sondern einer concentrischen inneren anlagern; natürlich sind ihre Winkeländerungen im Verhältniss des kleineren radialen Abstandes gleichfalls geringer.

Während bei einem Kreiscylinder aus isotroper Substanz die betrachteten prismatischen Volumenelemente keine andere Deformation, als jene Winkeländerung, erleiden, und demgemäss jede von zwei benachbarten Querschnitten begrenzte Scheibe ihre Gestalt vollständig bewahrt, so erfahren die Elemente eines Cylinders aus krystallinischer Substanz ausserdem noch andere Winkel- und Längenänderungen; überdies sind hier die prismatischen Elemente eines Kreisringes gegen den Krystall verschieden orientirt, also verschiedenwerthig, und sie erleiden deshalb verschiedene Kanten- und Winkeländerungen. Die Folge hiervon ist, dass bei einem krystallinischen Cylinder die Drillung im allgemeinen von einer Faltung und Verzerrung seiner Querschnitte begleitet ist. Die Grösse der Drillung bestimmt sich demgemäss auch nicht durch die Winkeländerung eines einzelnen prismatischen Elementes, sondern durch das Mittel aus allen denen, welche sämmtliche Prismen eines Ringes erleiden.

Noch complicirter gestalten sich die Verhältnisse bei der Drillung eines rechtwinkeligen Prismas um seine Axe, insofern hier die einzelnen Elemente ausser scheerenden auch normale Spannungen erleiden; indessen sind die hauptsächlichsten Wirkungen den oben beschriebenen durchaus ähnlich.

Hat das gedrillte Prisma die in den Formeln (99) vorausgesetzte Orientirung, und findet die Drillung um die zur Z'-Axe, resp. zur l_3-Kante parallele Mittellinie statt, so führt ihre Beobachtung, je nachdem die Kante l_1 oder l_2 die grössere ist, zur Bestimmung der Moduln s_{44}' oder s_{55}', von denen in diesen Fällen die mittleren Werthe der Winkeländerungen in erster Linie abhängen.

Die Drillung eines Kreiscylinders um seine mit der Z'-Richtung zusammenfallenden Axe wird durch das Aggregat $\frac{1}{2}(s_{44}' + s_{55}')$ gemessen. Während s_{44}' und s_{55}' von der Orientirung aller dreier Coordinatenaxen X', Y', Z' gegen den Krystall abhängen, ist $\frac{1}{2}(s_{44}' + s_{55}')$ nur von der Richtung der Z'-, d. h. der Cylinderaxe abhängig, wie dies nach Symmetrie auch nicht anders sein kann; dieses Aggregat tritt somit einigermaassen in Parallele zu dem Modul s_{33}' der longitudinalen Dilatation, von dem ersichtlich dasselbe gelten muss.[65]) Wir kommen auf diesen Umstand weiter unten nochmals zurück. —

Die bisher benutzten Formelsysteme (97) bis (99) setzten sämmtlich ein in bestimmter, specieller Weise orientirtes Prisma voraus, und die Moduln s_{hk}', die in ihnen auftreten, waren ihm individuell, nämlich für seine homogene Deformation charakteristisch. Wollen wir untersuchen, wie diese Moduln sich ändern, wenn man das Prisma in immer anderer Weise gegen den Krystall orientirt voraussetzt, so ist es nöthig, ein im Krystall festes Coordinatensystem zu Grunde zu legen und die Componenten sowohl des Spannungs-, als des Deformationstripels nach diesem zu benutzen. Wir nennen dieses Axensystem X, Y, Z, die beiderseitigen Componenten nach demselben N_h, T_h und V_h, W_h; dann bildet den Ausdruck der Proportionalität zwischen den Vectortripeln S_h und D_h das folgende System:

100
$$\begin{aligned}
V_1 &= s_{11} N_1 + s_{12} N_2 + s_{13} N_3 \\
&\quad + s_{14} T_1 + s_{15} T_2 + s_{16} T_3, \\
V_2 &= s_{21} N_1 + s_{22} N_2 + s_{23} N_3 \\
&\quad + s_{24} T_1 + s_{25} T_2 + s_{26} T_3, \\
V_3 &= s_{31} N_1 + s_{32} N_2 + s_{33} N_3 \\
&\quad + s_{34} T_1 + s_{35} T_2 + s_{36} T_3, \\
2 W_1 &= s_{41} N_1 + s_{42} N_2 + s_{43} N_3 \\
&\quad + s_{44} T_1 + s_{45} T_2 + s_{46} T_3, \\
2 W_2 &= s_{51} N_1 + s_{52} N_2 + s_{53} N_3 \\
&\quad + s_{54} T_1 + s_{55} T_2 + s_{56} T_3, \\
2 W_3 &= s_{61} N_1 + s_{62} N_2 + s_{63} N_3 \\
&\quad + s_{64} T_1 + s_{65} T_2 + s_{66} T_3;
\end{aligned}$$

in ihm sind die Moduln s_{hk} zwar im allgemeinen auch noch von der Lage des Coordinatensystems XYZ abhängig, aber vollständig bestimmt, wenn für dieses eine Normallage ein für alle Male festgesetzt ist. Auf ein solches Hauptaxensystem bezogen bezeichnet man die s_{hk} als die dem Krystall zugehörigen Elasticitätsmoduln oder kurz als die Hauptmoduln.

Löst man die Gleichungen (100) nach den Spannungscomponenten N_h und T_h auf, so erhält man sechs Formeln von der Gestalt

101
$$\begin{aligned}
N_1 &= c_{11} V_1 + c_{12} V_2 + c_{13} V_3 \\
&\quad + 2 c_{14} W_1 + 2 c_{15} W_2 + 2 c_{16} W_3;
\end{aligned}$$

die in ihm auftretenden 36 Parameter c_{hk} heissen die Elasticitätsconstanten des Krystalles, oder, bei

Betonung des gewählten Hauptaxensystems, auch seine Hauptconstanten. Von dem System (101) gelangt man zu (100) zurück, indem man ersteres nach den Deformationscomponenten auflöst; beide Systeme sind, solange keine anderen Wirkungen — wie z. B. calorische und electrische — neben den rein elastischen ins Spiel treten, einander gleichwerthig; doch findet (100) mehr bei speciellen Problemen, (101) mehr bei allgemeinen theoretischen Untersuchungen Anwendung.

Rufen electrische Kräfte oder Temperaturänderungen Spannungen oder Deformationen hervor, so treten Glieder, die deren Wirkungen ausdrücken, zu den elastischen in den Formeln (100) und (101) hinzu, und der Zusammenhang zwischen den beiden Systemen wird complicirter. Wir gehen auf derartige Fälle in Zusatz VIII und IX näher ein. —

Wendet man auf die Gleichungssysteme (100) resp. (101) die Grundformeln der Thermodynamik an, wie dies in Zusatz VII ausgeführt ist, so gestatten sie die Folgerung, dass die Parameter s_{hk} und s_{kh} einer-, c_{hk} und c_{kh} andererseits einander gleich sein müssen. Die maximale Zahl sowohl der Elasticitätsmoduln, als der -constanten reducirt sich hierdurch von 36 auf 21. Dabei mag übrigens auf das S. 97 über die Anzahl der piëzoelectrischen Moduln Gesagte hingewiesen werden, woraus hervorgeht, dass sich die Zahl von 21 auf ein beliebig gewähltes Coordinatensystem bezieht, dass aber, wenn man durch dessen Wahl drei Beziehungen zwischen den Moduln oder den Constanten erfüllt, nur noch 18 von einander unabhängige Moduln oder Constanten übrig bleiben. —

Eine weitere Reduction tritt ein, wenn der Krystall, auf den die Systeme sich beziehen, Symmetrien besitzt, und wenn ein in Rücksicht auf dieselben geeignet gewähltes Hauptcoordinatensystem X, Y, Z zu Grunde gelegt wird. Man gelangt zu den bezüglichen Relationen, wenn man von dem schon S. 54 angewandten Grundsatz ausgeht, dass, auf gleichwerthige Axensysteme bezogen, die obigen Ansätze identische Formen annehmen müssen. Knüpfen wir z. B. an das Symbol $C, A_3 \perp A_2$ an, — in dem hier die Erwähnung des Symmetriecentrums auch wegbleiben kann, da seine Existenz schon allgemein in dem Ansatz (100) zum Ausdruck kommt —, legen wir die Z-Axe in die dreizählige Hauptaxe, die X-Axe in eine zweizählige Nebenaxe, so muss bei einer Drehung des Coordinatensystems um $\pm 120^0$ um die Z-Axe oder um $\pm 180^0$ um die X-Axe das Formelsystem sich selbst identisch werden. Damit dies stattfinde, müssen einige der Coefficienten s_{hk} resp. c_{hk} verschwinden, andere miteinander in nummerische Beziehung treten; das aus (100) folgende Resultat ist nachstehendes speciellere Schema, welches nur noch sechs Moduln enthält:[66])

102
$$
\begin{aligned}
V_1 &= s_{11}N_1 + s_{12}N_2 + s_{13}N_3 + s_{14}T_1,\\
V_2 &= s_{12}N_1 + s_{11}N_2 + s_{13}N_3 - s_{14}T_1,\\
V_3 &= s_{13}N_1 + s_{13}N_2 + s_{33}N_3,\\
2W_1 &= s_{14}N_1 - s_{14}N_2 + s_{44}T_1,\\
2W_2 &= s_{44}T_2 + 2s_{14}T_3,\\
2W_3 &= 2s_{14}T_2 + 2(s_{11} - s_{12})T_3.
\end{aligned}
$$

Bedenkt man, dass die N_h in die Hauptspannungen S_h übergehen, wenn die T_h sämmtlich verschwinden, so erkennt man leicht den Zusammenhang des Formelsystems (102) mit den auf S. 146 angestellten Ueberlegungen und auch die Ueberlegenheit der hier erörterten allgemeineren Betrachtungsweise über jene specielle.

Aehnliche Schlüsse führen zu den fundamentalen Beziehungen für die übrigen Krystalltypen, und die durchgeführten Berechnungen lehren, dass die 32 Gruppen sich in nur neun Obergruppen verschiedenen elastischen Verhaltens einordnen.[67]) Die Vorgänge der Elasticität reichen somit an Mannigfaltigkeit nicht an die der

Piezoelectricität heran, gehören aber mit diesen jedenfalls zu den reichhaltigsten. —

Will man auf Grund eines der fundamentalen Gleichungssysteme (100) die Moduln s_{hk}' für ein beliebig orientirtes Prisma bestimmen, so hat man nichts weiter zu thun, als jene Gleichungen auf ein Coordinatensystem $X'Y'Z'$ zu transformiren, dessen Axen den Prismenkanten parallel sind. Die Operation ist ganz analog der S. 56 in einem einfacheren Fall ausgeführten; bezeichnet man die nach X', Y', Z' genommenen Spannungscomponenten mit N_h' und T_h', die Deformationscomponenten mit V_h' und W_h', so gelangt man zu Formeln von der Gestalt (97), in denen nun aber an Stelle der Moduln s_{hk}' complicirte Ausdrücke in den Hauptmoduln s_{hk} stehen; diese stellen dann die gesuchte Abhängigkeit jener Grössen von der in den Hauptmoduln ausgedrückten Natur des Krystalls und ausserdem von der Orientirung des Prismas gegen das Hauptaxensystem dar. Die Rechnung und ihre Resultate sind sehr umständlich und können hier nicht mitgetheilt werden; Zusatz XII enthält das allgemeine Schema der Durchführung, sowie einige wichtige specielle Resultate.

Um von dem Zusammenhange der Moduln s_{hk}' des Prismas mit denen s_{hk} des Krystalles eine Vorstellung zu geben, genügt die Bestimmung des Moduls der longitudinalen Dilatation, welcher ohne jene umständliche Transformation auf einem directen Wege zu erhalten ist.

Hierzu benutzen wir, dass die lineare Dilatation V in einer Richtung l nach (83) gegeben ist durch

103 $$\begin{aligned} V = V_1 \cos^2(l, X) + V_2 \cos^2(l, Y) + V_3 \cos^2(l, Z) \\ + 2W_1 \cos(l, Y)\cos(l, Z) + 2W_2 \cos(l, Z)\cos(l, X) \\ + 2W_3 \cos(l, X)\cos(l, Y), \end{aligned}$$

wobei die V_h und W_h nach denselben Axen X, Y, Z genommen sind, gegen welche die Lage von l bestimmt ist. In diesen Ausdruck denken wir die Werthe der

V_h und W_h nach (100) eingesetzt und benutzen in dem Resultat, dass für eine einfache Spannung S in der Richtung von l nach (62) gilt

$$N_1 = S\cos^2(l,X),\ N_2 = S\cos^2(l,Y),\ N_3 = S\cos^2(l,Z),$$

104 $$T_1 = S\cos(l,Y)\cos(l,Z),\quad T_2 = S\cos(l,Z)\cos(l,X),$$

$$T_3 = S\cos(l,X)\cos(l,Y).$$

Wir erhalten dadurch für V einen Ausdruck von der Form

105 $$V = s'S,$$

in dem s' den Modul der longitudinalen linearen Dilatation oder kurz den Dehnungsmodul darstellt und, je nachdem l mit der Kante l_1, l_2 oder l_3, d. h. mit der X', Y' oder Z'-Axe zusammenfällt, mit s_{11}', s_{22}' oder s_{33}' identisch wird. s' ist eine homogene Function vierten Grades des Richtungscosinus $\cos(l,X)$, $\cos(l,Y)$, $\cos(l,Z)$ und lineär in den Moduln s_{hk} des Krystalles; sein Reciprokes bezeichnet man passend als den specifischen Dehnungswiderstand des Krystalles in der Richtung l.

Die Grösse von s', als Function der Richtung von l betrachtet, gewährt eine ziemlich allgemeine Anschauung von dem elastischen Verhalten einer krystallinischen Substanz; besonders wenn man sie von einem festen Punkt aus als Vector auf der Richtung von l aufträgt und die von ihrem freien Endpunkt bei Variation jener Richtung beschriebene Oberfläche — die Dehnungsfläche — construirt, kann man sich leicht über die Symmetrieverhältnisse von s' und die Richtungen grösster und kleinster Dehnung orientiren. Indessen ist zu betonen, dass dieses Verfahren einen vollständigen Aufschluss über die elastischen Eigenschaften einer krystallinischen Substanz nicht giebt; denn in dem Ausdruck für s' treten die für sie charakteristischen 21 Moduln s_{hk} nicht alle von einander unabhängig auf, kommen also nicht einzeln selbständig zur Geltung. Dies lehrt die einfache Ueberlegung, dass eine homogene Function vierten

Grades nur fünfzehn Constanten enthält; sie kann somit auch nur fünfzehn Combinationen der 21 Moduln zeigen. Die genauere Rechnung lehrt in Uebereinstimmung mit dem in Zusatz XII auf anderem Wege abgeleiteten Resultat, dass von den fünfzehn Parametern in s' neun durch je nur einen der Hauptmoduln s_{hk} gebildet werden, während sechs folgende Combinationen der übrigen zwölf Moduln zu je zwei darstellen:

$$s_{44} + 2s_{23}, s_{55} + 2s_{31}, s_{66} + 2s_{12},$$
$$s_{14} + s_{56}, \quad s_{25} + s_{64}, \quad s_{36} + s_{45}.$$

Die hierin enthaltenen zwölf Moduln kommen also in dem Dehnungsmodul s' nicht selbständig zur Geltung. Da aber eine geometrische Darstellung der Eigenschaften eines Krystalles nur dann als vollständig gelten kann, wenn sie jede seiner unabhängig variirbaren Constanten auch einzeln zur Geltung gelangen lässt, so liefert die Dehnungsfläche s' eine solche Darstellung keineswegs.

Wenn man dergleichen aufsucht, so wird man durch die Analogie mit Früherem zunächst auf die Fundamentalgleichungen (100) und auf die Anwendung des S. 139 an ein ähnliches System angeknüpften Verfahrens zurückgeführt. In der That, lässt man in jenen Formeln alle Spannungscomponenten bis auf je ein N_h oder je ein T_h verschwinden und operirt mit den so vereinfachten Werthen, wie a. a. O. gezeigt, so erhält man drei Gleichungen von der Form:

$$\frac{1}{\pm N_i} = s_{1i}x^2 + s_{2i}y^2 + s_{3i}z^2 + s_{4i}yz + s_{5i}xz + s_{6i}xy, \tag{106}$$

und, wenn man $i + 3 = k$ setzt, drei von der anderen

$$\frac{1}{\pm T_i} = s_{1k}x^2 + s_{2k}y^2 + s_{3k}z^2 + s_{4k}yz + s_{5k}zx + s_{6k}xy, \tag{107}$$

die genau der Formel (94) entsprechen. Eine jede bestimmt eine gewisse centrische Oberfläche zweiten Grades, deren reciproke quadrirte Radienvectoren die ihnen parallelen linearen Dilatationen messen, welche je durch die links stehende Componente N_i oder T_i bewirkt werden. In diesen Gleichungen erscheinen alle 36 Moduln gesondert; die sechs Oberflächen zusammen stellen also jedenfalls die elastischen Eigenschaften des Krystalles erschöpfend dar.

Aber man kann gegen diese Darstellung einwenden, dass sie mehr Hilfsmittel aufbietet, als absolut nöthig sind, und somit unnöthig complicirt ist; in der That benutzt sie alle 36 Moduln s_{hk} als von einander unabhängig und nimmt auf die Vereinfachung, welche durch die Beziehungen $s_{hk} = s_{kh}$ eingeführt wird, keine Rücksicht. Dazu kommt als weiterer ungünstiger Umstand, dass die eingeführten sechs Oberflächen mit den wirklich angestellten Beobachtungen nicht in einfachen Beziehungen stehen. In letzterer Hinsicht ist ihnen die Fläche des Dehnungsmoduls s', welche sich nach S. 151 als die blosse Zusammenfassung einer Reihe von directen Messungsresultaten ansehen lässt, an Anschaulichkeit soweit überlegen, dass man wohl stets versuchen wird, eine Darstellung zu finden, die jene Fläche jedenfalls als die eine der Grundlagen benutzt. Als zweite bietet sich nach S. 155 der Modul der Drillung eines Kreiscylinders um seine Axe, der, wie s', nur eine Function der Richtung von dessen Axe l sein kann und mit s'' bezeichnet werden mag. Fällt die Cylinderaxe mit der Z'-Axe des in (97) vorausgesetzten Coordinatensystems zusammen, so ist s'' mit $\frac{1}{2}(s_{44}' + s_{55}')$ identisch. Die Berechnung des Drillungsmoduls s'' nach der auf S. 159 erörterten Methode führt, wie in Zusatz XII ausgeführt ist, zu dem Resultat, dass er ebenso, wie der Dehnungsmodul s', eine homogene Function vierten Grades der Richtungscosinus $\cos(l, X)$, $\cos(l, Y)$, $\cos(l, Z)$ ist und somit fünfzehn Glieder enthält. Man überzeugt sich auch, dass die Verbindungen, in denen jene zwölf in s' paarweise verbundenen Hauptmoduln s_{hk} in den Factoren dieser Glieder auftreten, andere sind, als die in s' vorkommenden, so dass also Veränderungen ihrer Werthe, auf welche s' nicht reagirt, jedenfalls s'' beeinflussen. Somit wird also, wenn s'' als Strecke auf der Richtung l aufgetragen wird, die entstehende Drillungsfläche mit der Dehnungsfläche zusammen alle elastischen Eigenschaften eines Krystalles wiederzugeben vermögen.

Aber wenn diese Darstellung auch bezüglich der Einfachheit der vorher beschriebenen überlegen ist, so besitzt sie doch denselben Mangel, mehr Parameter heranzuziehen, als nöthig sind; denn unter den benutzten 30 Aggregaten der 21 Moduln sind natürlich neun von den übrigen abhängig. Wir können diesen Uebelstand vermeiden durch Benutzung eines eigenthümlichen, gleichfalls in Zusatz XII abgeleiteten Satzes[68]), nach welchem die Verbindung $s_0 = s' + {}^1/_2\, s''$, d. h. die Summe des Dehnungs- und des halben Drillungsmoduls — obwohl jeder für sich vom vierten Grade ist — durch einen homogenen Ausdruck zweiten Grades in den cos (l, X), cos (l, Y), cos (l, Z) dargestellt wird. Ein solcher Ausdruck enthält nur sechs Parameter, und die genauere Untersuchung zeigt, dass dieselben jene zwölf Moduln, welche in dem Werth von s' nur in sechs bestimmten Combinationen auftreten, in anderer Verbindung enthalten, somit von den Parametern in s' unabhängig sind. Die Ausdrücke s' und $s' + {}^1/_2\, s''$ enthalten also ebensoviel von einander unabhängige Aggregate der Elasticitätsmoduln, als die Zahl der letzteren beträgt; die geometrische Construction dieser beiden Functionen liefert somit eine Veranschaulichung aller elastischen Eigenschaften des Krystalles, welche nichts Ueberflüssiges benutzt. Man wird diese Construction passend so ausführen, dass man die derselben Richtung l entsprechenden Zahlwerthe von s' und $s_0 = s' + {}^1/_2\, s''$ als Strecken vom Coordinatenanfang aus auf jener Richtung aufträgt und somit neben der früher so genannten Oberfläche s' eine zweite s_0 bildet. Die Differenz der beiden in dieselbe Richtung fallenden Radienvectoren giebt dann direct $\frac{1}{2} s''$, d. h., die Hälfte des dieser Richtung entsprechenden Drillungsmoduls. —

Zur Verdeutlichung der vorstehend mitgetheilten allgemeinen Resultate theilen wir noch die specielle Form mit, welche dieselben für unsere drei typischen, hier gleichwerthigen Krystalle Kalkspath, Quarz und Turmalin annehmen.

Die Methode der Berechnung des Dehnungsmoduls s' ist auf S. 159—160 angegeben; die Ausführung gestaltet sich in unserem Falle relativ einfach, da das specielle System (102) an Stelle des allgemeinen (100) tritt. Man erhält zunächst nach einer Reduction, welche die Beziehung $\cos^2(l, X) + \cos^2(l, Y) + \cos^2(l, Z) = 1$ benutzt, den Ausdruck

108
$$\begin{aligned} s' = {} & s_{11} \sin^4(l, Z) + s_{33} \cos^4(l, Z) \\ & + (s_{44} + 2 s_{13}) \sin^2(l, Z) \cos^2(l, Z) \\ & + 2 s_{14} \cos(l, Y) \cos(l, Z) [3 \cos^2(l, X) - \cos^2(l, Y)]. \end{aligned}$$

Führt man im Anschluss an Figur 23, in der jetzt l_1 mit unserem l identificirt werden mag, den Winkel φ zwischen l und Z und den Winkel ϑ zwischen den Ebenen (l, Z) und (X, Z) ein, setzt also

109
$$\cos(l, X) = \sin\varphi \cos\vartheta, \quad \cos(l, Y) = \sin\varphi \sin\vartheta, \quad \cos(l, Z) = \cos\varphi,$$

so erhält man auch[69])

110
$$\begin{aligned} s' = {} & s_{11} \sin^4\varphi + s_{33} \cos^4\varphi + (s_{44} + 2 s_{13}) \sin^2\varphi \cos^2\varphi \\ & + 2 s_{14} \sin^3\varphi \cos\varphi \sin 3\vartheta. \end{aligned}$$

Die Methode zur Berechnung des Drillungsmoduls s'' kann hier nicht weiter auseinandergesetzt werden, als S. 159 bezüglich aller der abgeleiteten Moduln s_{hk}' geschehen ist. Drückt man das Resultat in den oben definirten Winkeln φ und ϑ aus, so erhält man[70])

111
$$\begin{aligned} s'' = {} & s_{44} + [(s_{11} - s_{12}) - \tfrac{1}{2} s_{44}] \sin^2\varphi \\ & + 2 (s_{11} + s_{33} - s_{44} - 2 s_{13}) \sin^2\varphi \cos^2\varphi \\ & - 4 s_{14} \sin^3\varphi \cos\varphi \sin 3\vartheta. \end{aligned}$$

Durch Combination beider Resultate findet man nach einfachen Reductionen

$$s_0 = s' + \tfrac{1}{2} s'' = \tfrac{1}{2}(3 s_{11} - s_{12} + \tfrac{1}{2} s_{44}) \sin^2 \varphi + (s_{33} + \tfrac{1}{2} s_{44}) \cos^2 \varphi. \qquad 112$$

Es enthalten also in der That die beiden Ausdrücke s' und s_0 ebensoviel von einander unabhängige Parameter, als die Krystalle, für die jene Formeln gelten, Hauptmoduln s_{hk} besitzen. Die geometrische Construction derselben giebt demgemäss mit der kleinstmöglichen Zahl von Parametern eine erschöpfende Darstellung aller elastischen Eigenschaften der fraglichen Krystalle.

Wollen wir diese Darstellung für eine bestimmte Substanz wirklich ausführen, so brauchen wir natürlich die Zahlwerthe der ihr individuellen Hauptmoduln s_{hk}. Zu deren Bestimmung gelangt man am bequemsten durch die Messung von Biegung und Drillung rechtwinkliger Prismen von geeigneter Orientirung.

Von der Biegung eines beliebig gestalteten Cylinders oder Prismas ist S. 151 gezeigt, dass sie durch den Dehnungsmodul s' gemessen wird. Da s' vier Parameter enthält, so genügt die Beobachtung von vier Werthen $s_1', s_2'\ s_3'\ s_4'$ desselben an vier geeigneten Prismen, um sie zu bestimmen. Wählt man deren Orientirung so, dass

$\varphi = 0$, ϑ beliebig, so ist $s_1' = s_{33}$,
$\varphi = 90^0$, ϑ beliebig, so ist $s_2' = s_{11}$,
$\varphi = 45^0$, $\vartheta = 90^0$, so ist $s_3' =$

$$= \tfrac{1}{4}(s_{11} + s_{33} + s_{44} + 2 s_{13} - 2 s_{14}),$$

$\varphi = 135^0$, $\vartheta = 90^0$, so ist $s_4' =$

$$= \tfrac{1}{4}(s_{11} + s_{33} + s_{44} + 2 s_{13} + 2 s_{14}),$$

und die Combination dieser Beobachtungen ergiebt leicht die vier Ausdrücke s_{11}, s_{33}, $s_{44} + 2 s_{13}$, s_{14}.

Die Theorie der Drillung eines rechtwinkligen Prismas kann hier nicht auseinandergesetzt werden; wir wollen daher die weitere Besprechung an den Ausdruck (111) für den Drillungsmodul s'' eines Kreiscylinders anknüpfen, obgleich dergleichen Präparate in Wirklichkeit kaum herzustellen sind. Die Beobachtung an zwei Kreiscylindern von den Orientirungen

$\varphi = 0$, ϑ beliebig, würde geben $s_1'' = s_{44}$,
$\varphi = 90^0$, ϑ beliebig, „ „ $s_2'' = s_{11} - s_{12} + {}^1/_2\, s_{44}$,

und die Verbindung dieser Grössen mit den durch Biegung gefundenen liefert in der That alle sechs Moduln $s_{11}, s_{33}, s_{44}, s_{12}, s_{13}, s_{14}$.

Die experimentelle Bestimmung der Elasticitätsmoduln erfordert grössere Stücke der betreffenden Krystalle und fehlerfreieres Material, als die meisten anderen beschriebenen Messungen, und ist daher bisher erst für wenige Substanzen durchgeführt. Wir geben nachstehend die für Kalkspath, Turmalin, Quarz erhaltenen Werthe an[71]), welche die früher definirte Lage des Hauptaxensystems voraussetzen; da aber mit jener Definition immer noch zwei um 180^0 um die Z-Axe gegen einander gedrehte und einander nicht gleichwerthige Axensysteme vereinbar sind, so setzen wir jetzt noch fest, dass die positive Y-Axe aus einer der $+Z$-Axe anliegenden Fläche des krystallographisch festgesetzten Hauptrhomboëders austreten soll. In Figur 2 würde sonach die mit der Axe A_3 parallele Z-Axe nach oben, die mit der Axe A_2 parallele X-Axe nach links, die Y-Axe nach vorn positiv zu rechnen sein.

Was die benutzten Einheiten anbetrifft, so hängen dieselben gemäss den die Hauptmoduln definirenden Formeln (100) von den für die Deformationen und für die Spannungen gewählten ab. Die Deformationscomponenten sind aber als Verhältnisse von Strecken oder Winkeln reine Zahlen, somit kommen nur die Einheiten der Spannungen in Frage. Sogenannte absolute Einheiten werden erhalten, wenn man die Spannungen durch die Anzahl der Dynen ausdrückt, die auf 1 qcm wirken. Bei Voraussetzung derselben folgt aus den Beobachtungen nachstehendes Werthsystem. Es ist

für Kalkspath	$s_{11} = 11,4 \cdot 10^{-13}$,	$s_{33} = 17,5 \cdot 10^{-13}$,
	$s_{44} = 40,3$ „	
	$s_{12} = -3,74$ „	$s_{13} = -4,33$ „
	$s_{14} = 9,15$ „	
„ Turmalin	$s_{11} = 3,99$ „	$s_{33} = 6,25$ „
	$s_{44} = 15,1$ „	
	$s_{12} = -1,03$ „	$s_{13} = -0,16$ „
	$s_{14} = 0,58$ „	
„ Quarz	$s_{11} = 13,0$ „	$s_{33} = 9,90$ „
	$s_{44} = 20,0$ „	
	$s_{12} = -1,66$ „	$s_{13} = -1,52$ „
	$s_{14} = -4,32$ „	

Soll der Druck, wie das in der Technik mitunter geschieht, durch die Anzahl von Kilogrammen Gewicht ausgedrückt werden, die auf das Quadratmillimeter wirken, so sind die obigen Moduln mit $0,980 \cdot 10^8$ zu multipliciren; soll er in Atmosphären angegeben werden, so ist statt dessen der Factor $1,014 \cdot 10^6$ hinzuzufügen.

Zum Verständniss der einzelnen vorstehend gegebenen Zahlen ist an die auf S. 145 erörterte anschauliche Deutung der Elasticitätsmoduln s_{hk}' zu erinnern. Die Formeln (102) setzen das oben besprochene Hauptaxensystem XYZ voraus; zur Veranschaulichung der Hauptmoduln s_{hk} ist somit ein Elementarprisma zu benutzen, das entsprechend so aus dem Krystall geschnitten ist, dass seine Kanten l_1, l_2, l_3 den Axen X, Y, Z parallel sind. Bei einer normalen Spannung nach der Kante l_1 misst s_{11} die longitudinale Dilatation, s_{12} und s_{13} die transversale nach l_2 und l_3, s_{14} die Winkeländerung an der Kante l_1; bei einer Spannung nach l_2 misst s_{11} die longitudinale Dilatation, s_{13} und s_{12} die transversale nach l_3 und l_1, $-s_{14}$ die Winkeländerung an der Kante l_1; bei einer Spannung nach l_3 misst s_{33} die longitudinale Dilatation, s_{13} die transversale nach l_1 und l_2. Bei einer scheerenden Spannung nach der Kante l_1 treten Dilatationen nach der Kante l_1 und l_2

ein, die mit s_{14} und $-s_{14}$ proportional sind; dazu eine durch s_{44} gemessene Winkeländerung an der Kante l_1; scheerende Spannungen nach den Kanten l_2 und l_3 geben nur Winkeländerungen an den Kanten l_2 und l_3, die im ersteren Falle durch s_{44} und $2s_{14}$, im letzteren durch $2s_{14}$ und $2(s_{11}-s_{12})$ gemessen werden.

Es möge besonders darauf aufmerksam gemacht werden, wie die Vorzeichen der Moduln den S. 147 angestellten allgemeinen Ueberlegungen entsprechen, und was ihre Bedeutung ist. Die oben besonders betonte Verfügung über die als positiv gewählte Seite der X- und Y-Axe hat, wie eben jene Ueberlegungen zeigen, einen Einfluss nur auf das Vorzeichen des Moduls s_{14}.

Was die Grössenordnung der mitgetheilten Modulwerthe betrifft, so sind die einfachsten Mittel zu deren Veranschaulichung durch ihre soeben auseinandergesetzten Bedeutungen an die Hand gegeben. Man erhält z. B. für einen der Hauptaxe parallelen Stab von Kalkspath, wenn derselbe mit einem kg pro qmm zusammengedrückt wird, eine Verkürzung um den $17 \cdot 10^{-6}$. Theil, somit bei einer Länge von 10 cm eine solche um 0,017 mm. Die Deformationscomponenten sind bei Spannungen, welche das Material nicht gefährden, jederzeit ausserordentlich klein, und dadurch tritt der Vortheil der indirecten Beobachtungsmethoden, über welche S. 150 u. 152 gesprochen ist, deutlich hervor. —

Gehen wir nun dazu über, speciell für Kalkspath die oben beschriebene Construction auszuführen, so müssen wir uns hier auf die Darstellung einzelner Schnitte der betreffenden Oberflächen beschränken, während dieselben natürlich durch räumliche Modelle vollständig wiedergegeben werden können. Für die Ebenen dieser Schnitte, soweit sie die Dehnungs- und die Drillungsfläche angehen, empfehlen sich die Coordinatenebenen des Hauptaxensystems XYZ.

Der Ausdruck (110) für den Dehnungsmodul s' nimmt in den drei Coordinatenebenen folgende Formen an:

YZ-Ebene, $\vartheta = 90^0$

$$s' = s_{11} \sin^4 \varphi + s_{33} \cos^4 \varphi + (s_{44} + 2 s_{13}) \sin^2 \varphi \cos^2 \varphi - 2 s_{14} \sin^3 \varphi \cos \varphi;$$

ZX-Ebene, $\vartheta = 0^0$

$$s' = s_{11} \sin^4 \varphi + s_{33} \cos^4 \varphi + (s_{44} + 2 s_{13}) \sin^2 \varphi \cos^2 \varphi;$$

XY-Ebene, $\varphi = 90^0$

$$s' = s_{11}.$$

Trägt man s' als Vector auf, so erhält man die in Figur 36, 37, 38 dargestellten Curven. Um eine Vorstellung von der Gestalt der Oberfläche s' zu erhalten, hat man entsprechend der Dreizähligkeit der Z-Axe jede der Curven 36 und 37 drei Mal herzustellen und diese Copien, wie das in Figur 38 angedeutet ist, abwechselnd in je 60^0 gegenseitiger Neigung normal zu der Ebene der Curve 38 so zu befestigen, dass ihre horizontalen Mittellinien Durchmesser des Kreises bilden.

Der Ausdruck (111) für den Drillungsmodul s'' nimmt in den Coordinatenebenen folgende Formen an:

YZ-Ebene, $\vartheta = 90^0$,

$$s'' = s_{44} + [(s_{11} - s_{12}) - \tfrac{1}{2} s_{44}] \sin^2 \varphi + 2(s_{11} + s_{33} - s_{44} - 2 s_{13}) \sin^2 \varphi \cos^2 \varphi + 4 s_{14} \sin^3 \varphi \cos \varphi;$$

ZX-Ebene, $\vartheta = 0^0$,

$$s'' = s_{44} + [(s_{11} - s_{12}) - \tfrac{1}{2} s_{44}] \sin^2 \varphi + 2(s_{11} + s_{33} - s_{44} - 2 s_{13}) \sin^2 \varphi \cos^2 \varphi;$$

XY-Ebene, $\varphi = 90^0$,

$$s'' = s_{11} - s_{12} + \tfrac{1}{2} s_{44}.$$

Die Construction von $\frac{1}{2} s''$ als Vector, die einerseits des bequemen Maassstabes, andererseits des Folgenden wegen derjenigen von s'' vorgezogen ist, liefert die drei Curven 39, 40, 41; ihre Zusammensetzung zur Veranschaulichung der Oberfläche $\frac{1}{2} s''$ hat in derselben Weise zu geschehen, wie oben in Bezug auf die Fläche s' entwickelt ist.

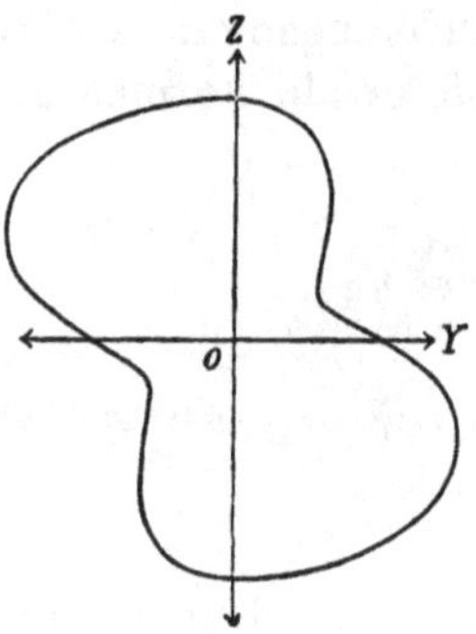

Fig. 36.

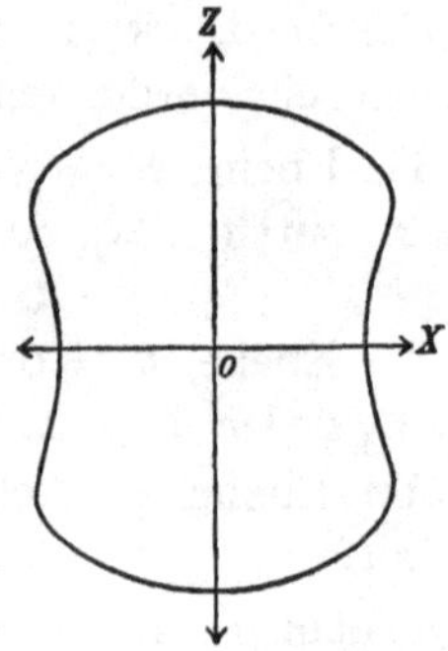

Fig. 37.

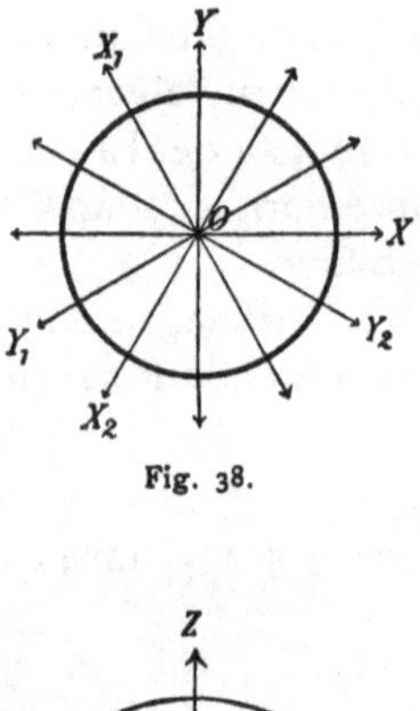

Fig. 38.

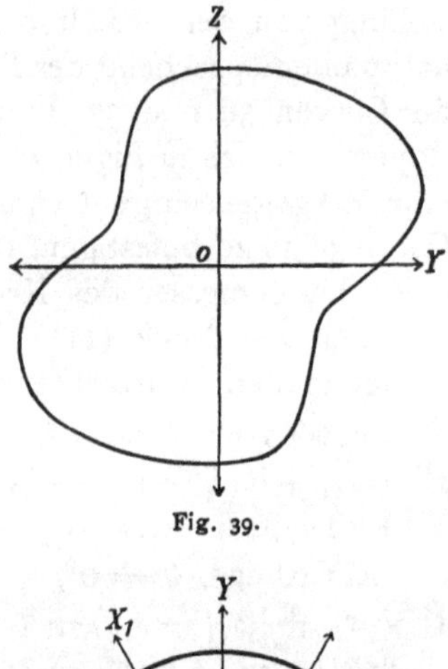

Fig. 39.

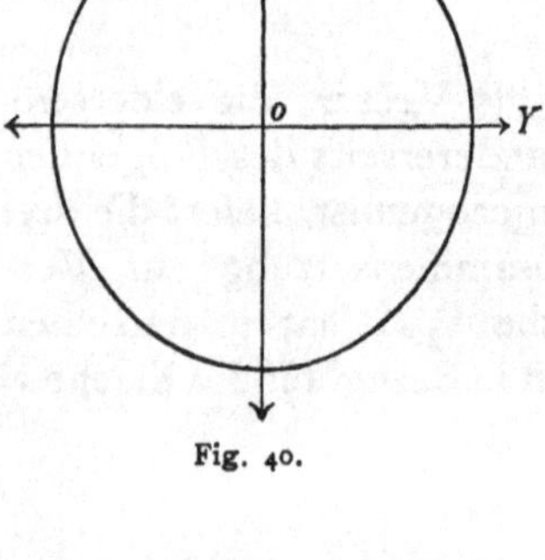

Fig. 40.

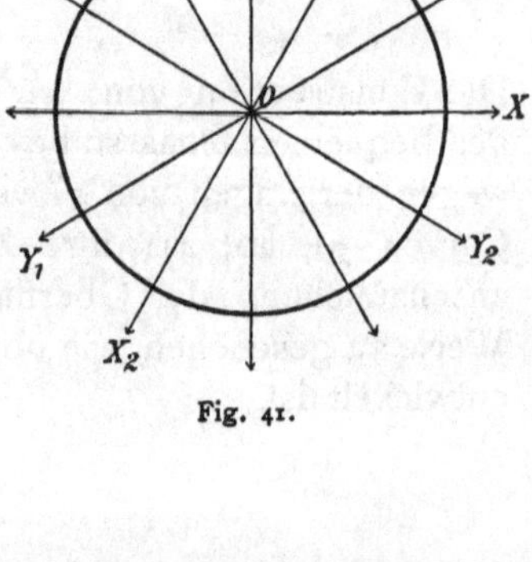

Fig. 41.

Die beiden Flächen erhalten Gestalten, die man passend als abgerundete Rhomboëder bezeichnen kann; die drei Schnitte $\vartheta = 90^0, 210^0, 330^0$ stellen ihre drei Symmetrieebenen, die drei zu ihnen normalen Richtungen $\varphi = 90^0$ und $\vartheta = 0^0, 120^0, 240^0$ ihre drei zweizähligen Symmetrieaxen dar.

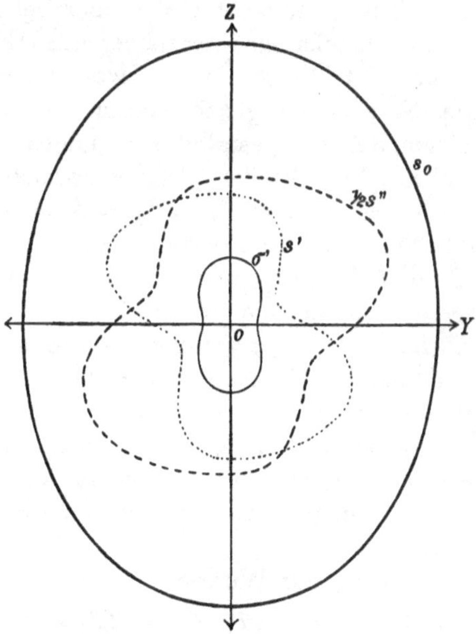

Fig. 42.

Der Ausdruck (112) für $s_0 = s' + \frac{1}{2} s''$ ist von ϑ durchaus unabhängig, also bei gleichem Neigungswinkel φ rings um die Z-Axe von gleicher Grösse. Die Oberfläche s_0, wie die früheren dargestellt, ist somit eine Rotationsfläche, und es genügt zu ihrer Charakterisirung die Darstellung nur eines meridionalen Schnittes. Einer derselben ist in Figur 42 dargestellt; er ist als derjenige der YZ-Ebene bezeichnet, weil in ihm die

Schnitte der Oberflächen s' und $\frac{1}{2}s''$ mit jener Ebene eingetragen sind, aus denen er abgeleitet werden kann. Die Zusammenstellung zeigt deutlich, wie in der Combination $s' + \frac{1}{2}s''$ die Unsymmetrie in Bezug auf die Z-Axe, welche s' und s'' für sich genommen besitzen, in Wegfall kommt. —

Wir gehen schliesslich noch auf einen speciellen Fall ein, der sich an Einfachheit den oben behandelten, nur einer normalen oder nur einer scheerenden Spannung, nahe anschliesst[72]). Es ist der Fall, wo die drei Hauptspannungen S_h einander gleich werden, und der nach S. 25 in einem beliebig gestalteten homogenen Körper eintritt, auf den ein allseitig gleicher normaler Druck ausgeübt wird; es gilt dann $S_1 = S_2 = S_3 = -P$, wobei P die Grösse des Druckes bedeutet. Schon früher ist darauf aufmerksam gemacht, dass der hierdurch charakterisirte Zustand ein scalarer ist; damit hängt zusammen, dass seine Darstellung von dem Coordinatensystem unabhängig ist. In der That kann man an sich ebenso gut von dem beliebigen System $X'Y'Z'$, als von dem Hauptsystem XYZ ausgehen; doch wird das letztere dann vorzuziehen sein, wenn es sich darum handelt, die Deformationen durch die Hauptmoduln s_{hk} auszudrücken.

Die Einführung der Werthe

$$N_1' = N_2' = N_3' = -P, \quad T_1' = T_2' = T_3' = 0,$$

liefert aus (97) folgende für das System $X', Y' Z'$ gültige Beziehungen:

113
$$\begin{aligned}
V_1' &= -P(s_{11}' + s_{12}' + s_{13}'),\\
V_2' &= -P(s_{21}' + s_{22}' + s_{23}'),\\
V_3' &= -P(s_{31}' + s_{32}' + s_{33}'),\\
2W_1' &= -P(s_{41}' + s_{42}' + s_{43}'),\\
2W_2' &= -P(s_{51}' + s_{52}' + s_{53}'),\\
2W_3' &= -P(s_{61}' + s_{62}' + s_{63}').
\end{aligned}$$

Schreibt man sie in der Form

$$V_1' = -Pb_1',\ V_2' = -Pb_2',\ V_3' = -Pb_3',$$
$$2W_1' = -Pb_4',\ 2W_2' = -Pb_5',\ 2W_3' = -Pb_6', \quad 114$$

so stellen die Factoren b_h' die Moduln der Deformation des Krystalles durch allseitig gleichen Druck für das System $X'Y'Z'$ dar. Denkt man sich der Betrachtung ein nach den Axen X', Y', Z' orientirtes Prisma unterzogen, so können jene Moduln ebenso, wie S. 145—146 die s_{hk}', als ihm individuell bezeichnet werden.

Die Formeln (114) gehen durchaus den in (26) enthaltenen parallel; in der That ist die thermische Deformation ebensowohl eine Wechselwirkung zwischen einem Scalar und einem Tensortripel, wie die hier betrachtete, und den Moduln der thermischen Deformation a_h' dort entsprechen genau die Moduln

$$b_h' = -(s_{h1}' + s_{h2}' + s_{h3}')$$

der Deformation durch allseitig gleichen Druck hier. Demgemäss finden auch alle für die thermische Dilatation gezogenen Folgerungen hier ihr Analogon. Es genügt, nur Einiges hervorzuheben.

Für jeden Krystall giebt es ein ihm individuelles Coordinatensystem, auf welches bezogen die Ausdrücke für die Winkeländerungen W_h verschwinden, also die Moduln b_4', b_5', b_6' gleich Null sind.

Diese Axen stellen die Hauptdilatationsaxen des Krystalls bei allseitig gleichem Druck dar. Auf sie bezogen nimmt das System (114) die Form an

$$D_1 = -Pb_1,\ D_2 = -Pb_2,\ D_3 = -Pb_3, \quad 115$$

denn die linearen Dilatationen V_h' werden hier zu den Hauptdilatationen D_h, und die Winkeländerungen W_h verschwinden. Ein nach ihnen orientirtes rechtwinkliges Prisma ändert bei allseitig gleichem Druck seine Kantenlängen gemäss (115), bewahrt aber seine Winkel.

Eine aus einem Krystall hergestellte Kugel vom Radius r verwandelt sich durch allseitig gleichen Druck in ein Ellipsoid, dessen Halbaxen den Hauptdilatationsaxen parallel sind und die resp. Längen $r(1 - Pb_1)$,

$r(1 - Pb_2)$, $r(1 - Pb_3)$ haben. Ist eine der Axen, z. B. Z, eine mehrzählige Symmetrieaxe des Krystalls, so sind die Deformationsmoduln nach den dazu normalen Richtungen, hier also b_1 und b_2, einander gleich, und das Ellipsoid wird zum Rotationsellipsoid; sind mehrere mehrzählige Axen vorhanden, so sind alle b_h einander gleich, und das Ellipsoid wird zu einer Kugel.

Wir können das oben S. 156 eingeführte Hauptaxensystem XYZ jederzeit so wählen, dass seine Axen mit den Hauptdilatationsaxen zusammenfallen. Damit sind dann zugleich in dem Sinne des S. 157 Gesagten zwischen den 21 Hauptmoduln des Krystalles drei willkürliche Beziehungen angenommen, nämlich

116 $s_{41} + s_{42} + s_{43} = 0, \; s_{51} + s_{52} + s_{53} = 0, \; s_{61} + s_{62} + s_{63} = 0,$

und der Krystall besitzt dann deren im Grunde nur noch achtzehn.

Das Hauptaxensystem, welches wir auf S. 158 für den Gesammttypus der Krystalle Kalkspath, Turmalin, Quarz festgesetzt haben, hat die eben erörterte Eigenschaft. Denn die für jenen Typ charakteristischen Gleichungen (102) zeigen, dass von den ihm entsprechenden und in den Bedingungen (116) auftretenden Moduln alle verschwinden mit Ausnahme von $s_{14} = s_{41}$ und $s_{24} = s_{42}$, die sich indessen zu Null ergänzen. In Folge hiervon sind denn für unsere typischen Krystalle die Formeln (116) identisch erfüllt.

Führen wir das so definirte Hauptaxensystem ein, so nehmen die Ausdrücke (113) für die Deformationscomponenten bei allseitig gleichem Druck die folgende Gestalt an

117
$$\begin{gathered} V_1 = D_1 = -P(s_{11} + s_{12} + s_{13}), \\ V_2 = D_2 = -P(s_{21} + s_{22} + s_{23}), \\ V_3 = D_3 = -P(s_{31} + s_{32} + s_{33}), \\ W_1 = W_2 = W_3 = 0. \end{gathered}$$

Ihre Einfügung in die allgemeine Formel (83) für die lineare Dilatation V in einer Richtung l aber liefert

$$V = -P[(s_{11} + s_{12} + s_{13}) \cos^2(l, X) + (s_{21} + s_{22} + s_{23}) \cos^2(l, Y) + (s_{31} + s_{32} + s_{33}) \cos^2(l, Z)]. \quad 118$$

Schreiben wir dies kurz

$$V = -\sigma' P, \quad 119$$

so kann man σ' als den Modul der lineären Compression bei allseitig gleichem Druck bezeichnen.

Dieser Modul hat nach seiner Definition eine gewisse physikalische Verwandtschaft mit dem Modul s' der lineären Dilatation bei einseitigem Zug — oder, was dasselbe ist, mit dem der lineären Compression bei einseitigem Druck. Er steht mit ihm auch in einem eigenthümlichen analytischen Verhältniss. Zieht man nämlich die Bedingungen (116) heran, durch welche das benutzte Hauptaxensystem definirt ist, und vergleicht die in (116) und (118) auftretenden Aggregate von Moduln mit den auf S. 161 erwähnten sechs Modulpaaren aus dem Werth von s', so bemerkt man, dass von den in letzteren enthaltenen zwölf Moduln sechs, nämlich s_{23}, s_{31}, s_{12}, s_{14}, s_{25}, s_{36} in (116) und (118) auftreten, die übrigen sechs, nämlich s_{44}, s_{55}, s_{66}, s_{56}, s_{64}, s_{45} aber nicht. Die in den Formeln (116) und (118) vorkommenden Parameter sind also von den in s' enthaltenen unabhängig.

Hieraus ergiebt sich, dass die Combination der Moduln s' und σ' eine weitere und zwar vielleicht einfachste geometrische Veranschaulichung der elastischen Eigenschaften eines Krystalles vermittelt. Nachdem das Coordinatensystem XYZ den Bedingungen (116) gemäss gewählt ist, besitzt der Krystall im allgemeinsten Falle nur noch achtzehn unabhängige Elasticitätsmoduln s_{hk}. Fünfzehn unabhängige Aggregate von ihnen bestimmen den Modul s', drei den Modul σ'; construirt man also in der früheren Weise s' und σ' als Vectoren, so erhält man zwei Oberflächen, welche die elastischen Eigenschaften des Krystalles erschöpfend darstellen.[73])

Diese Methode gewinnt an Werth durch den Umstand, dass die Oberfläche σ' das Gesetz auch einer bisher noch nicht erwähnten Deformation veranschaulicht.

Nach dem am Ende von Zusatz III Entwickelten entspricht einer beliebigen Deformation mit den Componenten V_h und W_h eine Vergrösserung der Volumeneinheit, d. h. eine cubische Dilatation U, von dem Betrage

120 $$U = V_1 + V_2 + V_3.$$

Ist die Deformation durch eine einfache Spannung S in einer Richtung l bewirkt, so haben die Spannungscomponenten N_h, T_h die in (62) angegebenen Werthe; aus ihnen folgen die entsprechenden Dilatationen V_h durch Einsetzen dieser Ausdrücke in die allgemeinen Beziehungen (100), und mit deren Hilfe berechnet sich bei Voraussetzung des durch (116) definirten Hauptaxensystemes XYZ die cubische Dilatation, welche die einfache Spannung S begleitet, zu

121 $$\begin{aligned} U = S[&(s_{11} + s_{12} + s_{13}) \cos^2(l, X) \\ &+ (s_{21} + s_{22} + s_{23}) \cos^2(l, Y) \\ &+ (s_{31} + s_{32} + s_{33}) \cos^2(l, Z)]. \end{aligned}$$

Schreibt man dies kurz

122 $$U = s^c S,$$

so kann man s^c als den Modul der cubischen Dilatation bei einseitiger Spannung bezeichnen.

Die Vergleichung der Formeln (118) und (121) liefert die Beziehung $\sigma' = s^c$ und ergiebt somit den Satz: Der Modul der linearen Compression in einer beliebigen Richtung, welche ein allseitig gleicher Druck bewirkt, und der Modul der cubischen Dilatation durch eine nach derselben Richtung wirkende einfache Spannung sind identisch.[74])

Hieraus erhellt, dass die oben eingeführte Oberfläche zugleich mit der ersteren auch die letztere Deformation veranschaulicht.

Indessen findet noch eine weitere interessante Beziehung statt. Am Ende von Zusatz III wird gezeigt, dass die obige Formel (120) gültig ist, unabhängig von der Lage der Axen, nach welchen die Deformationscomponenten V_h und W_h genommen sind. Es gilt somit auch, wenn wir das Coordinatensystem $X' Y' Z'$ voraussetzen,

$$U = V_1' + V_2' + V_3',$$

und dies lässt sich schreiben, wenn wir die Richtung von X' mit derjenigen der einfachen Spannung S zusammenfallen lassen,

$$U = (s' + s^o) S, \qquad 123$$

worin s', wie früher, den Dehnungsmodul bedeutet und s^o eine neue Bezeichnung darstellt.

Nun ist aber nach Zusatz III $V_2' + V_3'$ die Vergrösserung der parallel der $Y'Z'$-Ebene gelegenen Flächeneinheit in Folge der Deformation; somit stellt s^o den Modul der Flächendilatation normal zur Spannung S dar, misst z. B. die Vergrösserung des Querschnittes eines Cylinders, der längs seiner mit der X'-Axe zusammenfallenden Axe durch S gespannt ist. Ferner liefert die Vergleichung von (122) und (123) die Beziehung

$$s^c = s' + s^o, \text{ resp. } s^o = s^c - s', \qquad 124$$

oder wegen $s^c = \sigma'$ auch die weitere

$$s^o = \sigma' - s', \qquad 125$$

welche s^o durch σ' und s' bestimmt.

Gehen wir jetzt auf unsere Darstellung der elastischen Eigenschaften eines Krystalles mit Hilfe der Oberflächen s' und σ' zurück, so ergiebt (125), dass der auf irgend einem Radiusvector zwischen diesen beiden Flächen liegende Abschnitt den Modul s^o der Flächendilatation normal zu diesem Vector bei einer ihm parallelen einfachen Spannung darstellt. Dieser Modul ist negativ, die Querdilatation also bei einer Zugspannung eine Contraction, wenn für die betrachtete Richtung, wie zumeist, $s' > \sigma'$ ist. Man erkennt aus Vorstehendem, dass die Benutzung der Oberflächen s' und σ' sich durch die Zahl der mit ihrer Hilfe dargestellten Beziehungen ausserordentlich empfiehlt.

Das Einzige, was gegen diese Methode eingewendet werden könnte, ist der Umstand, dass Beobachtungen bei allseitig gleichem Druck wegen der Kleinheit der eintretenden Veränderungen kaum je zur Bestimmung der drei in σ' auftretenden Parameter führen werden, dass dieselben also faktisch aus der Combination von Biegungs- und Drillungsbeobachtungen berechnet werden müssen, und dass deshalb die Beziehung der Oberfläche σ' zur Beobachtung keine so directe ist, als die der Oberflächen $\frac{1}{2}s''$ und s_0. Indessen fällt dies nicht wesentlich ins Gewicht.

Für unsere typischen drei Krystalle nimmt der Ausdruck für σ' die einfache Gestalt an:

126 $\sigma' = (s_{11} + s_{12} + s_{13}) \sin^2 \varphi + (2 s_{11} + s_{33}) \cos^2 \varphi;$

die Fläche σ' ist eine Rotationsfläche um die Z-Axe mit einem Oval als Meridiancurve. Für Kalkspath wird letztere in Figur 42 auf S. 171 durch die innerste der dort gezeichneten Curven dargestellt; der benutzte Maassstab ist derselbe, der den übrigen Curven in dieser Figur zu Grunde gelegt ist.

Dass in Uebereinstimmung mit der Figur der Modul σ' zumeist kleiner ausfallen muss, als s', lässt sich leicht darthun. Wir gelangen von der einseitigen Spannung in einem rechtwinkligen Prisma zu der allseitig gleichen, indem wir gegen die bisher freien Flächenpaare dieselben Kräfte wirken lassen, welche zuvor nur gegen ein solches Paar ausgeübt waren. Aber diese neuen Kräfte unterstützen im allgemeinen nicht die zuerst allein angebrachten, sondern wirken ihnen entgegen. In der That, wirkt ursprünglich ein Druck P gegen das Flächenpaar $F_{\pm 1}$, so verkürzt dieser die Kanten l_1 und verlängert die übrigen; die neu hinzutretenden Kräfte verkürzen l_2 und l_3, verlängern l_1 und paralysiren somit einen Theil der ersten Wirkung. —

Wie schon oben bemerkt, bietet die Beobachtung der Deformationen bei allseitig gleichem Druck wegen deren ausserordentlicher Kleinheit grosse Schwierigkeiten. Die am ersten der Bestimmung zugängliche Grösse ist die Volumenänderung, welche die Deformation begleitet. Für sie erhält man nach Formel (120)

$$U = -P[s_{11} + s_{22} + s_{33} + 2(s_{23} + s_{31} + s_{12})]; \quad 126$$

schreibt man diesen Ausdruck:

$$U = -\sigma^c P, \quad 127$$

so kann man σ^c als den Modul der Volumenänderung bei allseitig gleichem Druck bezeichnen.

Auch dieser Modul steht in einer einfachen Beziehung zu σ', resp. zu der dieses darstellenden Oberfläche. Bildet man nämlich den mittleren Werth σ_m' von σ' für alle moglichen Richtungen, so ergiebt sich die Beziehung $3\sigma_m' = \sigma^c$. Zugleich gilt aber, wie in (124) für ähnliche Umstände ausgedrückt ist,

$$\sigma^c = \sigma' + \sigma^o, \text{ resp. } \sigma^o = \sigma^c - \sigma',$$

wobei σ^o den Modul der Flächencontraction normal zu derjenigen Richtung l bezeichnet, auf die sich der Modul σ' der linearen Compression bezieht.

Hieraus erhellt Folgendes. Fügt man den beiden Oberflächen σ' und s' noch eine Kugel von dem Radius $\sigma^c = 3\sigma_m'$ zu, so stellt der Abschnitt, den diese Kugel und die Fläche σ' auf einem beliebigen Radiusvector abgrenzen, den Modul σ^o der senkrecht zu diesem Vector durch allseitigen Druck bewirkten Flächencontraction dar.[75]) σ^o ist positiv, falls, wie gewöhnlich, $\sigma^c > \sigma'$ ist.

Für unsere typischen Krystalle nimmt der Ausdruck für σ^c die einfachere Gestalt an:

$$\sigma^c = 2s_{11} + s_{33} + 2s_{12} + 4s_{13}. \quad 128$$

Sein Werth berechnet sich nach den S. 167 angegebenen Zahlen, falls der Druck P in Atmosphären ausgedrückt wird, für Kalkspath zu $15{,}7 \,.\, 10^{-7}$, für Turmalin zu $11{,}7 \,.\, 10^{-7}$, für Quarz zu $26{,}9 \,.\, 10^{-7}$.

§ 8. Physikalische Eigenschaften höherer Ordnung und solche, deren Gesetze bisher noch nicht erschlossen sind.

Die vorstehenden Abschnitte enthalten die Darstellung eines streng in sich abgeschlossenen Systemes von fundamentalen Eigenschaften der Krystalle. Bei ihnen allen handelt es sich um stationäre und homogene Zustände, die als Wirkungen verschiedenartiger Einflüsse auftreten, und für sie alle werden die geltenden Gesetze durch lineäre Beziehungen zwischen den Bestimmungsstücken der primären Einwirkungen und der bewirkten secundären Zustände innerhalb gewisser Grenzen befriedigend dargestellt.

Bei ihrer Entwickelung ist indessen bereits mehrfach darauf hingewiesen worden, dass jene lineären Beziehungen nur als erste Annäherungen gelten können und etwa als die ersten Glieder von Potenzreihen angesehen werden müssen, deren Fortsetzung man bei kleinen Zustandsänderungen vernachlässigen kann.

In vielen Fällen führt eine Vervollständigung dieser Formeln durch Hinzunahme der nächsten Glieder, welche vom zweiten Grade sind, nicht zu wesentlich neuen Verhältnissen. Wir wollen dies an derjenigen Eigenschaft verdeutlichen, welche innerhalb der bequem zu realisirenden Bedingungen durch unseren lineären Ansatz vielleicht am wenigsten genau dargestellt wird: an der thermischen Deformation. Hier führt die Ergänzung unserer Gleichungen (26) durch die Glieder zweiten Grades zu dem Ansatz für die Deformationscomponenten V_h', W_h' nach beliebigen Axen:

129 $$V_1' = a_1'\tau + a_1''\tau^2, \text{ u. s. f.}$$

Wenden wir denselben auf zwei um einen nur sehr kleinen Betrag δ verschiedene Temperaturen τ_0 und

$\tau_0 + \delta$ an, bilden die Differenzen v_h' und w_h' der entsprechenden Werthe V_h' und W_h', so resultirt bei Vernachlässigung von δ^2

$$v_1' = (a_1' + 2a_1'' \tau_0)\,\delta, \text{ u. s. f.} \qquad 130$$

Dies System ist dem früher benutzten (26) durchaus conform und drückt die Proportionalität zwischen der Temperaturänderung δ und den Deformationscomponenten v_h' und $2w_h'$ aus; schreiben wir es in der Gestalt $v_1' = \alpha_1'\delta$ u. s. f., so stellen die α_h' die Moduln der thermischen Deformation dar. Der einzige Unterschied ist der, dass diese Moduln jetzt von der Temperatur abhängen. Deshalb werden nun auch diejenigen der früheren Resultate, welche die Zahlwerthe der Moduln benutzen, ihre Gestalt einigermassen ändern; z. B. haben nunmehr bei verschiedenen Temperaturen die Hauptdilatationsaxen verschiedene Lagen und die den gleichen Temperaturänderungen entsprechenden Hauptdilatationen verschiedene Grösse.

Wesentlich neue Vorgänge werden die in der angegebenen Weise erweiterten Gesetze dagegen dann ausdrücken, wenn die früher benutzte lineäre Form mit den Symmetrieverhältnissen einer Krystallgruppe im Widerspruch war, die erweiterte aber damit vereinbar ist. Denn jene Gruppe zeigt nun Wirkungen in einer Beziehung, in welcher sie früher dergleichen nicht darbot. Dieser Fall findet insbesondere bei der electrischen Deformation statt und ist im Anschluss an deren Darstellung S. 135 u. f. erwähnt worden. —

Die im Vorstehenden besprochene Erweiterung der früher benutzten lineären Ansätze bildet die Brücke zu einer anderen Klasse von physikalischen Eigenschaften, bei denen ein Zusammenwirken mehrerer primärer Zustände zur Erzielung eines secundären stattfindet. So lange man die obigen lineären Ansätze beibehält, addiren gleichzeitige primäre Einflüsse einfach ihre Wirkungen. Wird z. B. ein Krystall zugleich einer

Temperatursteigerung und einem allseitig gleichen Druck ausgesetzt, so tritt eine Deformation ein, deren Componenten nach (26) und (114) lauten;

$$V_1' = a_1'\tau - b_1'P, \text{ u. s. f.};$$

geht man aber zu höheren Gliedern über, so sind nicht nur die in τ und P quadratischen Terme zuzufügen, sondern, als von gleicher Ordnung, auch die das Product $P\tau$ enthaltenden. Schreibt man demgemäss etwa

131 $$V_1' = a_1'\tau + a_1''\tau^2 - b_1'P - b_1''P^2 + c_1''P\tau,$$

so spricht das letzte Glied eine neue Art von Wirkungen aus.

Um dies zu übersehen halten wir erst P constant gleich P_0, und combiniren, wie oben, zwei Temperaturen τ_0 und $\tau_0 + \delta$; dann findet sich

132 $$v_1' = (a_1' + 2a_1''\tau_0 + c_1''P_0)\delta;$$

halten wir sodann τ constant gleich τ_0 und combiniren zwei Drucke P_0 und $P_0 + p$, so ergiebt sich

133 $$v_1' = -(b_1' + 2b_1''P_0 - c_1''\tau_0)p.$$

Die erste Formel spricht eine Proportionalität der Dilatation v_1' mit δ aus und lässt sich schreiben $v_1' = A_1'\delta$; die zweite drückt die Proportionalität von v_1' mit p aus und lässt sich schreiben $v_1' = -B_1'p$. A_1' wird dann als der Modul der thermischen Dilatation, B_1' als derjenige der allseitigen Compression zu bezeichnen sein, und zwar ergiebt sich der erstere als von dem ausgeübten Druck, der letztere als von der stattfindenden Temperatur abhängig.

Wir gelangen so zu jener gegenseitigen Beeinflussung der beiden primären Zustände, die wir als das Wesen der physikalischen Eigenschaften zweiter Ordnung betrachten.[76]) Letztere fallen aus dem Rahmen dieser Darstellung heraus, sind auch bei Krystallen mit Ausnahme des hier ausgeschlossenen Gebietes der Optik so gut wie noch nicht untersucht; ein Hinweis auf sie schien aber um so mehr geboten, als sie bei den in den Zusätzen mitgetheilten thermodynamischen

Betrachtungen gestreift werden. Dass man den Eigenschaften zweiter Ordnung auch solche von höherer Ordnung anreihen kann, ist klar; dieselben kommen für uns natürlich noch weniger in Betracht. —

Während für die Aufstellung der Gesetze selbst so complicirter Wirkungen ein Schema durch das Vorstehende geliefert ist, sind andere physikalische Eigenschaften der Krystalle (wie der isotropen Körper) nach ihren Gesetzmässigkeiten noch keineswegs vollständig aufgeklärt. Dieselben sollen demgemäss auch hier zum Schluss nur kurz geschildert werden

Es kommen dabei in erster Linie einige Erscheinungen in Betracht, die als Folge primär ausgeübter Spannungen die im vorigen Abschnitt behandelten elastischen Deformationen bald mehr, bald weniger deutlich zu begleiten pflegen.

Betrachten wir wiederum ein homogen gespanntes Prisma, so verschwinden in Wahrheit nicht, wie oben angenommen, seine Deformationen momentan und vollständig, wenn die Spannungen aufgehoben werden, sondern es bleibt ein Rückstand derselben übrig, der sich je nach Umständen mehr oder weniger mit der Zeit verändert.

Wenn sonach der Spannungszustand wechselt, — das Prisma etwa zwar immer einseitig, aber mit wechselnder Kraft gedehnt wird, — so ist der Deformationszustand in jedem Moment nicht nur von den augenblicklichen, sondern auch von den früheren Spannungen abhängig, und dies ist eine erste Ursache für die bedeutende Complication der hier vorliegenden Verhältnisse. Eine weitere ist dadurch bedingt, dass auch das bezügliche Elementargesetz, nämlich das Gesetz für die Rückstandsdeformation, welche durch eine gegebene und sehr kurze Zeit hindurch constant erhaltene Spannung bewirkt wird, überaus complicirt zu sein scheint. Insbesondere ist jene elementare Deformation selbst wieder abhängig von dem Zustand, in welchem sich das Prisma beim Beginn der Spannung befand, also keineswegs — wie etwa die elastische Deformation — eine Function allein der Spannung und der Substanz des Prismas.

Zwei specielle Fälle von relativer Einfachheit mögen wenigstens erwähnt werden. Der erste ist der, wo die Rückstandsdeformation sich nach dem Verschwinden der Spannungen überhaupt nicht merklich ändert. Er ist sehr nahe bei Steinsalz realisirt und kann als der Fall der reinen Plasticität bezeichnet werden.[77]) Der zweite ist der, wo die Rückstandsdeformation nach sehr langer Zeit vollständig verschwindet. Er findet sich bei zahlreichen Körpern nahezu realisirt und kann als der Fall reiner elastischer Nachwirkung bezeichnet werden. Die Theorie hat für den letzteren Fall befriedigende, wenn auch sehr complicirte Ansätze geliefert[78]), nicht aber für den ersteren. —

In einem äusseren Zusammenhang mit den unverändert andauernden Rückstandsdeformationen steht eine andere, in vielfacher Hinsicht räthselhafte Erscheinung. Gewisse Krystalle, die bei Spannungen im allgemeinen keine irgend auffallende Plasticität erkennen lassen, erleiden bei bestimmten Spannungen plötzlich eine homogene dauernde Deformation von einem ganz ausserordentlichen Betrage. Ein Parallelopiped aus ihnen geht dabei in ein anderes von wesentlich verschiedenen Kanten und Winkelbeträgen über, und, was ganz besonders merkwürdig ist, seine Substanz erweist sich nach Aufhören der deformirenden Spannung derjenigen im ursprünglichen Zustand in physikalischer Hinsicht völlig gleichwerthig, obgleich (mit zwei Ausnahmen) jede durch eine Reihe von Massentheilchen gelegte Gerade ihre Eigenschaften verändert hat. Das betrachtete Parallelopiped ist durch die Deformation gewissermassen in ein anderes, aus demselben Krystall in abweichender Form und Orientirung ausgeschnittenes verwandelt.

Genaueres über die hierbei vorliegenden Verhältnisse wollen wir an die Beschreibung des Vorganges beim Kalkspath anknüpfen, der am leichtesten zu bewirken und demgemäss am längsten bekannt ist.[79]) Stellt man ein Spaltungsrhomboëder dieser Substanz auf eine der durch eine Hauptecke gehenden Kanten und übt auf die gegenüberliegende Kante mit einer Messerschneide einen Druck aus, so weicht das Material in der beistehend dargestellten Weise nach der Seite der Hauptecke hin vor dem Druck aus, sodass es in eine Lage und Gestalt übergeht, die in Bezug auf die Ebene normal zur gedrückten Kante der ursprünglichen Gestalt spiegelbildlich entspricht. Die genauere Untersuchung zeigt, dass hierbei die innere Constitution keine andere Veränderung erleidet, als sich in derjenigen der äussern Form ausspricht: der deformirte Theil befindet sich in demselben Zustand, als wäre er spiegelbildlich verwendet. Da aber der Krystall eine zu der Spiegelebene normale Symmetrieebene besitzt, so ist der neue Zustand dem ursprünglichen gleichwerthig; der deformirte Theil gelangt nämlich durch eine Drehung von 180° um die Schnittlinie von Spiegel- und Symmetrieebene in eine der ursprünglichen äquivalente Lage.

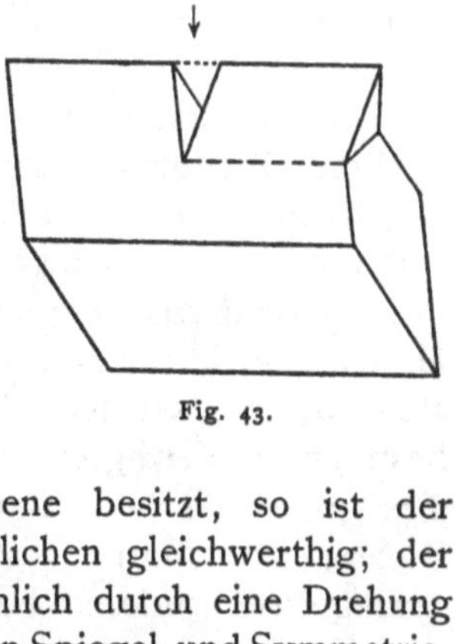

Fig. 43.

Die directe Anschauung zeigt weiter, dass eine Reihe von Theilchen, die ursprünglich in eine ausgezeichnete Richtung fiel, nach der Deformation eine solche Eigenschaft nicht mehr hat; eine der Hauptaxe parallele Strecke geht z. B. in eine über, die von der Hauptaxe des deformirten Theiles abweicht. Ebenso sieht man, dass zuvor nicht ausgezeichnete Theilchenreihen nach der Deformation in ausgezeichnete Richtungen fallen; so wird aus einer nicht ausgezeichneten Richtung durch die Deformation eine zur Hauptaxe parallele.

Der beschriebene Vorgang wird nach seinem äusseren Habitus kurz als ein Gleiten der Schichten des Krystalles parallel mit einer bestimmten Fläche, der Gleitfläche, bezeichnet. Indessen zeigt das Vorstehende, dass, wenn bei diesem Gleiten die kleinsten Theile des Krystalles sich selbst parallel blieben, der Effect nicht der beobachtete sein könnte, dass bei dem Vorgang also noch andere Umstände, sicher eine Drehung, vielleicht auch eine Structuränderung der kleinsten Theile, mitwirken müssen. Erst ihre Berücksichtigung kann eine Erklärung der merkwürdigen Erscheinung liefern, wie umgekehrt diese selbst neues Licht auf den molekularen Bau der Krystalle zu werfen verspricht. Erfolge sind in dieser Richtung bisher noch nicht erzielt. —

Nicht minder unaufgeklärt sind gewisse Structuränderungen, die einige krystallisirte Substanzen in Folge veränderter Temperatur oder veränderten äusseren Druckes erleiden. Das Wesentliche des Vorgangs besteht darin, dass jene Krystalle bei Ueberschreitung bestimmter Werthgrenzen von Temperatur und Druck ihre physikalischen Eigenschaften, insbesondere ihre Dichte, ihre Farbe, ihre optische Doppelbrechung, sprungweise ändern, beim Zurückgehen unter jene Grenze aber das ursprüngliche Verhalten wieder annehmen. Man schliesst daraus, dass ebenso, wie isotrope Körper nur innerhalb bestimmter Werthbereiche von Druck und Temperatur im festen Zustand verharren können und bei Ueberschreitung der Grenzen in den flüssigen oder dampfförmigen Zustand übergehen, auch gewisse Krystalle nur innerhalb gewisser Bereiche beständig sind und — abgesehen von dem natürlich auch hier möglichen Schmelzen und Verdampfen — beim Passiren der Grenzen eine umkehrbare Umwandlung in eine andere Modification erleiden.[80]) Jene neue Modification hat sich denn auch mitunter in regelmässigen Krystallen darstellen lassen und hat sich als von einer von der ursprünglichen durchaus abweichenden Symmetrie erwiesen, sodass derselbe Körper je nach den Umständen, unter denen er besteht, verschiedenen krystallographischen Gruppen zuzurechnen ist.

Die experimentelle Erforschung dieser Vorgänge wird dadurch erschwert, dass die Umwandlung aus der einen in die andere Modification häufig ausserordentlich träge verläuft, so dass die Feststellung der Grenzen für ihre Beständigkeit sich kaum ausführen lässt.

Auch die Theorie dieser Vorgänge ist noch wenig gefördert. Die allgemeinen Principien der Thermodynamik gestatten zwar zu zeigen, dass jeder Uebergang an ganz bestimmte Werthpaare von Druck und Temperatur gebunden ist, sie ergeben auch einen Zusammenhang zwischen diesen Werthpaaren und den bei den Umwandlungen nöthigen Aufwendungen von Wärme und Arbeit[81]), aber das tiefere Verständniss der ganzen Erscheinung wird dadurch nicht erheblich gefördert. Wiederum dürfte hier erst eine weit entwickelte molekulare Theorie Einblicke zu bringen vermögen. —

Auch das weite Gebiet, das man als das der Festigkeit bezeichnet, ist bisher, wie bei isotropen Körpern, so bei Krystallen, nur ungenügend erschlossen. Das Elementargesetz dafür, unter welchen Umständen und wie ein homogen deformirter isotroper Körper zerfällt, ist noch durchaus unbekannt, und demgemäss kann man auch die Festigkeit eines ungleichförmig deformirten Körpers von bekannter Substanz nicht auf dieser eigene, allgemeine Parameter zurückführen. Streng genommen giebt es bisher für jede Substanz, jede Form und jede Deformationsart — Biegung, Dehnung, Drillung und ihre Combinationen —

eigene Festigkeitscoefficienten, und man kann kaum mit Sicherheit aus der Dehnungsfestigkeit eines Kreiscylinders auf die eines rechteckigen Prismas schliessen.

Selbstverständlich sind bei Krystallen die Schwierigkeiten noch grösser, als bei isotropen Körpern, da durch die Abhängigkeit der Festigkeit von der Orientirung des untersuchten Präparates gegen den Krystall eine neue Complication auftritt Man hat sich hier in der Hauptsache darauf beschränkt, für nahezu identisch geformte, aber verschieden orientirte Prismen die Zerreissungsfestigkeit zu bestimmen.[82]) Dabei ergab sich das unerwartete Resultat, dass diese Grösse nicht nur von der Orientirung der Längsaxe des Prismas, d. h. der Zerreissungsrichtung abhängt, sondern auch von der Orientirung seiner Seitenflächen. Um eine Vorstellung von der Grösse dieser Einwirkungen zu geben, sei mitgetheilt, dass ein mit seiner Längsaxe parallel einer Würfelaxe liegendes Prisma aus regulär krystallisirendem Steinsalz 571 g pro Quadratmillimeter trägt, wenn seine Seitenkanten gleichfalls in Würfelaxen fallen, 714 g, wenn sie einen Winkel von $22^1/_2{}^0$, 917 g, wenn sie einen solchen von 45^0 mit denselben einschliessen. Halbirt die Längsaxe den Winkel zwischen zwei Würfelaxen, und liegt eine Seitenkante in der dazu normalen Axe, so ist die Tragfähigkeit 1150 g, dagegen wenn die Seitenkante einen Winkel von 19^0 mit ihr einschliesst, 1730 g, und wenn sie unter 45^0 gegen sie geneigt ist, 1840 g.[83])

Diese Abhängigkeit von der Orientirung der Seitenflächen zeigt, dass die Tragfähigkeit nicht, wie man glauben möchte, sich als die Summe der Tragfähigkeiten der Elementarfäden parallel zur Längsaxe darstellt, in die man das belastete Prisma zerlegt denken kann; denn dann müsste bei ungeänderter Orientirung der Längsaxe gegen den Krystall allein die Grösse des Querschnittes die Erscheinung bestimmen. Es muss vielmehr bei dem Vorgang der Zerreissung die Oberflächenschicht eine besondere Rolle spielen, etwa so, dass sie gegen eine Dehnung minder widerstandsfähig ist, als innere Theile, und zuerst Sprünge erhält, die sich dann ins Innere des Präparates fortsetzen; so wird begreiflich, dass ihre Natur, bei Krystallen also speciell ihre Orientirung, auf die Tragfähigkeit einen wesentlichen Einfluss zu üben vermag. —

Eine Art der Festigkeit, die sich unter bestimmten, schwer scharf zu fassenden äusseren Einflüssen geltend macht, ist von allen am frühesten der Beobachtung unterzogen und als Härte bezeichnet worden. Man hat anfangs eine Reihe oder Scala von Krystallen einigermaassen willkürlich ausgewählt, von denen jeder mit scharfer Kante alle vorhergehenden ritzt, aber von allen nachfolgenden geritzt wird, und hat die Härte irgend eines zu untersuchenden Krystalles darnach beurtheilt, wie viel Glieder der Scala er zu ritzen, oder von wie vielen er nicht geritzt zu werden vermag.[84]) Später hat man dann die Belastung bestimmt, bei welcher eine abgerundete Spitze während des Hinweggleitens über eine Krystallfläche dieselbe eben zu ritzen vermag.[85]) Das interessanteste Resultat dieser Beobachtungen ist die Thatsache, dass jene Belastung nicht nur für verschiedene Flächen desselben Krystalles, sondern auch bei derselben Fläche für verschiedene Bewegungsrichtungen verschieden ist. Es bestätigt, was zu vermuthen war, dass bei dem Ritzen ein gegen die Oberfläche geneigter Druck ausgeübt wird, und dass seine tangentiale Componente bei der Erscheinung sehr wesentlich mitwirkt; denn wäre die normale Componente allein maassgebend, so könnte keine Abhängigkeit der Belastung, resp. also der Härte, von der Richtung stattfinden.

In neuester Zeit hat man, um einen theoretisch angreifbaren Vorgang zu erhalten, eine Anordnung bevorzugt, welche nur eine normale Druckcomponente zur Wirkung kommen lässt; man bestimmt die Belastung, die ein nach einer kleinen Kugelfläche abgerundeter Körper erhalten muss, damit er auf einer Fläche des zu untersuchenden Körpers durch seinen Druck einen die Druckstelle rings umschliessenden Sprung veranlasst. Nimmt man an, dass der Sprung bei einer gewissen Grösse Δ der in dem gedruckten Körper erzeugten linearen Dilatation eintritt, so kann man die nöthige Belastung durch Δ ausdrücken.[86] Aber einerseits ist diese Rechnung bisher nur für isotrope Körper durchführbar, und andererseits stimmen die hier unter verschiedenen Umständen erhaltenen Resultate nicht überein, was wahrscheinlich von der Unzulässigkeit der Annahme eines jeder Substanz individuellen Δ abhängt.[87] Sonach muss auch die Eigenschaft der Härte der Krystalle als bisher noch nicht gesetzmässig gefasst bezeichnet werden.

Die vorstehend geschilderte neuere Auffassung der Härte bringt dieselbe in eine nahe Beziehung zu der sogenannten Spaltbarkeit. Auch bei dem Spalten eines Krystalles, mit Hilfe einer Messerschneide tritt ein normaler Druck in Wirksamkeit, aber nicht gegen einen einzelnen Punkt, resp. eine kleine Kreisfläche der Begrenzung, sondern gegen eine gerade Linie, resp. einen schmalen geradlinigen Streifen. Bei geeigneter Orientirung der Schneide gegen die Krystallfläche bewirkt ein mit derselben ausgeübter stetig oder plötzlich anwachsender Druck im Krystall einen von der Schneide ausgehenden und eben verlaufenden Sprung, der bei anderen Orientirungen nicht auftritt. Der Vorgang ist bisher weder experimentell noch theoretisch eindringend verfolgt worden.

Zusätze krystallographischen und mathematisch-physikalischen Inhaltes.

I. Die unabhängigen Symmetrieelemente der 32 krystallographischen Gruppen.

Benutzen wir die auf S. 7 eingeführten Bezeichnungen, deuten also durch den Buchstaben C die Existenz eines Symmetriecentrums, durch A_n die einer n-zähligen Symmetrieaxe, durch E die einer Symmetrieebene an und fügen hinzu S_n als das Symbol für eine n-zählige Spiegeldrehaxe, dann ergiebt sich für die unabhängigen Symmetrieelemente der nach Schönflies[88]) angeordneten und benannten 32 Krystallgruppen folgende Tabelle[89]):

Triclines System.

1. Holoëdrie C.
2. Hemiëdrie —.

Monoclines System.

3. Holoëdrie C, A_2 oder C, E.
4. Hemiëdrie E.
5. Hemimorphie A_2.

Rhombisches System.

6. Holoëdrie $C, A_2 \perp A_2$ oder $C, A_2 \parallel E$.
7. Hemiëdrie $A_2 \perp A_2$.
8. Hemimorphie $A_2 \parallel E$.

Rhomboëdrisches System.

9. Holoëdrie $C, A_3 \perp A_2$ oder $C, A_3 \parallel E$
10. Enantiomorphe Hemiëdrie $A_3 \perp A_2$.

11. Hemimorphe Hemiëdrie $A_3 \parallel E$.
12. Paramorphe Hemiëdrie C, A_3.
13. Tetartoëdrie A_3.

Tetragonales System.

14. Holoëdrie $C, A_4 \perp A_2$ oder $C, A_4 \parallel E$.
15. Enantiomorphe Hemiëdrie $A_4 \perp A_2$.
16. Hemimorphe Hemiëdrie $A_4 \parallel E$.
17. Paramorphe Hemiëdrie C, A_4.
18. Tetartoëdrie A_4.

19. Hemiëdrie mit Spiegelaxe $S_2 \perp A_2$.
20. Tetartoëdrie mit Spiegelaxe S_2.

Hexagonales System.

21. Holoëdrie $C, A_6 \perp A_2$ oder $C, A_6 \parallel E$.
22. Enantiomorphe Hemiëdrie $A_6 \perp A_2$.
23. Hemimorphe Hemiëdrie $A_6 \parallel E$.
24. Paramorphe Hemiëdrie C, A_6.
25. Tetartoëdrie A_6.

26. Hemiëdrie mit dreizähliger Axe $A_3 \perp E \parallel A_2$.
27. Tetartoëdrie mit dreizähliger Axe $A_3 \perp E$.

Reguläres System.

28. Holoëdrie $C, A_4 \perp A_4$.
29. Enantiomorphe Hemiëdrie $A_4 \perp A_4$.
30. Hemimorphe Hemiëdrie $S_2 \perp S_2$.
31. Paramorphe Hemiëdrie $C, A_2 \backsim A_2 \backsim A_2$.
32. Tetartoëdrie $A_2 \backsim A_2 \backsim A_2$.

In den letzten beiden Symbolen ist durch $\backsim$, wie S. 8, die Gleichwerthigkeit mehrerer, hier zu einander normalen, Axen ausgedrückt.

Spielen sich in dem Krystall physikalische Vorgänge ab, die selbst centrisch-symmetrisch sind — worüber S. 27 gesprochen, — so kommt eine etwaige Ungleichwerthigkeit entgegengesetzter Richtungen nicht zur Geltung, und der Krystall verhält sich so, als wenn seine Symmetrie durch Hinzutreten eines Symmetriecentrums zu den übrigen Elementen erhöht wäre. Die oben unter §4, 5 und 7 besprochenen Wechselwirkungen liefern hierfür Beispiele.

Solchen Vorgängen gegenüber werden an sich verschiedene Krystallgruppen gleichwerthig, und es tritt an die Stelle der vorstehenden Tabelle die folgende vereinfachte [90]):

Triclines System.

Gruppe 1 und 2 : C.

Monoclines System.

Gruppe 3, 4, 5 : C, A_2.

Rhombisches System.

Gruppe 6, 7, 8 : $C, A_2 \perp A_2$.

Rhomboëdrisches System.

Gruppe 9, 10, 11 : $C, A_3 \perp A_2$.
Gruppe 12 und 13 : C, A_3.

Tetragonales System.

Gruppe 14, 15, 16, 19 : $C, A_4 \perp A_2$.
Gruppe 17, 18, 20 : C, A_4.

Hexagonales System.

Gruppe 21, 22, 23, 26 : $C, A_6 \perp A_2$.
Gruppe 24, 25, 27 : C, A_6.

Reguläres System.

Gruppe 28, 29, 30 : $C, A_4 \perp A_4$.
Gruppe 31, 32 : $C, A_2 \backsim A_2 \backsim A_2$.

Die 32 Gruppen der ersten Tabelle haben sich hier also in 11 Obergruppen zusammengezogen.

Eine noch weitergehende Vereinfachung erhält man, wenn der centrisch-symmetrische Vorgang in Bezug auf drei zu einander normale Ebenen symmetrisch ist, oder, was hiermit gleichwerthig ist, zwei zu einander normale zweizählige Symmetrieaxen besitzt; die letzteren Symmetrieelemente superponiren sich dann den in der vorstehenden zweiten Tabelle aufgestellten. Dabei muss offenbar, wo schon eine Symmetrieaxe vorhanden ist, eine der hinzukommenden die Richtung jener besitzen; sind ursprünglich zwei zu einander normale vorhanden, so gilt gleiches von den beiden hinzukommenden. Das Zusammenfallen einer drei- und einer zweizähligen Axe liefert dann eine sechszählige Axe, während zwei-, vier- und sechszählige Axen durch hinzukommende Zweizähligkeit nicht geändert werden. Die Vereinfachung, welche hierdurch in der vorstehenden Tabelle Platz greift, ist leicht zu übersehen.

Von derartigen Vorgängen interessiren uns vor allem diejenigen, deren Verlauf sich vollständig mit Hilfe eines durch die Substanz des Krystalles nach Richtung und Grösse seiner Axen vollkommen bestimmten Ellipsoides construiren lässt. Bei ihnen sind nach der Natur dieser Fläche drei-, vier- und sechszählige Axen ausgeschlossen; die Zähligkeit der Ellipsoidaxen springt von zwei sogleich auf ∞, d h., das Ellipsoid ist entweder dreiaxig, oder ein Rotationsellipsoid, oder eine Kugel.

Demgemäss ergiebt sich hier die folgende dritte Tabelle:

Triclines, monoclines, rhombisches System.

$$C, A_2 \perp A_2.$$

Rhomboëdrisches, tetragonales, hexagonales System.

$$C, A_\infty \perp A_2.$$

Reguläres System.

$$C, A_\infty \perp A_\infty.$$

II. Die Bestimmungsstücke einer homogenen Spannung.

Wir legen der Betrachtung, wie S. 15 u. f., ein rechtwinkliges Elementar- oder Fundamentalprisma von den Kanten l_1, l_2, l_3 zu Grunde, das beliebig gegen den Krystall orientirt sein kann, und denken dasselbe irgendwie gespannt. Eine solche Spannung erfordert, wenn das Prisma ringsum frei ist, die directe Ausübung von Kräften auf seine Flächen; befindet es sich vollständig innerhalb des Krystalles, so werden diese Kräfte ihm von den umgebenden Massen vermittelt.

Die Spannung ist **homogen**, wenn gleiche Theile einer jeden Fläche nach Richtung und Stärke unter einander gleiche Kräfte erfahren, die aber im allgemeinen von einer Fläche zur anderen wechseln können. Für statische Betrachtungen dürfen wir dabei die auf jede Fläche wirkenden Kräfte durch eine in deren Mittelpunkt angreifende Resultirende ersetzen, die je nach der Fläche $F_{\pm h}$, gegen welche sie wirkt, mit $K_{\pm h}$ bezeichnet werden möge; dabei sind, wie in Figur 1′ angedeutet, drei von einer Ecke ausgehende Kanten l_h mit einem Richtungssinn versehen gedacht und die am positiven Ende von l_h liegende Fläche F durch den Index $+h$, die am negativen befindliche durch den Index $-h$ charakterisirt; in gleicher Weise sind auch die Kräfte unterschieden.

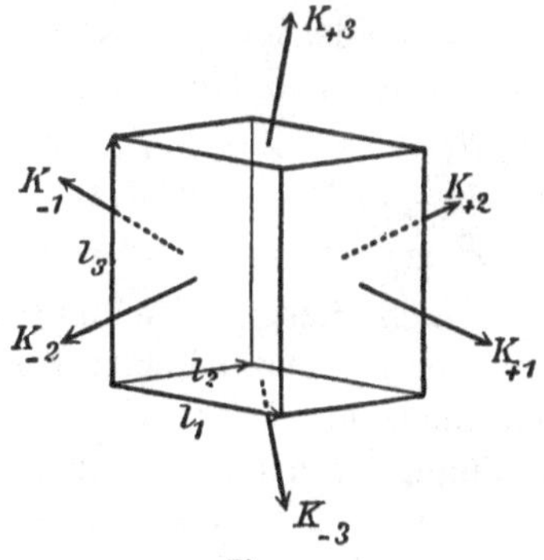

Fig. 1

Die Quotienten aus den Kräften $K_{\pm h}$ und den Flächen $F_{\pm h}$, gegen die sie wirken, also die $K_{\pm h}/F_{\pm h} = P_{\pm h}$, sind die Zugkräfte, welche gegen die Einheit der bezüglichen Flächen ausgeübt werden. Wir zerlegen jede von ihnen in drei Componenten nach den Prismenkanten und bezeichnen dieselben mit $P_{\pm h1}$, $P_{\pm h2}$, $P_{\pm h3}$.

Zum Gleichgewicht ist erforderlich, dass die parallelen Componenten aller auf das Prisma wirkenden Kräfte verschwinden, und dass gleiches auch für ihre Drehungsmomente um die Prismenkanten gilt. Berücksichtigt man, dass die Flächen $F_{\pm h}$ bestimmt sind durch die Beziehungen

$$F_{\pm 1} = l_2 l_3,\quad F_{\pm 2} = l_3 l_1,\quad F_{\pm 3} = l_1 l_2,$$

so erkennt man, dass die erstere Bedingung zu drei Gleichungen führt, von denen die erste lautet:

$$1' \qquad (P_{+11} + P_{-11}) l_2 l_3 + (P_{+21} + P_{-21}) l_3 l_1 + (P_{+31} + P_{-31}) l_1 l_2 = 0.$$

Nun können aber die Längen l_1, l_2, l_3 der Prismenkanten vollständig unabhängig von einander variirt werden, da wir dem Prisma selbst innerhalb des homogen deformirten Körpers ganz beliebige Dimensionen geben können. Hieraus folgt, dass in den abgeleiteten Formeln jede der neun Klammern für sich verschwinden muss, dass also die neun Beziehungen gelten

$$2' \qquad \begin{aligned} P_{+11} + P_{-11} = 0,\quad P_{+21} + P_{-21} = 0,\quad P_{+31} + P_{-31} = 0,\\ P_{+12} + P_{-12} = 0,\quad P_{+22} + P_{-22} = 0,\quad P_{+32} + P_{-32} = 0,\\ P_{+13} + P_{-13} = 0,\quad P_{+23} + P_{-23} = 0,\quad P_{+33} + P_{-33} = 0. \end{aligned}$$

Nach diesen Gleichungen sind von den achtzehn ursprünglich eingeführten Componenten P_{+hk} nur neun mit demselben Vorzeichen im Index von einander unabhängig; von den beiden gleichberechtigten Systemen P_{+hk} und P_{-hk} behalten wir das erstere als fundamental weiterhin bei.

Da auch die Drehungsmomente um die Prismenkanten verschwinden sollen, so müssen drei weitere Formeln bestehen, von denen die erste lautet:

$$3' \qquad \begin{aligned} &{}^1/_2\,[(P_{+13} + P_{-13}) l_2 - (P_{+12} + P_{-12}) l_3] l_2 l_3 \\ &+ [P_{+23} l_2 - {}^1/_2 (P_{+22} + P_{-22}) l_3] l_3 l_1 \\ &+ [{}^1/_2 (P_{+33} + P_{-33}) l_2 - P_{+32} l_3] l_1 l_2 = 0, \end{aligned}$$

während die anderen leicht aus ihr abzuleiten sind. Die Gültigkeit der Beziehungen (2') vereinfacht diese Bedingungen ausserordentlich; in der That bleibt allein übrig das System

$$4' \qquad P_{+23} = P_{+32},\quad P_{+31} = P_{+13},\quad P_{+12} = P_{+21},$$

welches aussagt, dass für je zwei in einer Kante zusammenstossende Flächen des Prismas diejenigen tangentialen Componenten der gegen sie wirkenden Zugkräfte, die gleichsinnig normal gegen die gemeinsame Kante gerichtet sind, gleiche Grösse besitzen. In der nebenstehenden Figur 2′ sind die durch das System (4′) verbundenen drei Componentenpaare eingezeichnet.

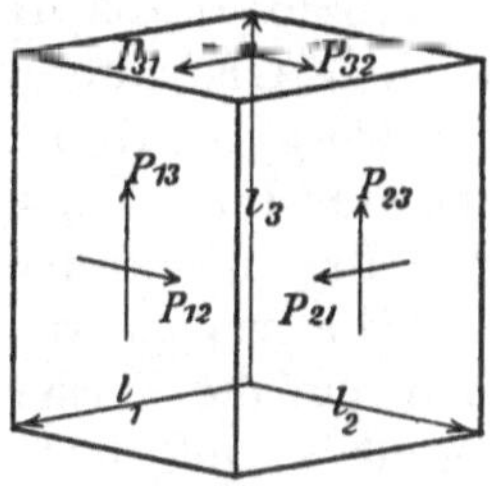

Fig. 2.

Die Anzahl der von einander unabhängigen Componenten P_{+hk} ist durch das neue Resultat auf sechs reducirt, und wir führen für diese nunmehr einfachere Bezeichnungen ein, die zugleich den normalen und den tangentialen Charakter veranschaulichen, indem wir setzen:

$$P_{+11} = N_1,\ P_{+22} = N_2,\ P_{+33} = N_3, \qquad 5'$$
$$P_{+23} = P_{+32} = T_1,\ P_{+31} = P_{+13} = T_2,\ P_{+12} = P_{+21} = T_3.$$

Die sechs Componenten N_h und T_h stellen nach der Ableitung zunächst die Zugkräfte dar, welche auf die Flächeneinheiten der drei Flächen F_{+h} unseres Prismas wirken, wobei jede der drei T_h zwei Mal zu nehmen ist; gleiche Kräfte in entgegengesetzter Richtung wirken auf die gegenüberliegenden Flächen F_{-h}.

In diesem Sinne verstanden sind alle die N_h und T_h (einseitige) Vectorcomponenten. Fasst man aber in Gedanken mit jedem N_h das entgegengesetzt gleiche zu einem Begriff zusammen und vereinigt gleichfalls mit jedem T_h die drei anderen von gleichem absoluten Betrag, so erhält man Grössen, die je ausser durch einen Zahlwerth noch durch die eine von drei normalen zweiseitigen Richtungen charakterisirt sind, also die Natur der auf S. 20 eingeführten Tensorcomponenten haben.

Denn jedem N_h entspricht eine Kantenrichtung des Prismas, — nämlich diejenige, parallel zu welcher die betreffenden Zugkräfte $\pm N_h$ liegen; und auch jedem T_h können wir eine solche zuordnen — nämlich diejenige, welche den vier Flächen gemeinsam ist, auf welche die betreffenden $\pm T_h$ wirken. Beide Seiten dieser Kantenrichtungen sind einander gleichwerthig.

In solcher hinzugedachter Ergänzung wollen wir die Grössen N_h als die normalen, die T_h als die tangentialen oder scheerenden Componenten der im Prisma herrschenden Spannung nach den Prismenkanten bezeichnen. —

Nun wollen wir auf eine der Flächen des Prismas, z. B. auf die Fläche $F_{+1} = l_2 l_3$, ein unendlich kleines Tetraëder aufgelegt denken, dessen drei freie Flächen rechtwinklige Dreiecke sind, die in der freien Ecke mit ihren rechten Winkeln zusammenstossen. Die Grundfläche des Tetraëders heisse f_1, die drei anderen Flächen seien f_{11}, f_{12}, f_{13}, und ihre äusseren Normalen, die mit den freien Kanten des Tetraëders zusammenfallen, mögen durch k_1, k_2, k_3 bezeichnet werden. Wir wollen auf die drei freien Flächen die normalen Zugkräfte S_1, S_2, S_3 pro Flächeneinheit ausgeübt denken und uns fragen, wie ihre Grössen gegeben sein müssen, damit sie dieselbe Wirkung thun, wie die gegen die Grundfläche pro Flächeneinheit ausgeübte Kraft P_1. Hierzu müssen die Componenten von $P_1 f_1$ nach den Richtungen k_1, k_2, k_3 resp. gleich $S_1 f_{11}$, $S_2 f_{12}$, $S_3 f_{13}$ sein, oder, da $f_{11} = f_1 \cos(k_1, l_1)$, $f_{12} = f_1 \cos(k_2, l_1)$, $f_{13} = f_1 \cos(k_3, l_1)$ ist, so muss gelten:

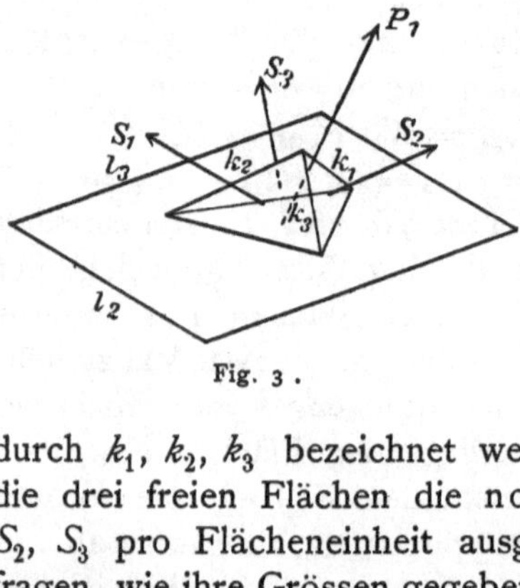

Fig. 3.

$$6' \quad \begin{aligned} P_1 \cos(P_1, k_1) &= S_1 \cos(k_1, l_1), \\ P_1 \cos(P_1, k_2) &= S_2 \cos(k_2, l_1), \\ P_1 \cos(P_1, k_3) &= S_3 \cos(k_3, l_1). \end{aligned}$$

Legen wir auf die Prismenfläche F_{+2} ein Tetraëder

mit denselben Normalenrichtungen und wiederholen die Betrachtung, so gelangen wir zu den Formeln

$$\begin{aligned} P_2 \cos(P_2, k_1) &= S_1 \cos(k_1, l_2), \\ P_2 \cos(P_2, k_2) &= S_2 \cos(k_2, l_2), \\ P_2 \cos(P_2, k_3) &= S_3 \cos(k_3, l_2), \end{aligned} \qquad 7'$$

und wenn wir mit der Fläche F_{+3} ebenso verfahren, zu

$$\begin{aligned} P_3 \cos(P_3, k_1) &= S_1 \cos(k_1, l_3), \\ P_3 \cos(P_3, k_2) &= S_2 \cos(k_2, l_3), \\ P_3 \cos(P_3, k_3) &= S_3 \cos(k_3, l_3). \end{aligned} \qquad 8'$$

Im allgemeinen wird jedes der Formeltripel (6'), (7'), (8') für die S_1, S_2, S_3 verschiedene Werthe ergeben. Man kann sich nun aber die weitergehende Aufgabe stellen, die Grössen der drei normalen Spannungen S_1, S_2, S_3 und ihre mit den drei Kanten k_1, k_2, k_3 zusammenfallenden Richtungen so zu bestimmen, dass alle diese neun Gleichungen gleichzeitig erfüllt sind. Da nur sechs Bestimmungsstücke — die drei Grössen S_h und drei von einander unabhängige Richtungswinkel des Tripels k_h gegen die Kanten l_h — verfügbar sind, so hat es den Anschein, als ob die Aufgabe unlösbar wäre. Indessen erkennt man leicht, dass die neun Gleichungen (6'), (7'), (8') nicht von einander unabhängig sind, sondern durch die Beziehungen (4') verknüpft werden. Fasst man nämlich das Formeltripel (7') mit den Factoren $\cos(k_1, l_3)$, $\cos(k_2, l_3)$, $\cos(k_3, l_3)$ zusammen, das Tripel (8') mit den Factoren $\cos(k_1, l_2)$, $\cos(k_2, l_2)$, $\cos(k_3, l_2)$, so erhält man links resp. P_{23} und P_{32}, rechts identisches, wird somit zu der ersten Gleichung (4') zurückgeleitet. Aehnlich kann man die zweite und dritte dieser Gleichungen erhalten; die neun Formeln (6'), (7'), (8') repräsentiren also nur sechs von einander unabhängige Bedingungen, und die gestellte Aufgabe ist lösbar und bestimmt. —

Denken wir uns nun die sämmtlichen sechs Flächen unseres Fundamentalprismas mit derartigen Tetraëdern dicht überdeckt — was ausführbar ist, wenn man deren freie Ecken abwechselnd nach aussen und nach innen legt, so bleibt nach dem Vorstehenden Gleichgewicht erhalten, wenn man an Stelle der ursprünglichen, schief wirkenden Zugkräfte P_h die neuen S_h setzt, die allenthalben normal gegen die Tetraëderflächen wirken. Der vorgeschriebene, völlig beliebige Spannungszustand ist somit durch die drei Zugkräfte S_h hervorzubringen, welche normal gegen drei zu einander normale Flächenschaaren wirken; und wenn man aus dem Innern unseres Prismas ein kleineres herausschnitte, mit zu jenen Flächen parallelen Begrenzungen, so müsste, um den ursprünglichen Zustand zu erhalten, eben jenes System der normal wirkenden S_h auf dasselbe ausgeübt werden. Diese Kräfte sind somit den ursprünglich gegebenen äquivalent.

Nun können wir aber, ähnlich wie das oben mit den N_h geschehen, jeden Vector S_h mit dem auf die gegenüberliegende Fläche wirkenden entgegengesetzten zu einem Tensor zusammenfassen, der eine Normalspannung darstellt. Wir haben dann im Vorstehenden gezeigt, dass jeder Spannungszustand zurückgeführt werden kann auf ein System von drei zu einander senkrechten Normalspannungen, wie dies auf S. 22 benutzt worden ist. Da dies System im Vergleich zu dem der N_h ein ausgezeichnetes ist, nämlich nicht von tangentialen Spannungen begleitet wird, so bezeichnet man es als das System der Hauptspannungen. —

Die Richtung und die Grösse der Hauptspannungen S_h aus den gegebenen P_h zu bestimmen, ist eine Aufgabe, die auf eine cubische Gleichung führt; einfacher löst sich die entgegengesetzte, aus nach Grösse und Richtung vorgeschriebenen S_h die mit ihnen äquivalenten P_h, oder symmetrischer die sie ersetzenden Componenten N_h und T_h abzuleiten.

In der That, fasst man die Formeln der Tripel (6′), (7′), (8′) je mit den Factoren $\cos(k_1, l_1)$, $\cos(k_2, l_1)$,

$\cos(k_3, l_1)$; $\cos(k_1, l_2)$, $\cos(k_2, l_2)$, $\cos(k_3, l_2)$; $\cos(k_1, l_3)$, $\cos(k_2, l_3)$, $\cos(k_3, l_3)$ zusammen und bedenkt, dass gilt

$$\cos(P_h, k_1)\cos(l_i, k_1) + \cos(P_h, k_2)\cos(l_i, k_2) + \cos(P_h, k_3)\cos(l_i, k_3) = \cos(P_h, l_i),$$

falls h und i gleiche oder verschiedene der Zahlen 1, 2, 3, sind, und dass $P_h \cos(P_h, l_h) = N_h$, aber $P_h \cos(P_h, l_k) = T_i$ ist, falls h, i, k drei verschiedene der Zahlen 1, 2, 3 bezeichnen, so erhält man[91])

$$\begin{aligned}
N_1 &= S_1 \cos^2(k_1, l_1) + S_2 \cos^2(k_2, l_1) + S_3 \cos^2(k_3, l_1),\\
N_2 &= S_1 \cos^2(k_1, l_2) + S_2 \cos^2(k_2, l_2) + S_3 \cos^2(k_3, l_2),\\
N_3 &= S_1 \cos^2(k_1, l_3) + S_2 \cos^2(k_2, l_3) + S_3 \cos^2(k_3, l_3),\\
T_1 &= S_1 \cos(k_1, l_2)\cos(k_1, l_3) + S_2 \cos(k_2, l_2)\cos(k_2, l_3)\\
&\quad + S_3 \cos(k_3, l_2)\cos(k_3, l_3),\\
T_2 &= S_1 \cos(k_1, l_3)\cos(k_1, l_1) + S_2 \cos(k_2, l_3)\cos(k_2, l_1)\\
&\quad + S_3 \cos(k_3, l_3)\cos(k_3, l_1),\\
T_3 &= S_1 \cos(k_1, l_1)\cos(k_1, l_2) + S_2 \cos(k_2, l_1)\cos(k_2, l_2)\\
&\quad + S_3 \cos(k_3, l_1)\cos(k_3, l_2).
\end{aligned} \qquad 9'$$

Ersetzt man hierin, um alles, was sich auf die Ableitung dieser Formeln bezieht, aus ihnen verschwinden zu lassen, die Kantenrichtungen k_1, k_2, k_3 durch die ihnen parallelen S_1, S_2, S_3, ebenso l_1, l_2, l_3 durch X, Y, Z, so gelangt man zu dem auf S. 23 angegebenen System (4).

III. Die Bestimmungsstücke einer homogenen Deformation.

Die allgemeinste homogene Deformation eines Körpers ist ersichtlich diejenige, bei der jedes parallelopipedische Volumenelement in eine neue parallelopipedische Gestalt übergeführt wird; sie lässt sich somit definiren durch die Form, in die durch sie ein beliebig orientirtes rechtwinkliges Fundamentalprisma von beliebigen Kantenlängen l_1, l_2, l_3 übergeht. Diese Form ist bestimmt durch die Längen l_1', l_2', l_3' der Kanten des deformirten Prismas und durch die Winkel ϑ_1, ϑ_2, ϑ_3, welche dieselben einschliessen. Das Verhältniss

$$(l_h' - l_h) \,/\, l_h = V_h \qquad 10'$$

giebt die Verlängerung der Längeneinheit der betreffenden Kante an und ist in dem homogen deformirten Körper eine Function allein der Richtung von l_h; man nennt daher V_h auch die lineäre Dilatation in der Richtung von l_h.

Um die lineäre Dilatation in einer beliebigen Richtung zu bestimmen, wählen wir die Kanten unseres Fundamentalprismas von solcher Länge, dass jene Richtung mit einer seiner Diagonalen zusammenfallt. Verstehen wir dann unter $\vartheta_1, \vartheta_2, \vartheta_3$ speciell die Winkel in den Ecken, zwischen denen die Diagonale verläuft, so gilt für die Länge l der Diagonale im ursprünglichen Zustande

11′ $$l^2 = l_1^{\,2} + l_2^{\,2} + l_3^{\,2},$$

für die l' im deformirten Zustande nach einem bekannten Satze

12′ $$l'^2 = l_1'^2 + l_2'^2 + l_3'^2 + 2 l_2' l_3' \cos\vartheta_1 + 2 l_3' l_1' \cos\vartheta_2 + 2 l_1' l_2' \cos\vartheta_3.$$

Diese Formel bestätigt, dass jede Dilatation innerhalb des homogenen Körpers durch die Kantenlängen und die Winkel des deformirten Fundamentalprismas ausgedrückt werden kann. —

Bisher war die Grösse der Deformation des Prismas ganz beliebig gelassen; nun wollen wir die Annahme einführen, dass dieselbe sehr klein sei. Wir drücken dies einerseits durch die Festsetzung aus, dass die Kantendilatationen V_h, die nach ihrer Definition unbenannte Zahlen sind, so kleine Werthe haben, dass deren Quadrate neben Eins vernachlässigt werden können. Ferner führen wir aus bestimmten Gründen die halben negativen Zuwachse oder die halben Abnahmen W_h der ursprünglich 90^0, resp. in Bogenmaass $^1/_2\,\pi$ betragenden Winkel zwischen den Prismenkanten durch die Beziehung

13′ $$2 W_h = {}^1/_2\,\pi - \vartheta_h$$

ein und setzen fest, dass die Quadrate der gleichfalls unbenannten Zahlen W_h neben Eins vernachlässigt werden dürfen. Bei allen Anwendungen auf Krystalle ist diese Einschränkung vollkommen unbedenklich. Schreiben wir also neben einander

$$l_h' = l_h(1 + V_h) \text{ und } l' = l(1 + V), \qquad 14'$$

wobei V die lineare Dilatation in der Richtung von l bezeichnet, und berücksichtigen wir, dass hieraus in obiger Annäherung $l_h'^2 - l_h^2 = 2l_h^2 V_h$, $l'^2 - l^2 = 2l^2 V$ folgt, so erhalten wir nach einfacher Reduction:

$$\begin{aligned} l^2 V = {} & l_1^2 V_1 + l_2^2 V_2 + l_3^2 V_3 \\ & + 2 l_2 l_3 W_1 + 2 l_3 l_1 W_2 + 2 l_1 l_2 W_3. \end{aligned} \qquad 15'$$

Nun sind

$$\frac{l_1}{l} = \cos(l_1, l), \quad \frac{l_2}{l} = \cos(l_2, l), \quad \frac{l_3}{l} = \cos(l_3, l)$$

die Cosinus der Winkel, welche die Richtung l ursprünglich mit den Kanten des Elementarprismas einschliesst; es wird sonach auch

$$\begin{aligned} V = {} & V_1 \cos^2(l_1, l) + V_2 \cos^2(l_2, l) + V_3 \cos^2(l_3, l) \\ & + 2 W_1 \cos(l_2, l) \cos(l_3, l) + 2 W_2 \cos(l_3, l) \cos(l_1, l) \\ & + 2 W_3 \cos(l_1, l) \cos(l_2, l). \end{aligned} \qquad 16'$$

Geben wir unserem Fundamentalprisma in dem homogen deformirten Körper andere und andere Orientirungen, so ändern sich die ihm entsprechenden Werthe V_h und W_h, während V bei festgehaltener Richtung l seinen Werth behalten muss. Wir wollen untersuchen, ob für eine dieser Orientirungen die W_h verschwinden, für sie also das Elementarprisma bei der Deformation seine Winkel bewahrt.

Bezeichnet man die bezüglichen Richtungen der Prismenkanten durch k_1, k_2, k_3, die ihnen parallelen Dilatationen — die sogenannten Hauptdilatationen — durch D_1, D_2, D_3, so müsste für jede Richtung von l neben (16') auch gelten

$$V = D_1 \cos^2(k_1, l) + D_2 \cos^2(k_2, l) + D_3 \cos^2(k_3, l). \qquad 17'$$

Da nun die beiden Ausdrücke für V bei beliebiger Richtung von l mit einander identisch sein sollen, so liefert ihre Vergleichung die Bestimmung der Grössen und der Richtungen der D_1, D_2, D_3.

In der That, benutzt man in (17') die drei Beziehungen von der Form

$$\cos(k_h, l) = \cos(k_h, l_1)\cos(l, l_1) + \cos(k_h, l_2)\cos(l, l_2) + \cos(k_h, l_3)\cos(l, l_3)$$

und ordnet nach Potenzen und Producten der $\cos(l, l_1)$, $\cos(l, l_2)$, $\cos(l, l_3)$, so ergiebt die Gegenüberstellung des Resultates mit (16') die Formeln[92])

$$\begin{aligned}
V_1 &= D_1\cos^2(k_1, l_1) + D_2\cos^2(k_2, l_1) + D_3\cos^2(k_3, l_1),\\
V_2 &= D_1\cos^2(k_1, l_2) + D_2\cos^2(k_2, l_2) + D_3\cos^2(k_3, l_2),\\
V_3 &= D_1\cos^2(k_1, l_3) + D_2\cos^2(k_2, l_3) + D_3\cos^2(k_3, l_3),\\
W_1 &= D_1\cos(k_1, l_2)\cos(k_1, l_3) + D_2\cos(k_2, l_2)\cos(k_2, l_3)\\
&\quad + D_3\cos(k_3, l_2)\cos(k_3, l_3),\\
W_2 &= D_1\cos(k_1, l_3)\cos(k_1, l_1) + D_2\cos(k_2, l_3)\cos(k_2, l_1)\\
&\quad + D_3\cos(k_3, l_3)\cos(k_3, l_1),\\
W_3 &= D_1\cos(k_1, l_1)\cos(k_1, l_2) + D_2\cos(k_2, l_1)\cos(k_2, l_2)\\
&\quad + D_3\cos(k_3, l_1)\cos(k_3, l_2).
\end{aligned} \tag{18'}$$

Die Anzahl der Unbekannten — bestehend aus drei Grössen D_h und drei von einander unabhängigen Richtungswinkeln der k_h gegen die l_h — ist sechs; ebenso gross ist die Anzahl der Bedingungen, und man kann daher ein Werthsystem ableiten, welches ihnen genügt. Auf diese Rechnung brauchen wir nicht einzugehen, da es sich für uns nur um den Nachweis handelt, dass der Deformationszustand durch die drei auf einander normalen Hauptdilatationen D_1, D_2, D_3 vollständig bestimmt ist, und dass die Componenten V_1, V_2, V_3, W_1, W_2, W_3 nach den Kanten des Fundamentalprismas — d. h. nach beliebigen drei zu einander normalen Richtungen — mit ihnen durch die mit (4) gleichgestalteten Beziehungen (18') verbunden sind.

Beiläufig möge darauf hingewiesen werden, dass bei Benutzung der auf S. 126 eingeführten geometrischen Deutung des Ausdrucks (16') für V die Aufsuchung der Grössen und Richtungen der Hauptdilatationen D_h sich unter dem Bilde der Bestimmung der Grössen und Richtungen der Hauptaxen einer centrischen Oberfläche zweiten Grades darstellt. Man erkennt dadurch auf das Einfachste, dass die gestellte Aufgabe bestimmt und lösbar ist. Eine ähnliche Deutung gestattet übrigens auch das auf S. 199 erörterte verwandte Problem. —

Wir schliessen hieran noch einige Bemerkungen über die bei der Deformation eines rechtwinkligen Prismas eintretende Aenderungen seiner Flächenwinkel, seiner Flächen und seines Volumens.

Nennt man Θ_1 den Winkel zwischen den beiden Flächen F_2 und F_3, dann gilt für denselben die leicht nachweisbare Formel

$$\cos \Theta_1 = \frac{\cos \vartheta_1 - \cos \vartheta_2 \cos \vartheta_3}{\sin \vartheta_2 \sin \vartheta_3}.$$

Nun unterscheiden sich aber nach der Annahme ϑ_2 und ϑ_3 von $\frac{1}{2}\pi$ je nur um einen Betrag, dessen Quadrat neben Eins zu vernachlässigen ist; sonach folgt aus der letzten Formel

$$\cos \Theta_1 = \cos \vartheta_1, \quad \Theta_1 = \vartheta_1,$$

und natürlich gilt ebenso $\Theta_2 = \vartheta_2$, $\Theta_3 = \vartheta_3$. Da nun $2 W_h = \frac{1}{2}\pi - \vartheta_h$ ist, so ergiebt sich das für Anwendungen wichtige Resultat, dass die Grössen $2 W_h$ die Verminderung der Winkel ebensowohl zwischen den zu l_h ursprünglich normalen Prismenkanten, als zwischen den sich in l_h schneidenden Prismenflächen angeben.

Wird die Grösse einer Prismenfläche vor der Deformation wieder mit F_h, nach derselben mit F_h' bezeichnet, und bedeuten h, i, k drei verschiedene der Zahlen 1, 2, 3, so gilt ersichtlich

$$F_h = l_i \, l_k, \quad F_h' = l_i' \, l_k' \sin \vartheta_h.$$

Nun ist aber $l_h' = l_h (1 + V_h)$, $\vartheta_h = \frac{1}{2}\pi - 2 W_h$, und es sind sowohl die V_h, als die W_h, als sehr kleine Grössen betrachtet; demgemäss folgt bei Vernachlässigung ihrer Quadrate neben Eins für die sogenannte

Flächendilatation $C_h = (F_h' - F_h) / F_h$, d. h. für die Vergrösserung der Flächeneinheit von F_h, der Ausdruck

19′ $$C_h = V_i + V_k.$$

Da jede zu F_h parallele ebene Figur aus unendlich kleinen Rechtecken von der Orientirung von F_h zusammengesetzt werden kann, so stellt dieser Werth ganz allgemein die Flächendilatation parallel F_h dar.

Das Volumen v' des Prismas, zu dem das gegebene sich deformirt, ist dargestellt durch die Formel

$$v' = l_1' l_2' l_3' \sqrt{\begin{matrix} 1 - \cos^2\vartheta_1 - \cos^2\vartheta_2 - \cos^2\vartheta_3 \\ + 2\cos\vartheta_1 \cos\vartheta_2 \cos\vartheta_3, \end{matrix}}$$

während das ursprüngliche Volumen $v = l_1 l_2 l_3$ ist; in der oben bestimmten Annäherung ergiebt sich hieraus für die sogenannte cubische Dilatation $U = (v' - v) / v$, d. h. für die Vergrösserung der Volumeneinheit unseres Prismas, der Werth

20′ $$U = V_1 + V_2 + V_3,$$

der oben auf S. 176 benutzt worden ist.

Da jede räumliche Figur aus unendlich kleinen Prismen zusammengesetzt werden kann, so stellt dieser Ausdruck auch ganz allgemein die cubische Dilatation eines mit den Componenten V_h homogen deformirten Körpers dar.

Der Werth von U ist von der Orientirung des Fundamentalprismas unabhängig; Formel (20′) muss also auch gelten, wenn man dessen Kanten mit den Hauptdilatationsaxen k_1, k_2, k_3 zusammenfallen lässt. Hier gehen die V_h in die Hauptdilatationen D_h über, und somit gilt neben (20′) auch

$$U = D_1 + D_2 + D_3.$$

Vergleicht man die Formeln (19′) und (20′), so gelangt man zu der Beziehung

$$U = C_h + V_h;$$

die cubische Dilatation ist also gleich der Summe aus der Flächendilatation nach einer beliebigen Ebene und der lineären Dilatation nach ihrer Normalen. Dieser Zusammenhang ist oben auf S. 177 und 179 zur Anwendung gekommen.

IV. Die beiden Hauptsätze der Thermodynamik.

Wenn eine Kraft K bei gleichbleibender Grösse und Richtung ihren Angriffspunkt über eine Strecke s geradlinig verschiebt, so leistet sie eine Arbeit A, deren Betrag definirt ist durch die Formel

$$A = K s \cos(K, s);$$

dabei ist zu bemerken, dass diese Definition ihre Bedeutung behält, wenn bei der Bewegung auch noch andere Kräfte, als K, wirksam sind.

Da mit der Verschiebung des Angriffspunktes einer Kraft in der Kraftrichtung eine Verkleinerung, mit derjenigen entgegen der Kraftrichtung eine Vergrösserung der Arbeitsfähigkeit dieser Kraft verbunden ist, so kann man einen positiven Werth von A als einen gemachten Aufwand, einen negativen als einen Gewinn an Arbeitsfähigkeit auffassen.

Nach obiger Definition findet man die Gesammtarbeit für ein System auf einander folgender geradliniger Verschiebungen von beliebiger Richtung bei Einwirkung beliebiger jeweilig constanter Kräfte, indem man den vorstehenden Ausdruck über alle Theile des Processes summirt, mithin bildet

$$\Sigma A = \Sigma K s \cos(K, s). \qquad 21'$$

Ebenso erhält man die von einem System gleichzeitig wirkender Kräfte in der beschriebenen Art geleistete Arbeit, indem man den vorstehenden Ausdruck für jede einzelne von ihnen aufstellt und über alle die so erhaltenen Glieder die Summe bildet.

Bezeichnet man die Componenten oder Projectionen von K und von s nach den beliebig gewählten, festen Coordinatenaxen mit K_1, K_2, K_3 und s_1, s_2, s_3, so ist

$$\cos(K, s) = \frac{s_1 K_1 + s_2 K_2 + s_3 K_3}{s K};$$

der Ausdruck (21') lässt sich demgemäss auch schreiben:

22' $$\Sigma A = \Sigma(s_1 K_1 + s_2 K_2 + s_3 K_3).$$

Sind die Verschiebungen s zwar noch geradlinig, aber die Kräfte K längs derselben nach Grösse und Richtung veränderlich, so gelten die vorstehenden Formeln noch immer, falls man für $K \cos(K, s)$ resp. für die K_h die mittleren Werthe auf s einführt. Bezeichnet man das in dem erörterten Sinn genommene Mittel einer Grösse durch einen über deren Symbol gezogenen Strich, so würde sich die vorstehende Formel schreiben:

23' $$\Sigma A = \Sigma(s_1 \overline{K_1} + s_2 \overline{K_2} + s_3 \overline{K_3}). —$$

Wir betrachten nun ein beliebiges materielles System, an dem irgend welche Kräfte Arbeit leisten, und dem gleichzeitig Wärme zugeführt wird. Bezeichnet Q die ihm während eines beliebigen Zeitintervalles — z. B. während einer bestimmten Arbeitsleistung A — mitgetheilte Wärmemenge in mechanischem Maasse, d. h. das Product aus ihrem Werth in Calorien und dem mechanischen Wärmeäquivalent, so ist nach dem ersten Hauptsatz[93]) der Thermodynamik $Q + A$ gleich der in jenem Zeitintervall erzielten Vergrösserung der Energie des Systems; ebenso erhält man allgemeiner durch

24' $$\Sigma(Q + A) = E_2 - E_1,$$

die während der Aufnahme von ΣQ und ΣA bewirkte Energieänderung.

Bildet die Reihe der an dem System vorgenommenen Veränderungen einen Kreisprocess, d. h., ist das System am Schlusse genau in demselben Zustand, wie am Anfang, so ist $E_1 = E_2$, somit

25' $$\mathrm{S}(Q + A) = 0,$$

wobei S die Summe über den ganzen Kreisprocess bezeichnet. Unter Anwendung des oben über die Bedeutung positiver und negativer Werthe von A Gesagten können wir den Inhalt dieser Gleichung dahin aussprechen, dass mittelst eines der betrachteten Kreisprocesse Arbeit nur durch einen Aufwand von Wärme, Wärme nur durch einen Aufwand von Arbeit gewonnen werden kann.

Befindet sich das körperliche System während des Kreisprocesses in seiner ganzen Ausdehnung auf der gleichen, aber zeitlich stetig wechselnden absoluten Temperatur T, und wird ihm während einer kleinen Veränderung seines Zustandes die Wärmemenge Q zugeführt, so gilt nach dem zweiten Hauptsatz[94]) der Thermodynamik die Beziehung

$$\mathrm{S}\frac{Q}{\bar{T}} = 0, \qquad 26'$$

worin $\bar{T}$ die mittlere absolute Temperatur des Systems während der Aufnahme von Q bezeichnet.

Ist während des ganzen Kreisprocesses die Temperatur, wie räumlich, so auch zeitlich constant, so tritt der Nenner vor die Summe S, und die Bedingung (26') verwandelt sich in

$$\mathrm{S}\,Q = 0. \qquad 27'$$

Bei jedem isothermen Kreisprocess wird also ebensoviel Wärme aufgenommen, als abgegeben.

Gleichzeitig folgt dann auch aus (25')

$$\mathrm{S}\,A = 0, \qquad 28'$$

was sich dahin aussprechen lässt, dass bei einem jeden isothermen Kreisprocess die aufgenommene und die abgegebene Arbeit sich zu Null ergänzen.

V. Anwendung der Hauptsätze der Thermodynamik auf die bei einer magnetischen oder diëlectrischen Influenzirung aufzuwendende Arbeit.

Wir knüpfen unsere Betrachtung an das S. 30 entwickelte einfache Bild von dem Mechanismus des Vorgangs der magnetischen oder diëlectrischen Influenzirung an, welches die Wechselbeziehung zwischen der influenzirenden Kraft oder Feldstärke K und dem erzeugten Moment R deutlich zum Ausdruck bringt. Eine Aenderung der ersteren bei ungeänderten sonstigen Umständen bestimmt hiernach die Variation des letzteren derartig vollständig, dass man die zur Vergrösserung eines Momentes aufzuwendende Arbeit gleich derjenigen setzen kann, welche zur entsprechenden Verstärkung des Feldes erforderlich ist.

Um diesen Gedanken bei der Berechnung jener Arbeit anzuwenden, betrachten wir zunächst den Vorgang in einem einzelnen Molekül und denken die influenzirende Feldstärke durch ihm genäherte, auf sehr kleine Räume concentrirte magnetische oder electrische Massen — z. B. einen Pol eines sehr langen und dünnen Stabmagneten oder einen gleichfalls als Pol zu bezeichnenden kleinen electrisirten Körper — bewirkt; eine Aenderung des erregten molekularen Momentes r können wir dann durch eine Verschiebung dieser Pole hervorbringen und die zur Aenderung von r nöthige Arbeit aus derjenigen erschliessen, die bei dieser Verschiebung aufgewandt wird. Dabei wollen wir von der in (23′) ausgesprochenen Zerlegung der Arbeit Gebrauch machen und die von den einzelnen Kraftcomponenten geleisteten Antheile gesondert betrachten.

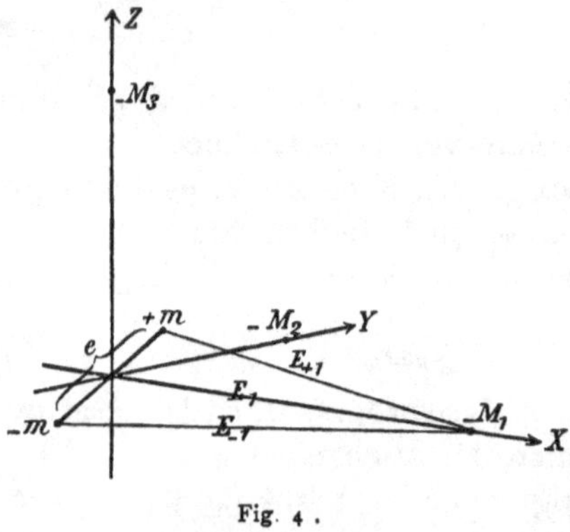

Fig. 4.

Wir stellen in Fig. 4′ die Schwerpunkte der in dem

Molekül geschiedenen Ladungen $\pm m$ in ihrem augenblicklichen Abstand e dar und legen einen influenzirenden Pol von der Ladung $-M_1$ auf die X-Coordinatenaxe in den gegen e sehr grossen Abstand E_1, zwei weitere von den Stärken $-M_2$ und $-M_3$ ebenso auf die Y- und die Z-Axe in die Abstände E_2 und E_3. Die Feldstärke K ist als die Kraft definirt, welche in dem Felde, hier also seitens der drei Pole $-M_h$, auf einen Pol von der Stärke $+1$ ausgeübt wird; berücksichtigen wir, dass zwei magnetische oder electrische Pole nach dem Coulomb'schen Gesetz aufeinander wirken, so finden wir die Componente K_1 der Feldstärke nach der X-Axe im Molekül gegeben durch

$$K_1 = \frac{M_1}{E_1^2}. \qquad 29'$$

Die gleichgerichtete Componente K_1^p der Kraft K^p, die der Pol $-M_1$ seitens des betrachteten Moleküls erfährt, berechnet sich hingegen aus dem Coulomb-schen Gesetz zu

$$K_1^p = -M_1 m\left(\frac{1}{E_{+1}^2} - \frac{1}{E_{-1}^2}\right),$$

wobei die Bedeutung der Längen E_{+1} und E_{-1} aus der Figur ersichtlich ist. Dabei gilt, wenn e_1 die Projection von e auf die X-Axe bezeichnet, angenähert

$$E_{+1} = E_1 - \tfrac{1}{2}e_1, \quad E_{-1} = E_1 + \tfrac{1}{2}e_1,$$

also bei Vernachlässigung von e_1^2 neben E_1^2

$$K_1^p = -\frac{2M_1 m e_1}{E_1^3}. \qquad 30'$$

Nunmehr wollen wir den Pol $-M_1$ um die sehr kleine Strecke s_1 in positiver Richtung längs der X-Axe verschieben, und zwar so, dass wir im Abstand $\tfrac{1}{2}s_1$ von der oben vorausgesetzten Lage nach der negativen Seite hin beginnen und im gleichen Abstand nach der positiven Seite hin endigen. Dann ist als mittlerer Werth $\overline{K_1^p}$ von K_1^p auf diesem Wege der in der Mitte des Weges stattfindende, d. h. der soeben berechnete, zu betrachten; die von K_1^p am Pol geleistete Arbeit ist somit

31' $$a_1^o = -\frac{2M_1 m e_1 s_1}{E_1^3},$$

und einen entgegengesetzt gleichen Betrag $a_1 = -a_1^o$ erfordert die Ueberwindung dieser Kraft. Nun ist aber die Veränderung k_1 der Feldstärke im Molekül aus K_1 in K_1' durch die Verschiebung des Poles $-M_1$ gegeben durch die Beziehung

$$k_1 = K_1' - K_1 = M_1\left(\frac{1}{(E_1 + {}^1/_2\, s_1)^2} - \frac{1}{(E_1 - {}^1/_2\, s_1)^2}\right),$$

oder bei Vernachlässigung von $s_1{}^2$ neben $E_1{}^2$ durch

32' $$k_1 = -\frac{2M_1 s_1}{E_1^3};$$

nehmen wir hinzu, dass, wie e_1 die Projection des Polabstandes e, so me_1 den Werth der Componente r_1 des molekularen Momentes r nach der X-Axe in der mittleren Lage von $-M_1$ darstellt und demgemäss mit $\overline{r_1}$ identisch ist, so finden wir für die bei der Verschiebung des Poles $-M_1$ zu leistende Arbeit

33' $$a_1 = -\overline{r_1} k_1.$$

Multipliciren wir dies weiter mit der Anzahl α der Moleküle in der Volumeneinheit, so erhalten wir

34' $$A_1 = -\overline{R_1} k_1;$$

hierin steht links die Arbeit A_1, die zur Veränderung der Feldstärke, und nach S. 210 auch des Momentes der Volumeneinheit nach der X-Axe erforderlich ist, rechts der mittlere Werth dieses Momentes $\overline{R_1}$, multiplicirt in die Veränderung k_1 der Feldstärke nach der X-Axe, welche die Aenderung der Erregung verursacht; die hervorgebrachte Aenderung des Momentes kommt in der Formel auffallender Weise explicite gar nicht vor.

Ebenso, wie für die Componente nach der X-Axe, lässt sich diese Ueberlegung für die Componenten nach der Y- und der Z-Axe durchführen; die Summation der erhaltenen Resultate liefert für die gesammte Arbeit

A_i, die zu einer beliebigen Aenderung von R nach Grösse und Richtung erforderlich ist und kurz die Influenzirungsarbeit genannt werden mag, den ganz allgemein gültigen Ausdruck[95])

$$A_i = -(\overline{R_1}k_1 + \overline{R_2}k_2 + \overline{R_3}k_3). \qquad 35'$$

Dabei bezeichnen k_1, k_2, k_3 die Aenderungen, welche K_1, K_2, K_3 zu ertheilen sind, um R in der verlangten Weise zu modificiren; die $\overline{R_h}$ sind die mittleren Werthe der Componenten von R während jener Veränderung. —

Wir wollen nun annehmen, dass bei allen Aenderungen der Feldstärke die Temperatur des influenzirten Körpers constant erhalten wird; dann wird für einen Kreisprocess, den wir mit der Feldstärke vollziehen, nach Gleichung (28′) SA verschwinden müssen. Um die hieraus folgenden Eigenschaften der Momente R_1, R_2, R_3 abzuleiten, genügt ein Kreisprocess einfachster Form, bestehend aus vier Zweigen, auf denen je zwei der Componenten der Feldstärke constant erhalten werden, und nur je eine variirt. Wir gelangen zu einem solchen auf die anschaulichste Weise, indem wir, wie oben, das Feld durch drei auf den Coordinatenaxen liegende Pole $-M_h$ herstellen; denn die Verschiebung je eines von ihnen auf der betreffenden Axe variirt nur je die eine Componente K_h und lässt die anderen ungeändert.

Wir verschieben zunächst $-M_3$ um $-s_3$ und bringen hierdurch K_3 von K_3^o auf $K_3^o + k_3$, dann $-M_2$ um $-s_2$ und erhöhen dadurch K_2 von K_2^o auf $K_2^o + k_2$, hierauf führen wir erst $-M_3$, dann $-M_2$ auf ihre ursprünglichen Plätze und somit erst K_3, dann K_2 auf ihre ursprünglichen Werthe K_3^o und K_2^o zurück. Stellen wir gemäss Figur 5′ den auf diese Weise durchlaufenen Kreisprocess in einer $K_2 K_3$-Coordinatenebene anschaulich dar, so erhalten wir ein Rechteck von den Seiten k_2 und k_3, welches im Sinne der Zahlen 01230 umlaufen wird.

Nun ziehen wir, ausser dem eben berechneten Werth von A_i, den auf ein ganz beliebiges Coordinatensystem bezogenen Ansatz (33) für die Abhängigkeit der Momentcomponenten R_h von den Feldcomponenten K_h heran, den wir jetzt einfacher ohne ' schreiben:

$$R_1 = f_{11} K_1 + f_{12} K_2 + f_{13} K_3, \text{ u. s. f.;}$$

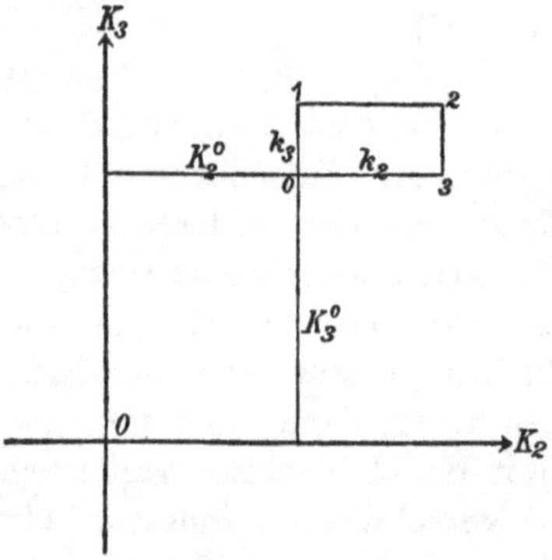

Fig. 5

bezeichnen wir dann noch die längs einer Rechtecksseite $(h\,k)$ aufgewandte Arbeit A_i speciell durch A_{hk} und beachten, dass wir auf jeder dieser Seiten den mittleren Werth der R_h und somit der K_h zu nehmen haben, so erhalten wir, da ungeändert $K_1 = K_1{}^o$ bleibt:

$$A_{01} = +[f_{31} K_1{}^o + f_{32} K_2{}^o + f_{33}(K_3{}^o + {}^1\!/_2 k_3)] k_3,$$

36' $$A_{12} = +[f_{21} K_1{}^o + f_{22}(K_2{}^o + {}^1\!/_2 k_2) + f_{23}(K_3{}^o + k_3)] k_2,$$

$$A_{23} = -[f_{31} K_1{}^o + f_{32}(K_2{}^o + k_2) + f_{33}(K_3{}^o + {}^1\!/_2 k_3)] k_3,$$

$$A_{30} = -[f_{21} K_1{}^o + f_{22}(K_2{}^o + {}^1\!/_2 k_2) + f_{23} K_3{}^o] k_2.$$

Bilden wir hiermit nach (28')

$$\mathrm{S}A = A_{01} + A_{12} + A_{23} + A_{30} = 0,$$

so erhalten wir

$$(f_{23} - f_{32}) k_2 k_3 = 0,$$

d. h., weil weder k_2 noch k_3 verschwinden,

$$f_{23} = f_{32}.$$

Da man aber zwei dem oben benutzten ganz analoge Kreisprocesse mit den beiden Polpaaren $-M_3$, $-M_1$ und $-M_1$, $-M_2$ ausführen kann, so gelangt man schliesslich zu der allgemeinen Beziehung [96])

37' $$f_{hk} = f_{kh},$$

die auf S. 60 erwähnt und als Grundlage des darauf Folgenden benutzt ist.

VI. Die Wechselbeziehung zwischen den pyroelectrischen und den electrocalorischen Eigenschaften eines Krystalls

Um die Reciprocität zwischen der pyroelectrischen Erregung eines Krystalls und seiner Temperaturänderung in Folge der Einwirkung eines electrischen Feldes zu übersehen, hat man die beiden Hauptsätze (25′) und (26′) auf einen mit einem beliebigen Stück des Krystalls auszuführenden Kreisprocess anzuwenden, bei dem electrische Influenzirung und Erwärmung in geeigneter Weise combinirt sind.[97])

Wir lassen der Einfachheit halber zunächst nur die Componente K_1 der influenzirenden Feldstärke nach der ersten Hauptdiëlectrisirungsaxe ins Spiel treten und halten die anderen auf constanter Grösse, am einfachsten gleich Null. Der allgemeine Ausdruck (35′) für die bei der Influenzirung der Volumeneinheit geleistete Arbeit nimmt dann die einfache Form

$$A_i = -\overline{R_1}k_1 \qquad 38'$$

an, in der $\overline{R_1}$ das arithmetische Mittel der Werthe bezeichnet, welche die Componente R_1 nach der Richtung von K_1 durchläuft, während K_1 um k_1 steigt. Dieser Ausdruck zeigt, dass wir neben der einzigen Componente K_1 der Feldstärke auch nur die eine Componente R_1 des electrischen Momentes der Volumeneinheit in Betracht zu ziehen haben.

Da wir die Componenten K_1 und R_1 nach einer der Hauptdiëlectricitätsaxen genommen denken, so können wir unter Einführung der Abweichung τ der absoluten Temperatur T von dem beliebigen Anfangswerth T^o und in Uebereinstimmung mit den Resultaten von § 3 und § 5 für R_1 den Ansatz machen

$$R_1 = R_1^o + f_1 K_1 + h_1 \tau. \qquad 39'$$

Hierin sind f_1 und h_1 Constanten; R_1^o ist der verschwindendem K_1 und τ entsprechende Werth von R_1.

Der Kreisprocess, den wir untersuchen wollen, möge gemäss der Figur 6′ in der $K_1 T$-Ebene dargestellt werden und ein sehr klein gedachtes rechtwinkliges Dreieck (012) mit den Katheten k_1 und τ_1 bilden, dessen eine Ecke dem Punkt $K_1 = K_1{}^o$, $T = T^o$ entspricht; seine Hypothenuse sei so gewählt, dass die Ueberführung des Krystalles von (0) nach (1) — oder von (1) nach (0) — einen Wärmeaufwand nicht erfordert. Dann stellt τ_1 eine sogenannte adiabatische Temperaturänderung dar, nämlich diejenige, welche der Krystall bei der Steigerung der Feldcomponente K_1 um k_1 ohne Zuführung oder Entziehung von Wärme erleidet.

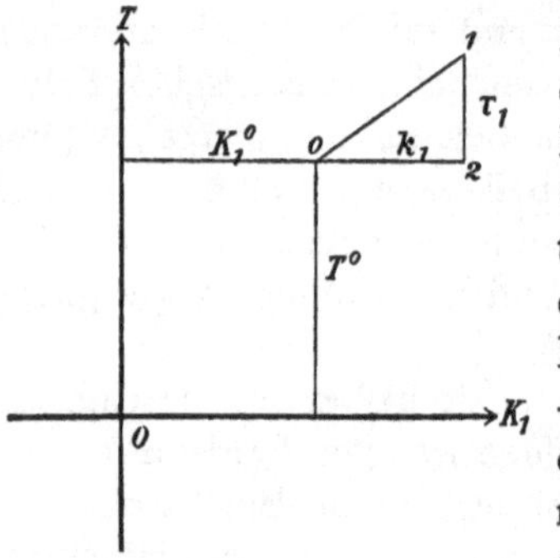

Fig 6′.

Setzen wir wieder die längs jeder Seite (hk) des Dreiecks der Volumeneinheit des Krystalles zuzuführenden Beträge an Wärme und Arbeit gleich Q_{hk} und A_{hk}, so haben diese Grössen die folgenden Werthe:

$$A_{01} = -(R_1{}^o + {}^1\!/_2 f_1 k_1 + {}^1\!/_2 h_1 \tau_1) k_1, \quad Q_{01} = 0,$$
40′ $$A_{12} = 0, \quad Q_{12} = -\gamma\varepsilon\tau_1,$$
$$A_{20} = +(R_1{}^o + {}^1\!/_2 f_1 k_1) k_1, \quad Q_{20} \text{ unbekannt.}$$

Hierin bezeichnet ε die Dichtigkeit, γ die specifische Wärme des Krystalls bei der Feldstärke $K_1{}^o + k_1$ in mechanischem Maasse; $\gamma\varepsilon\tau_1$ ist die mechanisch gemessene Wärmemenge, die erforderlich ist, um die Temperatur der Volumeneinheit bei der constanten Feldstärke $K_1{}^o + k_1$ um τ_1 Grade zu steigern; $-\gamma\varepsilon\tau_1$ entspricht sonach der Abkühlung um den gleichen Betrag. Der Zusatz „bei constanter Feldstärke“ ist wesentlich, da eine Aenderung der Feldstärke für sich eine Temperaturänderung verursachen und somit auch die specifische Wärme verändern würde.

Wenden wir nun die beiden Fundamentalgleichungen (25′) und (26′) an, so erhalten wir

$$-\,{}^1\!/_2 h_1 k_1 \tau_1 - \gamma\varepsilon\tau_1 + Q_{20} = 0 \qquad 41'$$

$$-\frac{\gamma\varepsilon\tau_1}{T^0 + {}^1\!/_2\tau_1} + \frac{Q_{20}}{T^0} = 0.$$

Aus ihnen lässt sich das unbekannte Q_{20} eliminiren und dadurch gewinnen

$$-\,{}^1\!/_2 h_1 k_1 = \gamma\varepsilon\left(1 - \frac{T^0}{T^0 + {}^1\!/_2\tau_1}\right) = \frac{{}^1\!/_2\gamma\varepsilon\tau_1}{T^0 + {}^1\!/_2\tau_1},$$

oder bei Voraussetzung einer neben T^0 sehr kleinen Temperaturänderung τ_1

$$\tau_1 = -\frac{h_1 k_1 T^0}{\gamma\varepsilon}. \qquad 42'$$

Die letzte Formel giebt den gesuchten Betrag τ_1 der durch eine Vergrösserung von K_1 um k_1 ohne Wärmezufuhr bewirkten Steigerung der Temperatur an; τ_1 ist negativ, wenn h_1 positiv ist, d. h., wenn das Moment R_1 mit wachsender Temperatur selbst wächst, und bestimmt sich seiner Grösse nach einfach durch h_1, ε, γ.

Führt man den erhaltenen Werth von τ_1 in die erste Gleichung (41′) ein, so liefert dieselbe durch

$$Q_{20} = -\,h_1 k_1 T^0\left(1 + \frac{h_1 k_1}{2\gamma\varepsilon}\right),$$

oder wegen des kleinen k_1 durch

$$Q_{02} = -\,Q_{20} = +\,h_1 k_1 T^0, \qquad 43'$$

auch den Betrag der bei isothermer Influenzirung dem Krystall zuzuführenden Wärme in mechanischem Maass.

Gehen wir zu dem allgemeinen Fall über, dass alle drei Feldcomponenten K_h geändert werden, so findet sich die bewirkte Temperaturänderung τ gleich der Summe der von jeder für sich hervorgerufenen; somit gilt hier

$$\tau = \tau_1 + \tau_2 + \tau_3 = -\frac{T^0}{\gamma\varepsilon}(h_1 k_1 + h_2 k_2 + h_3 k_3). \qquad 44'$$

Für den gesammten bei isothermer Influenzirung aufzuwendenden Wärmebetrag erhält man in ähnlicher Weise den angenäherten Werth

45′ $$Q = T^0 (h_1 k_1 + h_2 k_2 + h_3 k_3).$$

VII. Anwendung der Hauptsätze der Thermodynamik auf die bei der Deformation eines elastischen Körpers aufzuwendende Arbeit.

Wir betrachten innerhalb des homogen deformirten Körpers ein Prisma von den Kanten l_1, l_2, l_3, das unter der Wirkung gleichförmig über jede seiner sechs Flächen vertheilter Zugkräfte im Gleichgewicht ist. Von diesen Kräften ist in Zusatz II gezeigt, dass für gegenüberliegende Flächen ihre auf die Flächeneinheit bezogenen parallelen Componenten entgegengesetzt gleiche Werthe haben, ferner, dass auf benachbarten Flächen die tangentialen Componenten, welche normal gegen die zwischenliegende Kante gerichtet sind, einander gleich sind. In Folge hiervon ist der ganze Spannungszustand durch nur drei normale Componenten N_1, N_2, N_3 und drei tangentiale T_1, T_2, T_3 vollständig bestimmt.

Die Deformation hat Verschiebungen der Angriffspunkte aller dieser Kräfte zur Folge, und die geleistete Arbeit setzt sich nach (23′) aus Gliedern von der Form Cc zusammen, worin C eine Componente der Kraft, c diejenige der Verschiebung ihres Angriffspunktes nach derselben Coordinatenaxe bezeichnet. Variirt die Kraft während der Verschiebung, so ist für C das Mittel der dabei durchlaufenen Werthe einzusetzen. Da nun die C für gegenüberliegende Flächen $F_{\pm h}$ entgegengesetzt gleich sind, so kommen die c nur in den Combinationen $c_{+h} - c_{-h}$, d. h. in den Differenzen der auf gegenüberliegende Flächen bezüglichen Werthe vor, welche die Componenten der relativen Verschiebung der +Fläche gegen die —Fläche darstellen.

Diese relativen Verschiebungscomponenten haben aber einfache Bedeutungen, die man durch die Betrachtung der nebenstehenden Figur 7′ leicht erkennt. In letzterer stellt das Rechteck die ursprüngliche Gestalt der Fläche F_{+3}, das Parallelogramm die — übertrieben stark — deformirte dar; da es sich nur um die relativen Verschiebungen der gegenüberliegenden Prismenflächen handelt, ist es gleichgültig, wie man die zweite Gestalt der Fläche gegen die erste legt, und die gezeichnete Lage ist für die Betrachtung besonders bequem.

Da die Componenten der relativen Verschiebung zweier Punkte den Differenzen der Componenten ihrer absoluten Verschiebungen gleich sind, so stellt die Länge λ_1, als die Differenz der Componenten von s_{+1} und s_{-1} nach der Richtung von l_1, die relative Verschiebung der beiden Flächen F_{+1} und F_{-1} nach dieser Richtung dar, und λ_2 besitzt die analoge Bedeutung für die Flächen F_{+2} und F_{-2}. Ebenso misst $\varkappa_1$ die relative Verschiebung des Flächenpaares $F_{\pm 1}$ nach der Richtung l_2, $\varkappa_2$ diejenige des Paares $F_{\pm 2}$ nach l_1. Wegen der Kleinheit der Winkeländerungen ist aber λ_1 merklich gleich mit $l_1 V_1$, unter V_1 die lineäre Dilatation von l_1 verstanden; ebenso kann λ_2 mit $l_2\ V_2$ gleichgesetzt werden. Setzt man ferner $\varkappa_1 / l_1 = \delta_1$, $\varkappa_2 / l_2 = \delta_2$, so stellt $\delta_1 + \delta_2$ die Verkleinerung $2\,W_3$ des Winkels zwischen den Kanten l_1 und l_2 dar, welche durch die Deformation bewirkt wird.

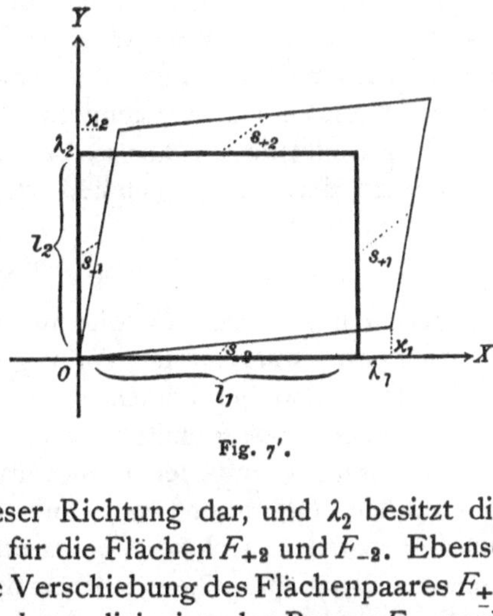

Fig. 7′.

Zieht man dies Alles in Betracht, so erhält man für die Arbeit, welche an dem Prisma zu leisten ist, um die geschilderte Deformation herzustellen,

$$[\overline{N}_1{}^o V_1 + \overline{N}_2{}^o V_2 + \overline{N}_3{}^o V_3 + 2(\overline{T}_1{}^o W_1 + \overline{T}_2{}^o W_2 + \overline{T}_3{}^o W_3)]\, l_1\, l_2\, l_3,$$

wobei die $\overline{N}_h{}^o$ und $\overline{T}_h{}^o$ die mittleren Werthe dieser Componenten beim Herstellen der Deformation bezeichnen. Da $l_1\, l_2\, l_3$ das ursprüngliche Volumen des Prismas ist, so hat die Klammer die Bedeutung der an der Volumeneinheit zu leistenden Arbeit.

Geht man von dem deformirten Zustand als Anfangszustand aus und verändert die Gestalt des Prismas noch weiter in homogener Weise, so lässt sich auf diesen Vorgang die obige Betrachtungsweise fast unverändert anwenden. Bezeichnet man die Componenten der Zusatzdeformation mit v_h und w_h, so erhält man für die an der Volumeneinheit zu leistende Deformationsarbeit[98])

46′ $$A_d = \overline{N}_1 v_1 + \overline{N}_2 v_2 + \overline{N}_3 v_3 + 2(\overline{T}_1 w_1 + \overline{T}_2 w_2 + \overline{T}_3 w_3),$$

wo nunmehr $\overline{N}_h$ und $\overline{T}_h$ die mittleren Werthe der Componenten während der vorausgesetzten Aenderung der Deformation bezeichnen. —

Nachdem dies Resultat gewonnen ist, können wir die in Zusatz V mit der Influenzirungsarbeit A_i vorgenommene Operation auch hier ausführen und dadurch feststellen, welche Voraussetzungen erfüllt sein müssen, damit bei einem isothermischen Kreisprocess die Summe der aufgewandten Arbeiten verschwinde.[99]) Wiederum lässt sich die Untersuchung durch Einführung eigens gewählter Kreisprocesse in eine Anzahl einfacherer zerlegen, z. B. kann man einen dieser Art construiren, indem man alle andern V_h und W_h constant erhält und erst V_1 von $V_1{}^o$ auf $V_1{}^o + v_1$ vergrössert, dann W_1 von $W_1{}^o$ auf $W_1{}^o + w_1$ bringt, weiter V_1 auf $V_1{}^o$ und zuletzt auch W_1 auf $W_1{}^o$ zurückführt.

Berücksichtigt man dann noch, dass gemäss § 7 die nach einem beliebigen Coordinatensystem genommenen Spannungscomponenten sich in der Form

$$N_1 = c_{11}V_1 + c_{12}V_2 + c_{13}V_3 + 2c_{14}W_1 + 2c_{15}W_2 + 2c_{16}W_3$$

darstellen, in der die c_{hk} die Elasticitätsconstanten sind, so gelangt man zu der Beziehung

$$c_{14} = c_{41},$$

und vierzehn ähnliche andere ergeben sich, wenn man alle möglichen Kreisprocesse von dem Charakter des angegebenen ausführt. Sie liefern die für alle h und k gültige Formel

$$c_{hk} = c_{kh}, \qquad 47'$$

aus der bei Berücksichtigung der reciproken Gleichungen

$$V_1 = s_{11}N_1 + s_{12}N_2 + s_{13}N_3 + s_{14}T_1 + s_{15}T_2 + s_{16}T_3$$

auch folgt

$$s_{hk} = s_{kh}; \qquad 48'$$

ihr Bestehen setzt die Anzahl der unabhängigen Elasticitätsconstanten und -moduln von 36 auf 21 herab, wie dies auf S. 157 benutzt ist.

VIII. Die Wechselbeziehung zwischen der thermischen Deformation und der mechanischen Erwärmung eines Krystalles.

Die in der Ueberschrift genannte Reciprocität lässt sich leicht ableiten, wenn man, ähnlich wie in Zusatz VI, die beiden Hauptsätze der Thermodynamik auf einen geeignet gewählten Kreisprocess anwendet; letzterer muss hier elastische und thermische Deformation neben einander zur Wirkung gelangen lassen.[100])

Um möglichst einfache Verhältnisse zu erhalten, denken wir ausser der Temperatur nur eine Deformationscomponente variirt und die anderen constant gehalten, am einfachsten auf Null, was mit Hilfe geeignet construirter, absolut starrer Wände wenigstens in Gedanken leicht zu realisiren ist.

Sei zunächst die Deformationscomponente V_1 als allein variabel gewählt und ihre Aenderung wieder mit v_1 bezeichnet, so nimmt der Ausdruck (46') für die hierbei zu leistende Arbeit die Gestalt an

49' $$A_d = \overline{N}_1 v_1;$$

es kommt also auch nur die eine Componente N_1 der Spannung zur Geltung.

Für diese machen wir unter Voraussetzung eines beliebigen Coordinatensystems nach dem Inhalt von § 7 den Ansatz

50' $$N_1 = c_{11} V_1 + c_{12} V_2 + c_{13} V_3 + 2c_{14} W_1 + 2c_{15} W_2 + 2c_{16} W_3 - q_1 \tau,$$

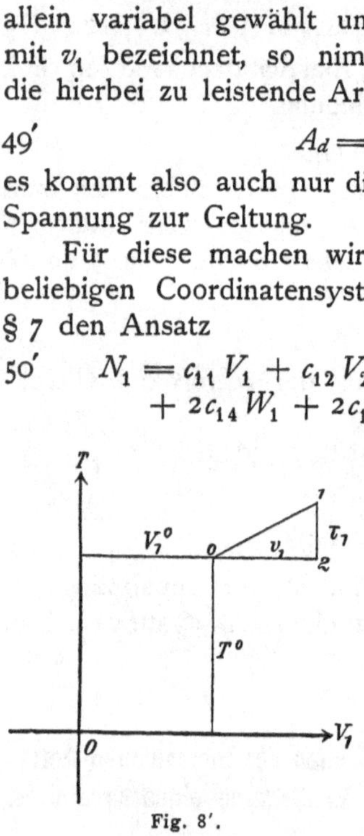

Fig. 8'.

worin die c_{hk} die frühere Bedeutung haben und $-q_1\tau$ den Antheil an der Spannungscomponente N_1 bezeichnet, der durch die blosse Temperaturänderung τ ohne Deformation entsteht. Da dieser Antheil im allgemeinen eine Druckspannung in dem Körper bewirkt, so ist er mit negativem Vorzeichen eingeführt.

Kürzen wir die Formel (50') ab in

51' $$N_1 = N_1^o + c_{11} V_1 - q_1 \tau,$$

so bedeutet N_1^o den Werth von N_1 bei verschwindendem V_1 und τ.

Den Kreisprocess, den wir betrachten, stellen wir gemäss der Figur 8' in einer $V_1 T$-Coordinatenebene durch das (sehr klein gedachte) rechtwinklige Dreieck 0120 dar, das im Sinne der Zahlen umlaufen werden soll. Der Punkt (0) habe die Coordinaten V_1^o und T^o, die Katheten (0 2) und (2 1) seien resp. gleich v_1 und τ_1. Die Lage der Hypothenuse (01) sei dadurch charakterisirt, dass längs derselben dem Körper nur Arbeit, nicht aber Wärme zugeführt werde; τ_1 ist dann die einer Vergrösserung von V_1 um v_1 entsprechende sogenannte adiabatische Temperatursteigerung. Längs (1 2) wird bei constanter Deformation die Temperatur T auf den Anfangswerth T^0, längs (2 0) bei constanter Temperatur die Dilatation V_1 auf $V_1{}^0$ zurückgebracht.

Beachtet man, dass in der Formel (49′) für A_d unter $\bar{N}_1$ der mittlere Werth der Spannung während der Veränderung der Dilatation zu verstehen ist, und bezeichnet mit ε die Dichte, mit γ die specifische Wärme des Krystalles bei constanter Deformation in mechanischem Maass, so erhält man für die längs der Seiten $(h\ k)$ des Kreisprocesses aufzuwendenden Beträge an Wärme und Arbeit die folgenden Ausdrücke:

$$A_{01}=[N_1{}^0+c_{11}(V_1{}^0+{}^1\!/_2 v_1)-{}^1\!/_2 q_1 \tau_1]v_1,\quad Q_{01}=0,$$
$$A_{12}=0,\qquad Q_{12}=-\gamma\varepsilon\tau_1, \qquad 52'$$
$$A_{20}=-[N_1{}^0+c_{11}(V_1{}^0+{}^1\!/_2 v_1)]v_1,\qquad Q_{20}\text{ unbekannt.}$$

Wendet man nun die beiden Grundformeln (25′) und (26′) an, so ergiebt sich

$$-{}^1\!/_2\, q_1\, \tau_1\, v_1 - \gamma\varepsilon\tau_1 + Q_{20} = 0.$$
$$-\frac{\gamma\varepsilon\tau_1}{T^0+{}^1\!/_2\tau_1}+\frac{Q_{20}}{T^0}=0. \qquad 53'$$

Eliminirt man hieraus Q_{20}, so findet man

$$-{}^1\!/_2\, q_1\, v_1{}'=\gamma\varepsilon\left(1-\frac{T^0}{T^0+{}^1\!/_2\tau_1}\right)=\frac{{}^1\!/_2\,\gamma\varepsilon\tau_1}{T^0+{}^1\!/_2\,\tau_1},$$

und somit wegen der Kleinheit von τ_1

$$\tau_1=-T^0\,\frac{q_1\, v_1}{\gamma\,\varepsilon}. \qquad 54'$$

Nebenbei erhält man durch

$$Q_{20}=-T^0(\gamma\varepsilon+{}^1\!/_2\, q_1\,\tau_1)\,\frac{q_1\, v_1}{\gamma\,\varepsilon},$$

oder, wegen des kleinen τ_1, auch durch

$$Q_{02}=-Q_{20}=+T^0\, q_1\, v_1 \qquad 55'$$

den Betrag der Wärme, der nöthig ist, um bei der Vergrösserung der Dilatation V_1 um v_1 die Temperatur constant zu erhalten.

Genau so, wie vorstehend nur V_1 variirte, V_2, V_3 und alle W_h aber constant gehalten waren, kann man nur V_2, V_3 oder je ein W_h für sich verändern und gelangt dadurch zu (54′) und (55′) entsprechenden Formeln. Wenn alle Deformationscomponenten gleichzeitig variiren, ergiebt sich die adiabatische Temperaturänderung

56′ $$\tau = -\frac{T^0}{\gamma\,\varepsilon}[q_1 v_1 + q_2 v_2 + q_3 v_3 + 2(q_4 w_1 + q_5 w_2 + q_6 w_3)]$$

und eine Wärmeaufwendung bei isothermer Deformation

57′ $$Q = + T^0[q_1 v_1 + q_2 v_2 + q_3 v_3 + 2(q_4 w_1 + q_5 w_2 + q_6 w_3)].$$

Die in diesen Formeln auftretenden Klammerwerthe gestatten eine Umformung. Hierzu bemerken wir, dass gemäss dem Ansatz 50′ die Beziehungen zwischen Spannungs- und Deformationscomponenten durch Berücksichtigung der Temperaturänderung nur insofern modificirt werden, als $N_1 + q_1 \tau, \ldots$ an Stelle von $N_1, \ldots$ treten. Die Gleichungen (100) nehmen somit jetzt die Gestalt an [101])

58′ $$\begin{aligned} V_1 = {} & s_{11}(N_1 + q_1 \tau) + s_{12}(N_2 + q_2 \tau) \\ & + s_{13}(N_3 + q_3 \tau) + s_{14}(T_1 + q_4 \tau) \\ & + s_{15}(T_2 + q_5 \tau) + s_{16}(T_3 + q_6 \tau) \quad \text{u. s. f.} \end{aligned}$$

Nun tritt die freie thermische Ausdehnung dann ein, wenn die Spannungen verschwinden; in diesem Falle ist also

$$V_1 = (s_{11} q_1 + s_{12} q_2 + s_{13} q_3 + s_{14} q_4 + s_{15} q_5 + s_{16} q_6)\,\tau,$$

u. s. f. Zugleich soll hier aber nach (26) auch gelten $V_1 = a_1{}' \tau$, u. s. f.; somit folgt für die Moduln $a_h{}'$ der thermischen Deformation die allgemeine Beziehung:

59′ $$a_h{}' = s_{h1} q_1 + s_{h2} q_2 + s_{h3} q_3 + s_{h4} q_4 + s_{h5} q_5 + s_{h6} q_6.$$

Drückt man aber die Zuwachse v_h und w_h der Deformationscomponenten durch die Zuwachse n_h und t_h der Spannungen aus, welche ihre Herstellung erfordert, schreibt also nach den Formeln (58′) und (59′)

$$v_1 = s_{11}n_1 + s_{12}n_2 + s_{13}n_3 + s_{14}t_1 + s_{15}t_2 + s_{16}t_3 + a_1'\tau,$$

u. s. f., setzt diese Werthe in die Gleichung (56′) und berücksichtigt die Formeln (59′), so erhält man bei Vernachlässigung der neben $\gamma\varepsilon / T^0$ stets kleinen Glieder $a_h' q_h$

$$\tau = -\frac{T^0}{\gamma\varepsilon}(a_1'n_1 + a_2'n_2 + a_3'n_3 + a_4't_1 + a_5't_2 + a_6't_3). \quad 60'$$

Diese Formel giebt die Temperaturänderung an, welche der Krystall ohne Wärmezufuhr durch blosse Vergrösserung der in ihm wirkenden Spannungen erleidet. Das zu Grunde gelegte Coordinatensystem ist beliebig, doch müssen natürlich die a_h' einerseits, die n_h, t_h andererseits nach denselben Axen genommen sein.

Geht die Deformation von dem natürlichen, d. h. durchaus undeformirten Zustande des Krystalles aus, so sind die Zuwachse der Spannungscomponenten mit diesen Componenten selbst identisch, und es treten N_h, T_h an die Stelle von n_h, t_h, Hier nimmt dann Gleichung (60′) die auf S. 52 citirte Gestalt an.

IX. Anwendung der Hauptsätze der Thermodynamik auf den Fall gleichzeitiger Deformation und electrischer Erregung.

Wenn die in den Zusätzen V und VII behandelten Veränderungen gleichzeitig vor sich gehen, so ist die dabei zu leistende Arbeit ersichtlich die Summe der beiden daselbst für jede von ihnen berechneten Arbeiten. Indessen haben dann sowohl die Spannungen, wie die electrischen (oder magnetischen) Momente andere Werthe, als zuvor; denn zu den Spannungen elastischen Ursprunges treten noch Antheile electrischer (oder magnetischer) Herkunft, nicht minder zu den influenzirten Momenten die auf der Deformation beruhenden Zuwachse.

Wir schreiben somit gemäss (35′) und (46′) für die an der Volumeneinheit gleichzeitig zu leistende Influenzirungs- und Deformationsarbeit

$$
\begin{aligned}
A = A_i + A_d = &- \overline{R}_1 k_1 - \overline{R}_2 k_2 - \overline{R}_3 k_3 \\
61' \qquad &+ \overline{N}_1 v_1 + \overline{N}_2 v_2 + \overline{N}_3 v_3 \\
&+ 2(\overline{T}_1 w_1 + \overline{T}_2 w_2 + \overline{T}_3 w_3),
\end{aligned}
$$

worin alle Buchstaben die früheren Bedeutungen haben.

Denkbar einfachste Verhältnisse treten ein, wenn nur eine Feldcomponente, z. B. K_1, und nur eine Deformationscomponente, z. B. V_1, variiren; dann gilt specieller

62′ $$A = -\overline{R}_1 k_1 + \overline{N}_1 v_1,$$

es ist also auch von den Momenten nur R_1, von den Spannungen nur N_1 in Betracht zu ziehen.

Für diese machen wir nach dem Inhalt von § 5, 6 und 7 die Ansätze

$$
\begin{aligned}
R_1 &= f_{11}' K_1 + f_{12}' K_2 + f_{13}' K_3 \\
63' \qquad &+ e_{11} V_1 + e_{12} V_2 + e_{13} V_3 \\
&+ 2e_{14} W_1 + 2e_{15} W_2 + 2e_{16} W_3, \\
N_1 &= c_{11} V_1 + c_{12} V_2 + c_{13} V_3 \\
64' \qquad &+ 2c_{14} W_1 + 2c_{15} W_2 + 2c_{16} W_3 \\
&+ e_{11}' K_1 + e_{21}' K_2 + e_{31}' K_3,
\end{aligned}
$$

wobei die f_{hk}' und e_{hk}' neue Constanten bezeichnen, die e_{hk} und c_{hk} aber die alte Bedeutung haben. Warum wir die früheren Factoren f_{hk} nicht beibehalten können, wird weiter unten klar werden; die Werthe der f_{hk}', wie der e_{hk}', sollen im Folgenden abgeleitet werden.

Da wir nach dem oben Gesagten nur K_1 und V_1 variiren lassen, kürzen wir die Ansätze (63′) und (64′) ab in

65′ $$R_1 = R_1^o + f_{11}' K_1 + e_{11} V_1, \quad N_1 = N_1^o + c_{11} V_1 + e_{11}' K_1,$$

wobei R_1^o, N_1^o die Werthe von R_1, N_1 für verschwindende K_1 und V_1 bezeichnen.

Wir betrachten nun einen Kreisprocess, der sich laut Figur 9′ in einer $V_1 K_1$-Ebene als ein Rechteck mit den Seiten v_1, k_1 darstellen möge; eine Ecke (0) habe die Coordinaten V_1^o, K_1^o, und die Umlaufungsrichtung sei durch die Zahlenfolge 01230 gegeben.

Wir haben dann für die Durchmessung der vier Seiten (hk) die folgenden Arbeiten A_{hk} aufzuwenden:

$$
\begin{aligned}
A_{01} &= -[R_1^o + f_{11}'(K_1^o + \tfrac{1}{2}k_1) + e_{11} V_1^o] k_1, \\
A_{12} &= +[N_1^o + c_{11}(V_1^o + \tfrac{1}{2}v_1) + e_{11}'(K_1^o + k_1)] v_1, \qquad 66' \\
A_{23} &= +[R_1^o + f_{11}'(K_1^o + \tfrac{1}{2}k_1) + e_{11}(V_1^o + v_1)] k_1, \\
A_{30} &= -[N_1^o + c_{11}(V_1^o + \tfrac{1}{2}v_1) + e_{11}' K_1^o] v_1.
\end{aligned}
$$

Bilden wir hiermit die Formel $S A = 0$, so erhalten wir

$$(e_{11}' + e_{11}) k_1 v_1 = 0,$$

d. h. also $$e_{11}' = - e_{11}.$$

Wendet man das eben durchgeführte Verfahren auf alle Combinationen einer Feldcomponente und einer Deformationscomponente an, so gelangt man zu der allgemeinen Beziehung [102])

$$e_{hk}' = - e_{hk}. \qquad 67'$$

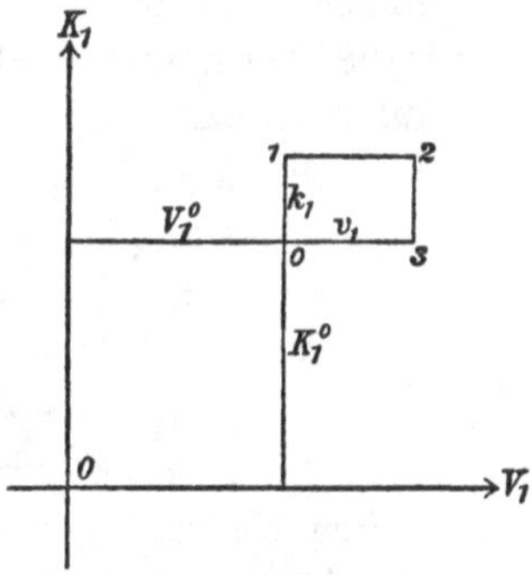

Fig. 9'.

Nun schreibe man die Gleichungen, welche wie (64') die Werthe der Componenten der Spannungen durch diejenigen der Deformationen und der Feldstärke ausdrücken, in der Gestalt

$$
\begin{aligned}
(N_1) = N_1 + (e_{11}K_1 + e_{21}K_2 + e_{31}K_3) \\
= c_{11} V_1 + c_{12} V_2 + c_{13} V_3 \\
+ 2c_{14} W_1 + 2c_{15} W_2 + 2c_{16} W_3,
\end{aligned}
$$

worin (N_1) eine Abkürzung ist, und löse sie, wie auf S. 156 die Formeln (101), nach den Deformationscomponenten auf. Dann resultirt

$$
\begin{aligned}
V_1 = s_{11}(N_1) + s_{12}(N_2) + s_{13}(N_3) \\
+ s_{14}(T_1) + s_{15}(T_2) + s_{16}(T_3),
\end{aligned}
$$

oder wenn man zur Abkürzung

$$s_{h1}e_{k1} + s_{h2}e_{k2} + s_{h3}e_{k3} + s_{h4}e_{k4} + s_{h5}e_{k5} + s_{h6}e_{k6} = d_{kh} \qquad 68'$$

setzt:

$$
\begin{aligned}
V_1 = s_{11}N_1 + s_{12}N_2 + s_{13}N_3 + s_{14}T_1 + s_{15}T_2 + s_{16}T_3 \qquad 69' \\
+ d_{11}K_1 + d_{21}K_2 + d_{31}K_3;
\end{aligned}
$$

ebenso bestimmen sich die übrigen Deformationscomponenten.

Führt man endlich diese Werthe in (63′) ein und setzt abkürzend

$$70' \qquad f_{hk}' + (e_{h1}d_{k1} + e_{h2}d_{k2} + e_{h3}d_{k3} + e_{h4}d_{k4} + e_{h5}d_{k5} + e_{h6}d_{k6}) = f_{hk},$$

so erhält man

$$71' \qquad \begin{aligned} R_1 &= f_{11}K_1 + f_{12}K_2 + f_{13}K_3 \\ &+ d_{11}N_1 + d_{12}N_2 + d_{13}N_3 \\ &+ d_{14}T_1 + d_{15}T_2 + d_{16}T_3, \end{aligned}$$

und ähnliche Ausdrücke für R_2 und R_3. Stellen wir hiermit die Ausgangsformeln (63′) und (64′) unter Rücksicht auf die Beziehungen (67′) zusammen, nämlich

$$72' \qquad \begin{aligned} N_1 &= c_{11}V_1 + c_{12}V_2 + c_{13}V_3 \\ &+ 2c_{14}W_1 + 2c_{15}W_2 + 2c_{16}W_3 \\ &- e_{11}K_1 - e_{21}K_2 - e_{31}K_3, \end{aligned}$$

$$73' \qquad \begin{aligned} R_1 &= f_{11}'K_1 + f_{12}'K_2 + f_{13}'K_3 \\ &+ e_{11}V_1 + e_{12}V_2 + e_{13}V_3 \\ &+ 2e_{14}W_1 + 2e_{15}W_2 + 2e_{16}W_3, \end{aligned}$$

und denken die analogen hinzugefügt, so erhalten wir ein Formelsystem von mannigfaltigem Interesse.[103])

Sehen wir zunächst von der Wirksamkeit eines electrischen Feldes ab, setzen also alle K_h gleich Null, so gehen die Ausdrücke (69′) und (72′) für die Spannungs- und Deformationscomponenten in die dem § 7 zu Grunde gelegten über; die Ausdrücke (71′) und (73′) für die piëzoelectrisch erregten Momente stimmen mit den in § 6a) benutzten überein. Bei blosser Feldwirkung, d. h. bei verschwindenden N_h, T_h, resp. V_h, W_h, werden die Werthe (69′) und (72′) mit den in § 6b) verwendeten identisch; dabei finden sich jene Beziehungen zwischen ihren Parametern und denjenigen der piëzoelectrischen Erregung, die S. 122 und S. 134 behauptet worden sind.

Auffallend ist, dass unter der Voraussetzung blosser Feldwirkung die Gleichungen (71′) und (73′) für die influenzirten Momente einander nicht identisch werden. Es gewinnen hier jene Nebenwirkungen Einfluss, von denen schon S. 136 gesprochen ist. Die Influenzirung durch dieselbe Feldstärke giebt ein verschiedenes Moment je nach den dieselbe begleitenden mechanischen Vorgängen; sie ist z. B. verschieden, je nachdem die Spannungen oder die Deformationen dabei auf Null gehalten werden.

So lange keine electrischen Vorgänge mitspielen — auch Temperaturänderungen ausgeschlossen sind — verschwinden allerdings die Spannungen mit den Deformationen, die Deformationen mit den Spannungen; aber bei Mitwirkung eines electrischen Feldes entspricht das Verschwinden der Spannungen einem ganz anderen Zustand als das Verschwinden der Deformationen. In der That lehrt die Formel (69′), dass bei verschwindenden Spannungen

$$V_1 = d_{11} K_1 + d_{21} K_2 + d_{31} K_3$$

ist, u. s. f.; ebenso zeigt (72′), dass bei verschwindenden Deformationen gilt

$$N_1 = - e_{11} K_1 - e_{21} K_2 - e_{31} K_3,$$

u. s. f.; im ersten Falle haben also die Componenten der Deformationen, im letzten die der Spannungen von Null verschiedene, durch das electrische Feld bestimmte Werthe. Da nun nach § 6b) sowohl Spannungen als Deformationen electrisch erregend wirken, so ist es klar, dass dasselbe Feld in Folge dieser secundären Wirkungen in den beiden behandelten Fällen verschiedene Momente hervorruft.

X. Berücksichtigung der krystallographischen Symmetrie bei der Anwendung allgemeiner Ansätze auf specielle Krystallgruppen.

Im Vorstehenden sind wiederholt lineäre Gleichungen zwischen zwei Componentensystemen als Ausdruck der

Wechselbeziehung zwischen zwei physikalischen Grössen eingeführt, und dabei hat sich jedes Mal die Aufgabe geboten, die vereinfachten Formen aufzusuchen, welche jene Ansätze für specielle Krystallgruppen annehmen. Die zu ihrer Lösung anzuwendende Methode ist S. 54 geschildert: es sind die Formeln durch Coordinatentransformation auf alle dem als fundamental gewählten gleichwerthigen Coordinatensysteme zu transformiren und dann die an gleichen Stellen auftretenden Parameter einander gleich zu setzen. Die so gebildeten Formeln enthalten die Beziehungen zwischen den Constanten des ursprünglichen Ansatzes, welche den speciellen Symmetrieverhältnissen entsprechen.

Es dürfte nützlich sein, dies Verfahren an einigen Beispielen zu erläutern; dabei beschränken wir uns aber auf die einfachste Art der Beziehungen und auf specielle physikalische Symmetrieverhältnisse. Wir gehen aus von dem Ansatz (33) für die lineare Beziehung zwischen zwei Vectoren R und K, welcher lautet

74′
$$\begin{aligned} R_1 &= f_{11}K_1 + f_{12}K_2 + f_{13}K_3, \\ R_2 &= f_{21}K_1 + f_{22}K_2 + f_{23}K_3, \\ R_3 &= f_{31}K_1 + f_{32}K_2 + f_{33}K_3, \end{aligned}$$

und denken denselben auf das Hauptaxensystem XYZ bezogen, somit ohne Index ʾ geschrieben.

Ist nun eine der Coordinatenaxen, z. B. die Z-Axe, eine n-zählige Symmetrieaxe, so muss das Coordinatensystem bei einer Drehung um $2\pi/n$ um diese Axe in eine gleichwerthige Lage kommen. Bezeichnen wir die alten und die neuen Coordinaten durch x, y, z und x', y', z' und kürzen den Cosinus und den Sinus des Drehungswinkels in γ und σ ab, so werden zwischen den beiden Systemen von Coordinaten die Beziehungen bestehen:

75′ $$x' = x\gamma - y\sigma, \quad y' = x\sigma + y\gamma, \quad z' = z,$$
oder $$x = x'\gamma + y'\sigma, \quad y = -x'\sigma + y'\gamma, \quad z = z'.$$

Vectorcomponenten transformiren sich — als Projectionen einer Strecke — genau wie Coordinaten; es gelten somit die vorstehenden Formelsysteme auch für die nach den Coordinatenaxen genommenen Componenten R_h, K_h einer-, R_h', K_h' andererseits. Insbesondere ist auch

$$R_1 = R_1'\gamma + R_2'\sigma,\ R_2 = -R_1'\sigma + R_2'\gamma,\ R_3 = R_3'. \qquad 76'$$

Hiernach kann man das System (74') schreiben:

$$\begin{aligned} R_1'\gamma + R_2'\sigma &= f_{11}(K_1'\gamma + K_2'\sigma) \\ &\quad + f_{12}(-K_1'\sigma + K_2'\gamma) + f_{13}K_3', \\ -R_1'\sigma + R_2'\gamma &= f_{21}(K_1'\gamma + K_2'\sigma) \\ &\quad + f_{22}(-K_1'\sigma + K_2'\gamma) + f_{23}K_3', \\ R_3' &= f_{31}(K_1'\gamma + K_2'\sigma) \\ &\quad + f_{32}(-K_1'\sigma + K_2'\gamma) + f_{33}K_3'. \end{aligned}$$

Fasst man die beiden ersten Gleichungen mit den Factoren γ, $-\sigma$, resp. σ, γ zusammen und ordnet sodann das ganze System, so erhält man:

$$\begin{aligned} R_1' &= K_1'(f_{11}\gamma^2 - f_{12}\sigma\gamma - f_{21}\sigma\gamma + f_{22}\sigma^2) \\ &\quad + K_2'(f_{11}\sigma\gamma + f_{12}\gamma^2 - f_{21}\sigma^2 - f_{22}\sigma\gamma) \\ &\quad + K_3'(f_{13}\gamma - f_{23}\sigma), \\ R_2' &= K_1'(f_{11}\sigma\gamma - f_{12}\sigma^2 + f_{21}\gamma^2 - f_{22}\sigma\gamma) \\ &\quad + K_2'(f_{11}\sigma^2 + f_{12}\sigma\gamma + f_{21}\sigma\gamma + f_{22}\gamma^2) \\ &\quad + K_3'(f_{13}\sigma + f_{23}\gamma), \\ R_3' &= K_1'(f_{31}\gamma - f_{32}\sigma) + K_2'(f_{31}\sigma + f_{32}\gamma) + K_3'f_{33}. \end{aligned} \qquad 77'$$

Soll das neue Coordinatensystem dem alten gleichwerthig sein, so müssen die hier rechts stehenden Aggregate den die gleiche Stelle in (74') einnehmenden Parametern gleich sein. Bildet man die bezüglichen neun Formeln, so erhält man darunter bei Benutzung der Beziehung $\sigma^2 + \gamma^2 = 1$ nur folgende sechs von einander abweichende:

$$\begin{aligned} &(f_{11}\sigma + f_{12}\gamma + f_{21}\gamma - f_{22}\sigma)\sigma = 0, \\ &(f_{11}\gamma - f_{12}\sigma - f_{21}\sigma - f_{22}\gamma)\sigma = 0, \\ &f_{13}\gamma - f_{23}\sigma = f_{13},\ f_{13}\sigma + f_{23}\gamma = f_{23}, \\ &f_{31}\gamma - f_{32}\sigma = f_{31},\ f_{31}\sigma + f_{32}\gamma = f_{32}. \end{aligned}$$

Die letzten vier Gleichungen liefern für alle σ und γ, die überhaupt eine Drehung des Coordinatensystems in eine andere Lage ausdrücken,

78′ $$f_{13} = f_{23} = f_{31} = f_{32} = 0;$$

bei den ersten beiden sind die Fälle zu unterscheiden, dass σ gleich Null oder von Null verschieden ist. Ist $\sigma = 0$, d. h. $n = 2$, so liefern sie überhaupt keine Beziehung für die f_{hk}; ist σ nicht gleich Null, so muss gelten

$$(f_{11} - f_{22})\sigma + (f_{12} + f_{21})\gamma = 0,$$
$$(f_{11} - f_{22})\gamma - (f_{12} + f_{21})\sigma = 0,$$

d. h., es muss sein

79′ $$f_{11} = f_{22}, \; f_{12} = -f_{21}.$$

Somit würde im Falle, dass die Z-Axe eine zweizählige Symmetrieaxe wäre, an Stelle von (74′) das System treten:

80′ $$R_1 = f_{11}K_1 + f_{12}K_2, \; R_2 = f_{21}K_1 + f_{22}K_2, \; R_3 = f_{33}K_3,$$

dagegen bei beliebiger anderer Zähligkeit:

81′ $$R_1 = f_{11}K_1 + f_{12}K_2, \; R_2 = -f_{12}K_1 + f_{11}K_2, \; R_3 = f_{33}K_3.$$

Wenn die X-Axe eine zweizählige Symmetrieaxe wäre, müsste ebenso gelten:

82′ $$R_1 = f_{11}K_1, \; R_2 = f_{22}K_2 + f_{23}K_3, \; R_3 = f_{32}K_2 + f_{33}K_3.$$

Hieraus folgt für den Fall, dass die X- und die Z-Axe zugleich zweizählig sind:

83′ $$R_1 = f_{11}K_1, \; R_2 = f_{22}K_2, \; R_3 = f_{33}K_3;$$

ist die X-Axe zwei-, die Z-Axe mehrzählig, so gilt:

84′ $$R_1 = f_{11}K_1, \; R_2 = f_{11}K_2, \; R_3 = f_{33}K_3.$$

Wir bemerken, dass, wenn der Krystall zwei zu einander normale physikalische Symmetrieaxen besitzt, bei Beziehung auf diese als zwei der Coordinatenaxen der Ansatz (74′) von den Gliedern mit den Factoren f_{hk} bei $h \gtrless k$ ganz frei ist; in diesem Falle erledigt sich also die mehrfach angeregte Frage nach der Gleichheit der Parameter f_{hk} und f_{kh} ganz von selbst. Dies ist, wenn R und K gleichartige Vectoren sind, ersichtlich der Fall bei unseren typischen Krystallen, deren Symmetrie hier durch das Schema $C, A_3 \perp A_2$ gegeben wird, und denen somit die Werthe (84′) entsprechen.

Die Durchführung der analogen Betrachtung für Beziehungen, welche Tensoren betreffen, ist minder einfach, besonders weil die Tensoren sich nicht wie Coordinaten transformiren. Ihr bezügliches Verhalten wollen wir im nächsten Zusatz untersuchen.

XI. Die Transformationseigenschaften der Tensoren. Physikalische Symmetrieebenen.

Aus der Definition der Componenten eines Vectors als der Projectionen der ihn repräsentirenden Strecke auf die Coordinatenaxen folgt, dass sie sich bei einer Drehung des Coordinatensystems um seinen Anfangspunkt genau so verhalten, wie Coordinaten. Um zu den entsprechenden Eigenschaften der Tensoren zu gelangen, kann man von dem für sie charakteristischen Formelsystem (4) ausgehen und darin die Winkel (S_h, X), (S_h, Y), (S_h, Z) der Hauptspannungen S_h gegen die X-, Y-, Z-Axe durch diejenigen (S_h, X'), (S_h, Y'), (S_h, Z') gegen drei neue Axen X', Y', Z' ausdrücken. Hierfür gelten Formeln von der Gestalt

$$\cos(S_h, X) = \cos(S_h, X')\cos(X, X') + \cos(S_h, Y')\cos(X, Y') + \cos(S_h, Z')\cos(X, Z'),$$
$$\cos(S_h, Y) = \cos(S_h, X')\cos(Y, X') + \cos(S_h, Y')\cos(Y, Y') + \cos(S_h, Z')\cos(Y, Z'),$$
$$\cos(S_h, Z) = \cos(S_h, X')\cos(Z, X') + \cos(S_h, Y')\cos(Z, Y') + \cos(S_h, Z')\cos(Z, Z'),$$

die wir abgekürzt schreiben:

$$\begin{aligned} \cos(S_h, X) &= a_h\alpha_1 + b_h\alpha_2 + c_h\alpha_3, \\ \cos(S_h, Y) &= a_h\beta_1 + b_h\beta_2 + c_h\beta_3, \\ \cos(S_h, Z) &= a_h\gamma_1 + b_h\gamma_2 + c_h\gamma_3. \end{aligned} \qquad 85'$$

Nachdem man die Quadrate und Producte dieser Cosinus, welche in (4) auftreten, gebildet hat, ordne man die Resultate nach den $\alpha_h, \beta_h, \gamma_h$. Deren Factoren haben die nachfolgenden sechs Gestalten

86′
$$\begin{aligned} S_1 a_1^2 + S_2 a_2^2 + S_3 a_3^2 &= N_1', \\ S_1 b_1^2 + S_2 b_2^2 + S_3 b_3^2 &= N_2', \\ S_1 c_1^2 + S_2 c_2^2 + S_3 c_3^2 &= N_3', \\ S_1 b_1 c_1 + S_2 b_2 c_2 + S_3 b_3 c_3 &= T_1', \\ S_1 c_1 a_1 + S_2 c_2 a_2 + S_3 c_3 a_3 &= T_2', \\ S_1 a_1 b_1 + S_2 a_2 b_2 + S_3 a_3 b_3 &= T_3', \end{aligned}$$

die nach (4) und unter Rücksicht auf die Bedeutung der a_h, b_h, c_h sich als die Spannungscomponenten nach den neuen Axen $X' Y' Z'$ erweisen.

Bei Einführung der Bezeichnungen N_h' und T_h' gelangt man schliesslich zu einem Gleichungssystem, das durch seine erste und vierte Formel charakterisirt sei:

87′
$$\begin{aligned} N_1 &= N_1'\alpha_1^2 + N_2'\alpha_2^2 + N_3'\alpha_3^2 + 2T_1'\alpha_2\alpha_3 \\ &\quad + 2T_2'\alpha_3\alpha_1 + 2T_3'\alpha_1\alpha_2, \\ T_1 &= N_1'\beta_1\gamma_1 + N_2'\beta_2\gamma_2 + N_3'\beta_3\gamma_3 + T_1'(\beta_2\gamma_3 + \gamma_2\beta_3) \\ &\quad + T_2'(\beta_3\gamma_1 + \gamma_3\beta_1) + T_3'(\beta_1\gamma_2 + \gamma_1\beta_2). \end{aligned}$$

Nun gilt zwischen den alten Coordinaten x, y, z und den neuen x', y', z' bei Einführung der durch (85′) definirten Abkürzungen das System von Beziehungen:

88′
$$\begin{aligned} x &= x'\alpha_1 + y'\alpha_2 + z'\alpha_3, \\ y &= x'\beta_1 + y'\beta_2 + z'\beta_3, \\ z &= x'\gamma_1 + y'\gamma_2 + z'\gamma_3; \end{aligned}$$

demgemäss wird auch:

$$\begin{aligned} x^2 &= x'^2\alpha_1^2 + y'^2\alpha_2^2 + z'^2\alpha_3^2 + 2y'z'\alpha_2\alpha_3 \\ &\quad + 2z'x'\alpha_3\alpha_1 + 2x'y'\alpha_1\alpha_2, \\ yz &= x'^2\beta_1\gamma_1 + y'^2\beta_2\gamma_2 + z'^2\beta_3\gamma_3 + y'z'(\beta_2\gamma_3 + \gamma_2\beta_3) \\ &\quad + z'x'(\beta_3\gamma_1 + \gamma_3\beta_1) + x'y'(\beta_1\gamma_2 + \gamma_1\beta_2). \end{aligned}$$

Vergleicht man diese Formeln mit den in (87′) enthaltenen, so gelangt man zu dem einfachen Satz:

Die Tensorcomponenten N_h transformiren sich wie die Quadrate, die Componenten T_h wie die Producte von Vectorcomponenten.

Mit seiner Hilfe ist es nun leicht, wenngleich mitunter etwas umständlich, die Specialisirung von linearen Beziehungen, welche Tensorcomponenten enthalten, für verschiedene Krystallgruppen durchzuführen. Wir wollen einige hierauf bezügliche Bemerkungen an den Ansatz (59) für die piëzoelectrische Erregung anknüpfen, welcher die Vectorcomponenten R_h mit den Tensorcomponenten N_h und T_h verbindet.[104])

Ist die Z-Axe eine physikalische Symmetrieaxe, so hat man das Coordinatensystem um diese Axe zu drehen und deshalb bei Einführung der Abkürzungen γ und σ für Cosinus und Sinus des Drehungswinkels neben den Gleichungen (76′) noch folgende Beziehungen zu benutzen:

$$\begin{aligned}
N_1 &= N_1'\gamma^2 + N_2'\sigma^2 + 2\,T_3'\gamma\sigma,\\
N_2 &= N_1'\sigma^2 + N_2'\gamma^2 - 2\,T_3'\gamma\sigma, \quad N_3 = N_3', \qquad 89'\\
T_1 &= T_1'\gamma - T_2'\sigma, \quad T_2 = T_1'\sigma + T_2'\gamma,\\
T_3 &= -N_1'\gamma\sigma + N_2'\gamma\sigma + T_3'(\gamma^2 - \sigma^2).
\end{aligned}$$

Löst man die so aus (59) erhaltenen Formeln nach R_1', R_2', R_3' auf, so entstehen recht complicirte Formeln, in denen nun, wie S. 231 mit den f_{hk} ausgeführt, die an Stelle eines jeden d_{hk} in (59) stehenden Aggregate jenem d_{hk} gleichzusetzen sind. Hierdurch resultiren achtzehn Bedingungsgleichungen, deren Aufstellung und Discussion hier aber zu weit führen würde. —

Da die piëzoelectrische Erregung keinen centrischsymmetrischen Vorgang darstellt, so ist die physikalische Symmetrie eines Krystalls hier auch nicht allein durch seine Symmetrieaxen charakterisirt, sondern die Symmetrieebenen besitzen neben ihnen selbständige Bedeutung. Da beide combinirt überdies nach S. 7 das Symmetrieelement der Spiegeldrehaxe liefern, so mag hier auf die Berücksichtigung der Symmetrieebenen noch kurz eingegangen werden.

Wenn eine physikalische Symmetrieebene existirt, so müssen zwei primäre Zustände, die einander in Bezug auf sie spiegelbildlich entsprechen, zwei secundäre von derselben Eigenschaft hervorrufen.

Ist die *YZ*-Ebene eine Symmetrieebene, so sind einander entsprechende Vectoren *R* durch die Componenten R_1, R_2, R_3 und $-R_1, R_2, R_3$ gegeben; einander entsprechende Tensoren (gemäss deren Transformationseigenschaften) durch die Componenten $N_1, N_2, N_3, T_1, T_2, T_3$, und $N_1, N_2, N_3, T_1, -T_2, -T_3$. Damit je das eine System das andere hervorrufe, muss neben den Formeln (59) auch gelten:

$$\begin{aligned} -R_1 &= d_{11}N_1 + d_{12}N_2 + d_{13}N_3 + d_{14}T_1 - d_{15}T_2 - d_{16}T_3, \\ R_2 &= d_{21}N_1 + d_{22}N_2 + d_{23}N_3 + d_{24}T_1 - d_{25}T_2 - d_{26}T_3, \\ R_3 &= d_{31}N_1 + d_{32}N_2 + d_{33}N_3 + d_{34}T_1 - d_{35}T_2 - d_{36}T_3. \end{aligned}$$

Beide Systeme sind nur vereinbar, wenn $d_{11}, d_{12}, d_{13}, d_{14}, d_{25}, d_{26}, d_{35}, d_{36}$ verschwinden, also die Formeln (59) sich reduciren auf:

$$\begin{aligned} R_1 &= d_{15}T_2 + d_{16}T_3, \\ R_2 &= d_{21}N_1 + d_{22}N_2 + d_{23}N_3 + d_{24}T_1, \\ R_3 &= d_{31}N_1 + d_{32}N_2 + d_{33}N_3 + d_{34}T_1. \end{aligned} \tag{90'}$$

Man überzeugt sich leicht, dass der für den Typus Turmalin benutzte Ansatz (61) unter dies Schema fallt.

XII. Ueber die Berechnung der einem Krystallprisma individuellen Elasticitätsmoduln aus den Hauptmoduln.

Mit Hilfe des auf S. 234 abgeleiteten Satzes über die Transformationseigenschaften der Tensoren kann man nun relativ leicht die piëzoelectrischen und die elastischen Moduln d_{hk}' und s_{hk}', die sich auf ein beliebiges Coordinatensystem *X' Y' Z'* beziehen, durch die Hauptmoduln d_{hk} und s_{hk} ausdrücken. Da das erstere, soweit es praktische Bedeutung hat, auf S. 99 gezeigt worden ist, wollen wir uns hier nur mit dem letzteren beschäftigen.[105])

Wir gehen daher von dem Ausdruck (46′) für die Deformationsarbeit A_d aus und wenden ihn (gemäss dem jener Gleichung Vorausgeschickten) auf die Erzeugung der Deformationen V_h, W_h an; er lautet dann

$$A_d = \overline{N}_1{}^o V_1 + \overline{N}_2{}^o V_2 + \overline{N}_3{}^o V_3 \qquad 91'$$
$$+ 2(\overline{T}_1{}^o W_1 + \overline{T}_2{}^o W_2 + \overline{T}_3{}^o W_3).$$

Hierin drücken wir die Deformationscomponenten V_h und W_h gemäss (100) durch die Spannungscomponenten N_h und T_h aus, ersetzen auch die $\overline{N}_h{}^o$ und $\overline{T}_h{}^o$ als die mittleren Werthe zwischen Null und N_h resp. T_h durch $^1/_2\, N_h$ und $^1/_2\, T_h$. Um das Resultat in Form einer Summe kurz zusammenfassen zu können, wollen wir die Componenten T_1, T_2, T_3 vorübergehend N_4, N_5, N_6 nennen; dann wird die Arbeit sich schreiben lassen

$$A_d = {}^1/_2 \sum_m \sum_n s_{mn} N_m N_n, \qquad 92'$$

wobei jede der Summen über alle Werthe 1 bis 6 zu erstrecken ist.

Ferner kürzen wir die Transformationsformeln (87′), indem wir zugleich das Zeichen ′ mit ᾿ vertauschen, ab in

$$N_m = \sum_h r_{hm} N_h' \text{ oder } N_n = \sum_k r_{kn} N_k', \qquad 93'$$

wobei der Werth jedes Factors r_{hn}, resp. r_{kn}, sich durch die Vergleichung leicht ergiebt.

Setzen wir gemäss den letzten Formeln für N_m und N_n ihre Ausdrücke in (92′) ein, so giebt dies

$$A_d = {}^1/_2 \sum_m \sum_n s_{mn} \sum_h r_{hm} N_h' \sum_k r_{kn} N_k',$$

und bei veränderter Reihenfolge der Summation

$$A_d = {}^1/_2 \sum_h \sum_k N_h' N_k' \sum_m \sum_n s_{mn}\, r_{hm}\, r_{kn}. \qquad 94'$$

Dieser Ausdruck bezeichnet die auf die neuen Coordinatenaxen X, Y, Z bezogene Arbeit; er muss also nach (92′) identisch sein mit

$$A_d = {}^1/_2 \sum_h \sum_k s_{hk}' N_h' N_k'. \qquad 95'$$

Die Vergleichung der beiden letzten Formeln liefert aber

96′ $$s_{hk}' = \sum_m \sum_n s_{mn} r_{hm} r_{kn},$$

und dies ist bei Einsetzen der aus (93′), resp. (87′), sich ergebenden Werthe von r_{hm} und r_{kn} der Ausdruck der auf ein beliebiges System $X' Y' Z'$ bezogenen Elasticitätsmoduln s_{hk}', ausgedrückt durch die Hauptmoduln s_{mn}.

Die Bildung der einzelnen interessirenden s_{hk}' ist nun eine rein mechanische Arbeit.

Der Modul s' der longitudinalen Dehnung eines Cylinders ist nach S. 160 mit s_{33}' identisch, wenn die Cylinderaxe in die Z'-Axe fällt. Berechnen wir nun s_{33}' nach dem in (96′) angegebenen Schema, und vertauschen wir darnach, da es ganz unwesentlich ist, dass die Cylinderaxe gerade zur Z'-Axe gewählt war, α_3, β_3, γ_3 mit α, β, γ, — wo nun letztere Grössen mit den früher benutzten $\cos(l, X)$, $\cos(l, Y)$, $\cos(l, Z)$ identisch sind, und l die Richtung bezeichnet, auf die sich der Modul s' bezieht, — so erhalten wir:

97′ $$\begin{aligned} s' = {} & s_{11}\alpha^4 + s_{22}\beta^4 + s_{33}\gamma^4 \\ & + (s_{44}+2s_{23})\beta^2\gamma^2 + (s_{55}+2s_{31})\gamma^2\alpha^2 + (s_{66}+2s_{12})\alpha^2\beta^2 \\ & + 2\beta\gamma[(s_{14}+s_{56})\alpha^2 + s_{24}\beta^2 + s_{34}\gamma^2] \\ & + 2\gamma\alpha[s_{15}\alpha^2 + (s_{25}+s_{64})\beta^2 + s_{35}\gamma^2] \\ & + 2\alpha\beta[s_{16}\alpha^2 + s_{26}\beta^2 + (s_{36}+s_{45})\gamma^2]. \end{aligned}$$

Das ist der Ausdruck, auf den sich die allgemeinen Bemerkungen auf S. 161 beziehen; er liefert bei Einführung der durch das System (102) gegenüber (100) angegebenen Vereinfachungen den für unsere typischen Krystalle gültigen Werth (110).

Die Ausdrücke für die Moduln s_{44}' und s_{55}' sind noch umständlicher. Man erhält

98′ $$\begin{aligned} s_{55}' = {} & 4(s_{11}\alpha_1^2\alpha_3^2 + s_{22}\beta_1^2\beta_3^2 + s_{33}\gamma_1^2\gamma_3^2) \\ & + s_{44}(\beta_1\gamma_3+\gamma_1\beta_3)^2 + s_{55}(\gamma_1\alpha_3+\alpha_1\gamma_3)^2 + s_{66}(\alpha_1\beta_3+\beta_1\alpha_3)^2 \\ & + 8(s_{23}\beta_1\gamma_1\beta_3\gamma_3 + s_{31}\gamma_1\alpha_1\gamma_3\alpha_3 + s_{12}\alpha_1\beta_1\alpha_3\beta_3) \\ & + 4(\beta_1\gamma_3+\gamma_1\beta_3)(s_{14}\alpha_1\alpha_3 + s_{24}\beta_1\beta_3 + s_{34}\gamma_1\gamma_3) \end{aligned}$$

$$
\begin{aligned}
&+4(\gamma_1\alpha_3+\alpha_1\gamma_3)(s_{15}\alpha_1\alpha_3+s_{25}\beta_1\beta_3+s_{35}\gamma_1\gamma_3)\\
&+4(\alpha_1\beta_3+\beta_1\alpha_3)(s_{16}\alpha_1\alpha_3+s_{26}\beta_1\beta_3+s_{36}\gamma_1\gamma_3)\\
&+s_{56}(\gamma_1\alpha_3+\alpha_1\gamma_3)(\alpha_1\beta_3+\beta_1\alpha_3) \qquad 98'\\
&+s_{64}(\alpha_1\beta_3+\beta_1\alpha_3)(\beta_1\gamma_3+\gamma_1\beta_3)\\
&+s_{45}(\beta_1\gamma_3+\gamma_1\beta_3)(\gamma_1\alpha_3+\alpha_1\gamma_3),
\end{aligned}
$$

und hieraus folgt s_{44}', wenn man $\alpha_1, \beta_1, \gamma_1$ durch α_2, β_2, γ_2 ersetzt.

Etwas einfacher gestaltet sich der Drillungsmodul

$$s'' = \tfrac{1}{2}(s_{44}' + s_{55}')$$

eines Kreiscylinders, dessen Axe zur Z-Axe gewählt ist; bei seiner Bildung sind die Beziehungen

$\alpha_h^2 + \beta_h^2 + \gamma_h^2 = 1, \quad \alpha_h\alpha_k + \beta_h\beta_k + \gamma_h\gamma_k = 0$ für $h \lesseqgtr k$

zu berücksichtigen. Vertauschen wir wieder $\alpha_3, \beta_3, \gamma_3$ mit α, β, γ, so ergiebt sich

$$
\begin{aligned}
s''=&2[s_{11}\alpha^2(\beta^2+\gamma^2)+s_{22}\beta^2(\gamma^2+\alpha^2)+s_{33}\gamma^2(\alpha^2+\beta^2)]\\
&+\tfrac{1}{2}[s_{44}(\beta^2+\gamma^2-4\beta^2\gamma^2)+s_{55}(\gamma^2+\alpha^2-4\gamma^2\alpha^2)\\
&+s_{66}(\alpha^2+\beta^2-4\alpha^2\beta^2)]-4[s_{23}\beta^2\gamma^2+s_{31}\gamma^2\alpha^2+s_{12}\alpha^2\beta^2]\\
&-2\beta\gamma[s_{14}2\alpha^2+s_{24}(2\beta^2-1)+s_{34}(2\gamma^2-1)] \qquad 99'\\
&-2\gamma\alpha[s_{15}(2\alpha^2-1)+s_{25}2\beta^2+s_{35}(2\gamma^2-1)]\\
&-2\alpha\beta[s_{16}(2\alpha^2-1)+s_{26}(2\beta^2-1)+s_{36}2\gamma^2]\\
&+s_{56}\beta\gamma(1-4\alpha^2)+s_{64}\gamma\alpha(1-4\beta^2)+s_{45}\alpha\beta(1-4\gamma^2).
\end{aligned}
$$

Ordnet man dies nach den α, β, γ, so erhält man 15 Glieder, ebenso wie in dem Ausdruck (97′) für s'; bei Anwendung auf unsere typischen Krystalle entsteht dann die früher benutzte Formel (111).

Bildet man mit Hilfe der allgemeinen Ausdrücke (97′) und (99′) den Werth von $s_0 = s' + \tfrac{1}{2}s''$, so ergiebt dies den auffallend einfachen Werth

$$
\begin{aligned}
s_0 =& [s_{11}+\tfrac{1}{4}(s_{55}+s_{66})]\alpha^2+[s_{22}+\tfrac{1}{4}(s_{66}+s_{44})]\beta^2\\
&+(s_{33}+\tfrac{1}{4}(s_{44}+s_{55})]\gamma^2 \qquad 100'\\
&+(s_{24}+s_{34}+\tfrac{1}{2}s_{56})\beta\gamma+(s_{35}+s_{15}+\tfrac{1}{2}s_{64})\gamma\alpha\\
&+(s_{16}+s_{26}+\tfrac{1}{2}s_{45})\alpha\beta,
\end{aligned}
$$

welcher in Bezug auf α, β, γ statt vom vierten nur vom zweiten Grade ist und somit eine ganz andere Symmetrie besitzt als s' und s''. Auf dies Resultat ist oben S. 163 Bezug genommen.

Litteratur.

a) Handbücher.

E. Mallard, Traité de crystallographie géométrique et physique, Paris 1879, 1880. Th. Liebisch, Physikalische Krystallographie, Leipzig 1891. Ch. Soret, Eléments de crystallographie physique, Paris 1893. W. Voigt, Compendium der theoretischen Physik, Leipzig 1895, 1896. Th. Liebisch, Grundriss der physikalischen Krystallographie, Leipzig 1896.

b) Citate.

1) N. Stenonis Dani, De solido intra solidum naturaliter contento etc., Florentiae 1669.

2) J. Chr. Fr. Hessel, Artikel „Krystall" in Gehler's Physik. Wörterbuch, 1830; A. Bravais, Liouville's Journ., Bd. 14, S. 141, 1849.

3) F. Neumann, Vorlesungen über die Theorie der Elasticität, Leipzig 1885, S. 165.

4) Fr. Leydolt, Ber. d. Wiener Acad., Bd. 15, S. 53, 1855.

5) W. Voigt, Compendium, Bd. I, S. 128 u. f.

6) J. Chr. Fr. Hessel, l. c.

7) R. Hamilton, Lectures on Quaternions, Cambridge 1853, S. 58.

8) R. Hamilton, l. c. S. 15.

9) P. Curie, Journ. de physique, (3) Bd. 3, S. 393, 1894.

10) Th. Aepinus, Mem. der Berliner Acad., Bd. 12, S. 105, 1756.

11) W. Thomson, Math. Phys. Papers, Bd. I, S. 315, 1860.

12) E. Riecke, Wied. Ann., 39, S. 889, 1897.

13) W. Voigt, Wied. Ann., Bd. 60, S. 368, 1897.

14) A. Kundt, Wied. Ann., Bd. 20, S. 592, 1883.

15) F. M. Gaugain, Compt. rend., Bd. 42, S. 1264, 1856.

16) W. Thomson, l. c. S. 316.

17) F. Neumann, l. c. S. 43 und 47.

18) H. Fizeau, Pogg. Ann., Bd. 123, S. 515, 1864.

19) H. Fizeau, Pogg. Ann., Bd. 135, S. 380, 1868: Annuaire publié par le bureau des longitudes, Paris 1886, S. 701.

20) G. Kirchhoff, Mechanik, Leipzig 1871, S. 106.

21) L. Mitscherlich, Pogg. Ann., Bd. 1, S. 125, 1824.

22) F. Neumann, l. c. S. 190.

23) W. Thomson, Math. Phys. Papers, Bd. 1, S. 293 u. f., 1855.

24) B. Minnigerode, N. Jahrb. f. Min., Bd. 1, S. 1, 1886.

25) F. Neumann, l. c. S. 32.

26) F. Neumann, l. c. S. 33.

27) H. Knoblauch, Pogg. Ann., Bd. 83, S. 289, 1851.

28) M. Faraday, Exper. Res. in Electr., Art. 1252 u. f., 1837.

29) E. Root, Pogg. Ann., Bd. 158, S. 1 u. 425, 1876.

30) E. Root, l. c. S. 461.

31) S. D. Poisson, Mém. de l'Ac. Roy. des sciences, Bd. 5, S. 249, 488, 1826.

32) J. Plücker, Pog. Ann., Bd. 72, S. 315, 1847; Bd. 76, S. 576, 1849; Bd. 77, S. 447, 1849.

33) Cl. Maxwell, Treatise on Electricity and Magnetism., Bd. I Art. 297, 1873.

34) G. Stokes, Cambr. and Dubl. Math. Journ., Bd. 6, S. 233 u. f., 1851.

35) H. Bäckström, Öfvers. K. Vetensk.-Akad. Förh., 1888, Nr. 8, 533.

36) G. Stokes, l. c. S. 226 u. f., 1851.

37) J. M. C. Duhamel, Journ. de l'éc. polyt., Cah. 32, S. 177 u. f., 1848; G. Stokes, l. c. S. 227.

38) J. M. C. Duhamel, l. c. S. 161 u. f.; G. Stokes, l. c. S. 226.

39) J. Curie, Ann. chim. et phys., (6) Bd. 17, S. 385; Bd. 18, S. 203, 1889.

40) J. M. C. Duhamel, Journ. de l'éc. polyt., Cah. 21, S. 365, G. Stokes, l. c. S. 220 u. f., Ch. Soret, Arch. des sciences phys. et natur. Bd. 29, S. 355, 1893. Bd. 32, S. 631, 1894.

41) J. Ingen.-Housz, Vermischte Schriften, Wien 1784, Bd. 2, S. 341.

42) De Senarmont, Pogg. Ann., Bd. 74, S. 190, 1848; Bd. 75, S. 50, 1848.

43) W. Voigt, Wied. Ann., Bd. 60, S. 350, 1897.

44) W. Thomson, Math. Phys. Papers, Bd. 1, S. 266 u. f., 1854.

45) H. Bäckström, Öfvers. K. Vetensk. Akad. Förh., 1888, Nr. 8, S. 553.

46) Th. Liebisch, Nachr. v. d. K. Ges. d. Wiss. zu Göttingen, 1889, Nr. 20, S. 531.

47) W. Thomson, l. c. S. 274. W. Voigt, Nachr. v. d. K. Ges. d. Wiss. zu Göttingen 1895, S. 135.

48) W. Voigt, Allgemeine Theorie der piëzo- und pyroelectrischen Erscheinungen, Abh. d. K. Ges. der Wiss. zu Göttingen 1890, Bd. 36.

49) J. et P. Curie, Compt. rend., Bd. 93, S. 1137, 1881, Bd. 95, S. 914, 1882.

50) W. Voigt, l. c. S. 26.

51) E. Riecke und W. Voigt, Wied. Ann., Bd. 45. S. 549, 1892.

52) W. Voigt, Wied. Ann., Bd. 63, Nr. 48, 1897.

53) W. C. Röntgen, Wied. Ann., Bd. 19, S. 516, 1883, W. Voigt, Allgemeine Theorie etc., S. 84.

54) W. C. Röntgen, l. c. S. 514; W. Voigt, l. c. S. 93.

55) W. Voigt, Allgemeine Theorie etc., S. 4.

56) E. Riecke und W. Voigt, l. c. S. 551.

57) Fr. Pockels, N. Jahrb. f. Min., Beib. 7, S. 253, 1890.

58) G. Lippmann, Ann. chim. phys., (5) Bd. 24, S. 145, 1881. Fr. Pockels, l. c. W. Voigt, Wied. Ann., Bd. 55, S. 701, 1895.

59) W. Voigt, Wied. Ann., Bd. 63, Nr. 48, 1897.

60) J. et P. Curie, Compt. rend., Bd. 93, S. 1137, 1881; Bd. 95, S. 914, 1882; Journ. de phys., (2) Bd. 8, S. 149, 1889.

61) W. Voigt, Wied. Ann., Bd. 55, S. 701, 1895.

62) W. Voigt, l. c. S. 718.

63) W. Voigt, Wied. Ann., Bd. 35, S. 651, 1888; Bd. 49, S. 722, 1893.

64) W. Voigt, Theor. Studien über die Elast.-Verh. der Krystalle, Abh. d. K. Ges. d. Wiss. zu Göttingen, Bd. 34, S. 64, 1887.

65) W. Voigt, l. c. S. 71. Wied. Ann., Bd. 29, S. 604, 1886.

66) F. Neumann, Vorlesungen über die Theorie der Elasticität, Leipzig 1885, S. 178.

67) B. Minnigerode, Nachr. v. d. K. Ges. d. Wiss. zu Göttingen, 1884, S. 195, 374, 488.

68) W. Voigt, Wied. Ann., Bd. 63, No. 48, 1897.

69) F. Neumann, l. c. S. 196.

70) W. Voigt, Wied. Ann., Bd. 39, S. 418, 1890.

71) W. Voigt, Wied. Ann., Bd. 31, S. 718, 1887; Bd. 39, S. 430, 1890, Bd. 41, S. 722, 1890.

72) F. Neumann, l. c. S. 179, W. Voigt, Wied. Ann., Bd. 16, S. 416, 1882.

73) W. Voigt, Wied. Ann., Bd. 63, Nr. 48, 1897.

74) W. Voigt, l. c.

75) W. Voigt, l. c.

76) W. Voigt, Ueber die physikalischen Eigenschaften der Materie, Rectoratsrede, Göttingen 1894.

77) W. Voigt, Pogg. Ann., Erg.-Bd. 7, S. 48, 1876.

78) L. Boltzmann, Pogg. Ann., Erg.-Bd. 7, S. 624, 1876. E. Wiechert, Wied. Ann., Bd. 50, S. 335, 546, 1893.

79) H. Baumhauer, Zeitschr. f. Kryst., Bd. 3, S. 588, 1879.

80) Mitscherlich, Abh. d. Berl. Acad., 1822—23, S. 43; Berl.

Monatsber., 1852, S. 636. R. F. Marchand u. Th. Scheerer, Journ. f. pract. Chemie, Bd. 24, S. 129, 1841.

81) R. Clausius, Mechanische Wärmetheorie, Bd. 1, S. 125, Braunschweig 1887.

82) L. Sohncke, Pogg. Ann., Bd. 137, S. 177, 1869; A. Sella u. W. Voigt, Wied. Ann., Bd. 48, S. 636, 1893.

83) A. Sella u. W. Voigt, l. c. S. 644 u. f.

84) Fr. Mohs, Grundriss der Mineralogie, Dresden 1822, Bd. 1, S. 374.

85) A. Seebeck, Progr. d. Cölln. Realgymn., Berlin 1833; R. Franz, Pogg. Ann., Bd. 80, S. 37, 1850.

86) H. Hertz, Ges. Werke, Bd. 1, S. 155, 174.

87) F. Auerbach, Wied. Ann., Bd. 43, S. 61, 1891; Bd. 45 S. 262, 1892.

88) A. Schönflies, Krystallsysteme und Krystallstructur, S. 146, Leipzig 1891.

89) W. Voigt, Compendium, Bd. I, S. 133.

90) W. Voigt, l. c. S. 134.

91) G. Kirchhoff, Mechanik, S. 115.

92) G. Kirchhoff, l. c. S. 106.

93) R. Clausius, Wärmetheorie, Bd. 1, S. 28.

94) R. Clausius, l. c. S. 93.

95) E. Warburg, Wied. Ann., Bd. 13, S. 144, 1881.

96) W. Thomson, Papers on Magn. and Electr., S. 485.

97) W. Thomson, Math. Phys. Papers, Bd. 1, S. 316.

98) G. Green, Cambr. Phil. Soc., Bd. 7, S. 121, 1839.

99) W. Thomson, l. c. S. 295.

100) W. Thomson, l. c. S. 296 u. f.

101) Fr. Neumann, Vorlesungen über die Theorie der Elasticität, S. 107 u. f., W. Voigt, Wied. Ann., Bd. 34, S. 986, 1888.

102) G. Lippmann, Ann. chim. phys., (5) Bd. 24, S. 145, 1881; Fr. Pockels, N. Jahrb. f. Min., Beib. 7, S. 253, 1890.

103) W. Voigt, Wied. Ann., Bd. 55, S. 701, 1895.

104) W. Voigt, Allgemeine Theorie etc., S. 22.

105) W. Voigt, Wied. Ann., Bd. 16, S. 404, 1882; Ueber die innere Reibung etc., Abh. d. K. Ges. d. Wiss. zu Göttingen, Bd. 36, S. 6, 1889.

Bemerkung. Die oben unter 34), 36), 37), 38) zu dem Abschnitt „Electricitätsleitung" angeführten Abhandlungen haben nicht die Leitung der Electricität, sondern die der Wärme zum Gegenstande; indessen findet ihr Inhalt bei dem ersteren Vorgang im Wesentlichen ungeändert Anwendung.

Druck von August Pries in Leipzig.

Druck von August Pries in Leipzig.

FSC
www.fsc.org
MIX
Papier | Fördert gute Waldnutzung
FSC® C083411

Zeitfracht Medien GmbH
Ferdinand-Jühlke-Straße 7
99095 Erfurt, Deutschland
produktsicherheit@kolibri360.de